Schuh/Friedli/Kurr

Prozessorientierte Reorganisation

Günther Schuh
Thomas Friedli
Michael A. Kurr

Prozessorientierte Reorganisation

Reengineering-Projekte professionell gestalten und umsetzen

HANSER

Bibliografische Information Der Deutschen Bibliothek
Die Deutsche Bibliothek verzeichnet diese Publikation in der Deutschen Nationalbibliografie; detaillierte bibliografische Daten sind im Internet über http://dnb.ddb.de abrufbar.

Internet: http://www.hanser.de
Lektorat: Lisa Hoffmann-Bäuml
Umschlaggestaltung: Büro plan.it unter Verwendung
eines Motivs von Hartmut Keitel
Gesamtherstellung: Kösel, Krugzell
Printed in Germany

ISBN-10: 3-446-40720-0
ISBN-13: 978-3-466-40720-6

Danksagung

Für die Erarbeitung der Inhalte dieses Buches möchten wir uns ganz herzlich bei den Firmen bedanken, die sich an den zahlreichen individuellen Projekten und Arbeitskreisen des Instituts für Technologiemanagement (ITEM-HSG) beteiligt haben. Ihrer aktiven Mitarbeit und ihren wertvollen Inputs haben wir es zu verdanken, dass das entwickelte, ganzheitliche Konzept zur Professionalisierung des Prozessmanagements in der Industrie praxisnah entstanden ist.

Insbesondere möchten wir uns bei folgenden Industriepartnern bedanken, die unsere Arbeit immer wieder mit vielen wertvollen Anregungen aus der Praxis bereichert haben:

- Schiesser-Gruppe: Herr Winfried Daltrop und Dr. David Frink
- Alu Menziken Extrusion: Herr Josef Eugster und Herr Markus P. Stainer
- Lista Holding AG: Herr Fredy Lienhard und Herr Markus Meili

Danken möchten wir ebenfalls dem Team am Transferzentrum für Technologiemanagement (TECTEM-HSG) für die Unterstützung bei der Bearbeitung dieses Buches. Insbesondere ist an dieser Stelle erneut Frau Fabia Hild zu nennen, die uns bereits im Rahmen der Erarbeitung unseres Buches zum Thema Kooperationsmanagement wertvolle Dienste geleistet hat.

Aachen und St. Gallen im Herbst 2006

Prof. Dr. Günther Schuh
Prof. Dr. Thomas Friedli
Dr. Michael A. Kurr

Inhalt

1 Einführung – Prozessorientierung als Erfolgsfaktor oder warum funktionale Organisationen heute nicht mehr genügen!

Von Thomas Friedli, Günther Schuh

„Given the challenge of shifting from a traditional business to a process enterprise, some may wonder if it's worth it. We believe that, for most companies, there is really no alternative. Process management is not merely a way to address specific problems – ... It is a platform for capitalizing on new opportunities."

Michael Hammer/Steven Stanton, 1999

Schiesser hat es sich seit seiner Gründung 1875 zur Aufgabe gemacht, mit seinen Produkten möglichst vielen Menschen ein bewusstes Wohlgefühl zu vermitteln, was sich auch heute noch im aktuellen Werbeslogan „Alles, was Sie berührt" widerspiegelt. Die Marke Schiesser steht heute für Qualität, Natürlichkeit, Aktualität und Ästhetik.

Die Firma Schiesser wurde von dem Schweizer Fabrikanten Jacques Schiesser in Radolfzell gegründet und ist heute der führende deutsche Hersteller von Unterwäsche. Die Schiesser Group ist ein Unternehmen der HESTATEX-Gruppe und beschäftigte Ende 2005 rund 3300 Mitarbeiter, davon ca. 700 in Deutschland. Weitere Produktionsstandorte befinden sich in Tschechien, in der Slowakei, in Griechenland und in Bulgarien. Der Umsatz wurde 2005 mit über 200 Mio. EUR angegeben.

Aufbauend auf eine Reihe von Patenten auf Materialien und Herstellungsverfahren entwickelte sich Schiesser nach seiner Gründung rasch zum Marktführer für Tages- und Nachtwäsche für Männer, Frauen und Kinder verschiedenster Altersgruppen. Um 1900 beschäftigte das Unternehmen bereits um die 600 Angestellte, 1901 gewann Schiesser auf der Pariser Weltausstellung den „Grand Prix" für mehrere Patente, u. a. für eine „rubbelige Abhärtungswäsche" aus Leinen. 1913 starb der Gründer, das Unternehmen beschäftigte um die Zeit bereits an die 1000 Mitarbeiter. Die beiden Weltkriege hinterließen auch bei Schiesser ihre Spuren. In den 20er Jahren kam es zur Schließung einiger Teile des Werkes, 1932 drohte sogar der Konkurs. Immer wieder musste auf „Kriegsproduktion" umgestellt werden. Ab 1950 standen die Zeichen allerdings wieder auf Wachstum, ab 1959 wurde das Produktionsnetzwerk im In- und Ausland stetig weiter ausgebaut. 1975 lag der Umsatz bei fast einer halben Mio. DM, 1996 beschäftigte Schiesser weltweit rund 7000 Mitarbeiter. Nach der Wiedervereinigung wurden weitere neue Standorte in Sachsen und Tschechien eröffnet.

Ab Mitte der 90er Jahre erfasste das Unternehmen eine schwere Krise und es musste zu teils drastischen Rationalisierungs- und Kostensenkungsmaßnahmen gegriffen werden, um das reine Überleben zu sichern.

Nach verschiedenen kurzfristig orientierten Maßnahmen zur Senkung der Kosten, wie Reduktion der Sortimentsbreite, Stellenabbau und Produktionsverlagerungen kam die Schiesser-Gruppe zum Schluss, dass für eine nachhaltige Stärkung der Wettbewerbsposition eine andere Vorgehensweise notwendig ist. Zwar hatten die Maßnahmen durchaus auch Erfolge gebracht und Schiesser verdiente aus dem operativen Geschäft wieder Geld, aber ein Blick in die Zukunft verhieß nichts Gutes. Die sich abzeichnenden Verteuerungen bei den Einkaufsgütern verbunden mit den zu erwartenden Lohnsteigerungen bei gleichzeitig nicht wachsendem Markt ließ jetzt schon den Schluss zu, dass man innerhalb von drei Jahren wieder mit dem Überleben zu kämpfen haben würde. Schiesser entschied sich, ein langfristig angelegtes Projekt zu starten, das einerseits systematisch die strategischen Wachstumsmöglichkeiten für die Zukunft ausloten und andererseits die notwendigen Prozesse definieren und stabilisieren sollte.

Die Alu-Menziken-Gruppe ist heute ein kompetenter Partner für anspruchsvolle, kundenspezifische Extrusionsprodukte in ausgewählten Industriesegmenten. In den beiden Geschäftsbereichen Extrusion und Aerospace beschäftigt die Gruppe an vier Standorten in der Schweiz und den USA rund 940 Mitarbeitende. Der Netto-Umsatz wurde im Jahr 2005 mit 233 Mio. CHF (ca. 158,7 Euro) angegeben, was einer Zunahme um 12,6% im Vergleich zum Vorjahr entsprach.

1897 wurde das Unternehmen von Heinrich Alfred Gautschi als Firma „Gautschi & Jequier" in Fleurier gegründet. 1905 erfolgte die Umwandlung in die Aluminiumwarenfabrik Gontenschwil AG. Von 1946 bis 1993 trug das Unternehmen den Namen Aluminium AG Menziken. Die meiste Zeit war geprägt durch rasantes Wachstum sowie eine breite Diversifikation der Aktivitäten. Zum Produktsortiment des Unternehmens gehörten zwischenzeitlich Aluminiumfolie, Draht, Stangen, Winkelprofile, Besteck, Touristenkocher, Dampftöpfe und Kochgeschirr, Drehbänke, Leichtmetallfenster, Bedachungen, Wandverkleidungen, Kipp- und Rolltore sowie Lamellenstores und Gelänkerkonstruktionen. Aber auch Profile für die Luftfahrtindustrie und vieles mehr gehörten zum Sortiment. 1928 wurde dabei mit der Anschaffung einer großen Vertikal-Strangpresse der Grundstein für eine erfolgreiche Zukunft als international anerkanntes Presswerk gelegt. 1978 beschäftigte die Alu-Menziken-Gruppe insgesamt 966 Mitarbeiter.

1993 wurde die Aluminium AG Menziken in eine Holdinggesellschaft umgewandelt. Der operationelle Bereich Halbzeug ging dabei in die neu gegründete Alu Menziken Industrie AG über. Diese bestand in Folge aus drei selbständigen Bereichen mit den Schwerpunkten Pressprodukte, Formteile und Handel. 1995 erfolgte eine weitere Reorganisation. Es entstanden drei Sparten, die sich um Extrusionshalbzeuge, Guss und Flugzeugmaterial kümmerten. Zusätzlich ging aus dem Handelsbereich die Alu Menziken Metall Service AG hervor. 1996 fusionierte der Gussbereich mit der Georg Fischer Leichtmetall AG zur Alu Menziken Guss AG, die aber 2000 im Zuge einer grundlegenden Neuausrichtung des Unternehmens verkauft wurde. 2005 kam es im Rahmen einer noch stärkeren Fokussierung zusätzlich zum Verkauf der Alu Menziken Metall Service AG. ►

> Die einschneidende strategische Neuausrichtung der vergangenen Jahre soll eine schlagkräftige und integrierte Industriegruppe für hochwertige Aluminiumhalbprodukte bilden.

Alu Menziken stand mit dem Rücken zur Wand. Ein schwieriger Markt verbunden mit sich beschleunigenden Margenerosionen in bestimmten Marktsegmenten und einer nicht unerheblichen Verschuldung hatten dazu geführt, dass sowohl Perspektive wie auch Mittel fehlten. Der aktuelle Kampf ging dahin, sicherzustellen, dass der Kopf über Wasser bleibt. Viele Einzelmaßnahmen hatten geholfen, das Vorjahr mit einem operativen Gewinn abzuschließen, allerdings fehlte nach wie vor eine langfristige Sanierungsperspektive, die sowohl die Stärken wie die Schwächen von Alu Menziken berücksichtigte. Diese sollte dann für die anschließende Ausgestaltung der Prozesse als Leitstern dienen.

Zwei aktuelle Beispiele, die zeigen, dass Unternehmen Prozesse als eigentlichen Ansatzpunkt für langfristig angelegte Veränderungen erkennen. Im Gegensatz zu Funktionen wie Verkauf, Produktion, Beschaffung, Finanz- und Rechnungswesen, Personal etc. sind Prozesse entlang der logischen Folge von Aktivitäten ausgelegt. Das Denken in Prozessen führt zur Aufdeckung von Ineffizienzen, Liegezeiten, Doppelarbeit, nicht wertschöpfender Tätigkeiten, Informationsdefiziten etc. Richtig gemacht, helfen prozessorientierte Reorganisationen dem Unternehmen, sowohl eine Zukunftsperspektive wie auch eine Effizienzsteigerung im aktuellen Geschäft zu erreichen. Zusätzlich entsteht im Unternehmen ein Denken, das die Flexibilität nicht unwesentlich erhöht. Durch das Denken in Prozessen wird der Einzelne für die Bedürfnisse des Gesamtprozesses sensibilisiert. Er erkennt plötzlich, was seine Handlungen für die Kollegen vor oder nach ihm im Prozess wirklich bedeuten. Im Zentrum des Denkens steht neu der erzeugte Kundennutzen, intern wie extern, und nicht mehr nur die Optimierung der Einzelfunktion.

Schwerpunktmäßig beschäftigt sich das vorliegende Werk mit Prozessmanagement und prozessorientierten Reorganisationen in der produzierenden Industrie. In dieser Einführung soll deshalb zuerst deutlich gemacht werden, mit welchen Herausforderungen die produzierende Industrie Westeuropas aktuell zu kämpfen hat, um danach Prozessmanagement als ein Instrument, diesen Herausforderungen erfolgreich begegnen zu können, einzuführen.

1.1 Die Situation der produzierenden Industrie in Westeuropa

Überkapazitäten, Streiks, Stellenabbau, Konkurse, Verlagerungen! Stichworte, die einen Großteil der Berichterstattung über die produzierende Industrie in den letzten Jahren geprägt haben.

Die produzierende Industrie steht heute in allen entwickelten Volkswirtschaften unter Druck. Die abnehmenden Beschäftigtenzahlen in der produzierenden Industrie (Bild 1-1), Jasinowski (2003) spricht z. B. von zwei Millionen Fertigungsjobs, die allein 2002/03 in den USA verloren gingen, verleiten dazu, auch deren Bedeutung zu negieren.

Was dabei oft ausgeblendet wird, sind einerseits die gewaltigen Produktivitätsfortschritte, die die produzierende Industrie in ihrer kurzen Geschichte der Industrialisierung durchlaufen hat und die dazu führten, dass andere Bereiche, wie z. B. der Finanzsektor, anteilsmäßig unterdessen mehr zum Bruttosozialprodukt entwickelter Volkswirtschaften beitragen. Und dass andererseits allen Diskussionen zum Trotz die Vereinigten Staaten von Ame-

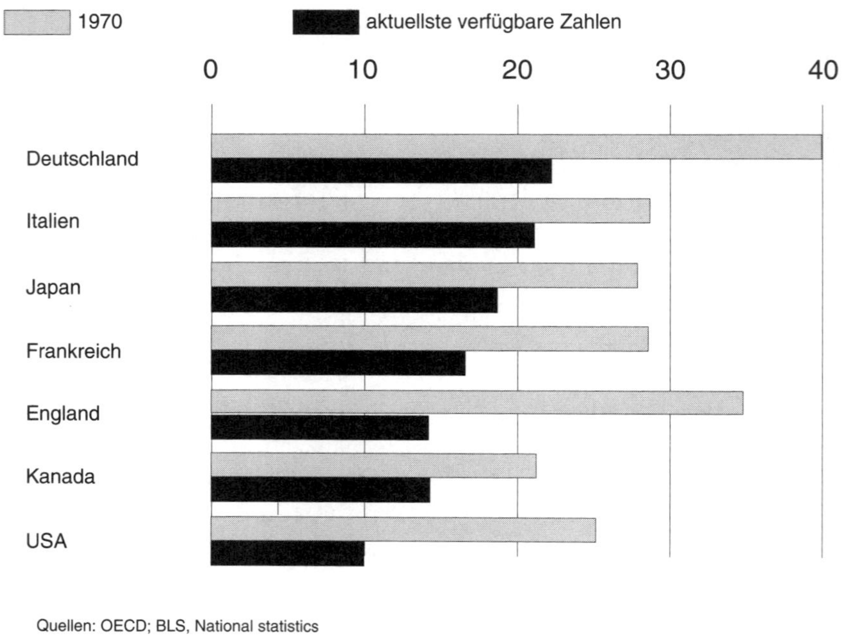

Bild 1-1: Produktion in Prozent der Gesamtbeschäftigung (The Economist, 2005, angepasst)

rika, gemessen am Output, nach wie vor der weltgrößte Produzent sind (The Economist, 2001).

Im Zusammenhang mit abnehmenden Beschäftigtenzahlen wird auch von der „Deindustrialisierung des Westens" oder der „hollowed-out economy" gesprochen (Evans, 2002). So lag die Beschäftigung in der US-Industrie z. B. zur Jahrtausendwende mit 14,8 % unter dem Level, als sie zum ersten Mal offiziell gemessen wurde. Czinkota (2003) sieht dies als klaren Beleg für den allgemeinen Transfer hin zu den Entwicklungsländern. Dies täuscht aber darüber hinweg, dass an der produzierenden Industrie eine Vielzahl anderer, vor allem auch servicebezogener Jobs hängt. Verschiedene Initiativen, die unterdessen gestartet wurden, zeigen zusätzlich, dass zumindest das Bewusstsein für die Bedeutung der Produktion wieder im Steigen begriffen ist. So gibt es z. B. groß angelegte EU-Förderprogramme wie das „Manufuture"-Programm, das auch in der Schweiz offiziell in die Förderprogramme aufgenommen wurde (siehe www.manufuture.org und www.manufuture.ch).

Verschiedene aktuell in der Diskussion stehende Rezepte zur Förderung der Wirtschaft in den entwickelten Volkswirtschaften sind zwar auf den ersten Blick einfach und einleuchtend, greifen in der Regel aber zu kurz. Dazu gehört z. B. die einseitige Konzentration auf so genannte Zukunftsbranchen, was die Förder- und auch die Kreditvergabepolitik betrifft.

Bild 1-2 zeigt auf, wie in einer kürzlich veröffentlichten Publikation der Credit Suisse verschiedene Branchen in der Schweiz eingeschätzt werden.

Demgegenüber gibt es aber quer über alle Branchen hinweg Erfolgsbeispiele produzierender Unternehmen in Westeuropa. Unserer Meinung nach zeichnen sich erfolgreiche Unternehmen nicht durch die Branche aus, in der sie tätig sind, sondern durch eine enge Abstimmung von Strukturen, Aktivitäten und der Kultur. In einer immer komplexer und dynamischer werdenden Welt kommt dazu noch die Wandelbarkeit im Zeitablauf.

Die strategieorientierte Neuausrichtung und Neugestaltung der Prozesse kann in vielen Fällen dazu beitragen, die Wettbewerbsfähigkeit zu erhalten respektive zu erhöhen.

1.2 Prozessorientierung als Chance

Die produzierende Industrie in den entwickelten Volkswirtschaften ist heute auch dadurch gekennzeichnet, dass unter dem Eindruck eines immer globaleren Wettbewerbs und einer vorher in dem Ausmaß nicht bekannten Dynamik mehr und mehr Unternehmen systematisch die Fertigungstiefe

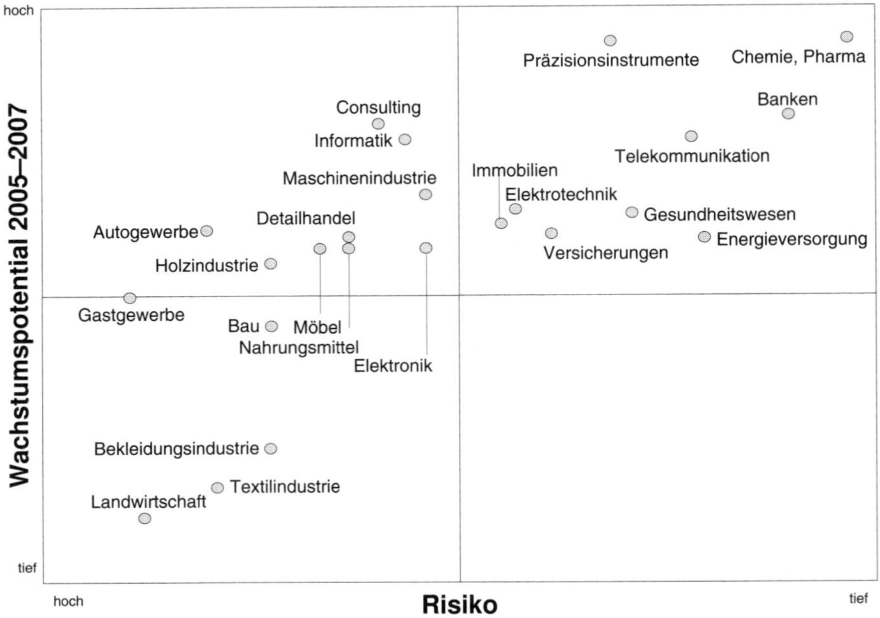

Bild 1-2: Wachstumspotential und Risiken der wichtigsten Schweizer Branchen (Credit Suisse, 2006)

reduzieren. Dies geschieht einerseits durch Verlagerungen ins Ausland oder andererseits durch Auslagerung immer größerer Umfänge auf Lieferanten. Ehemals stolze Industrieunternehmen kämpften bis vor kurzem häufig ums Überleben und mussten in der Vergangenheit Tausende von Arbeitsplätzen abbauen und tun dies teilweise auch heute noch (allein für die Schweiz zählen hierzu: ABB, Alstom, Sulzer, Georg Fischer inklusive der Tochter AgieCharmilles und Ähnliche mehr). Verstärkt wird die Diskussion in Europa durch sich wieder verschärfende Konflikte zwischen Gewerkschaften und Unternehmen.

Pisano und Wheelwright (1995) betonen in diesem Zusammenhang vor allem die Gefahren, die hinter solch massiven Verlagerungswellen stehen. So sehen sie durch diese Bewegung nicht nur die Wettbewerbsfähigkeit von kleineren Hightech-Unternehmen gefährdet. Sie weisen insbesondere auch darauf hin, dass es häufig nicht nur möglich ist, herausragende neue Produkte und Fertigungsprozesse gleichzeitig zu entwickeln, sondern oftmals sogar notwendig. Das heißt mit anderen Worten, dass die Fähigkeit, neue und innovative Produkte zu entwickeln, häufig davon abhängt, auch neue und herausragende Fertigungsprozesse beherrschen zu können.

Die Zeiten aber, in denen wirtschaftlicher Erfolg mit Fertigung gleichgesetzt wurde, sind vorbei (The Economist, 1998). Der Glaube vieler Unternehmen an den Werkplatz Europa im globalen Wettbewerb erscheint denn auch erschüttert. Die festzustellenden Optimierungsanstrengungen gehen größtenteils dahin, Fixkosten zu reduzieren, sich auf Kostenführerschaftsstrategien einzulassen und zu versuchen, an anderer Stelle erfolgreiche Konzepte zu kopieren. Die kritische Reflexion der Anwendungsvoraussetzungen solcher Konzepte bleibt meist aus (Skinner, 1992).

Die Ausrichtung der Produktion auf die Gesamtunternehmensstrategie findet nur in Ausnahmefällen statt. Ein Großteil der gängigen Unternehmensführungskonzepte basiert nach wie vor auf funktionalen Teiloptimierungen, was eine Abstimmung mit der Gesamtunternehmensausrichtung erschwert. Funktional ausgerichtete Partialmodelle werden der Komplexität des Betrachtungsobjekts aber nicht gerecht. So kritisiert bereits Ackoff (1981) die Anwendung von analytischen Methoden zur Lösung komplexer Probleme: „Therefore when a research-oriented planner decomposes a mess by analysis, and models its parts, he loses the essential properties of both the whole and its parts. As a result, what he takes to be hard problems are really soft fictions of his imagination, abstractions only loosely related to reality. ... Because messes (komplexe Probleme in sozialen Systemen, Anm. d. Verf.) are systems of problems, the sum of the optimal solutions to each component problem taken separately is not an optimal solution to the mess.“

Auf der anderen Seite ist eine zunehmende Dynamisierung des Umfelds produzierender Unternehmen festzustellen, was den Druck auf die Wandlungsfähigkeit dieser Unternehmen erhöht. Dynamik im Umfeld setzt Flexibilität im Unternehmen voraus, um erfolgreich bestehen zu können. Diese notwendige Flexibilität aber lässt sich ohne ein tragfähiges Konzept, das hilft, die Strategie bis auf Prozesse herunterzubrechen, nicht erzielen. Strategiediskussionen können auch nicht unabhängig von bestehenden Investitionen und Kompetenzen geführt werden. Es sind gezielt Möglichkeiten zu suchen, in einem dynamischer gewordenen Umfeld sowohl „Einzigartigkeiten“ zu multiplizieren wie auch Risiken zu reduzieren und dabei gleichzeitig in der Lage zu sein, Opportunitäten zeitgerecht adressieren zu können. Aus diesem Grund kann z. B. auch von der Notwendigkeit nach so genannten „Marktleistungs-Doppelstrategien“ gesprochen werden (Schuh, 2002). Mit anderen Worten, das produzierende Unternehmen von heute braucht gleichzeitig Flexibilität und Fokus, was das Management vor besondere Herausforderungen stellt. Insbesondere sind klassisch funktional gegliederte Unternehmen nicht mehr in der Lage, mit solchen Herausforderungen umzugehen. Es treten vor allem zwei Schwierigkeiten dabei auf. Beide beruhen auf Kommunikationsdefiziten und einer mangelnden Sicht auf das jeweilige Gesamtziel der Unternehmensaktivitäten (vgl. Bild 1-3 und Bild 1-4).

Funktional orientierte Organisationen bringen insbesondere in der Bewältigung bereichsübergreifender Aufgaben eine Reihe von Problemen mit sich.

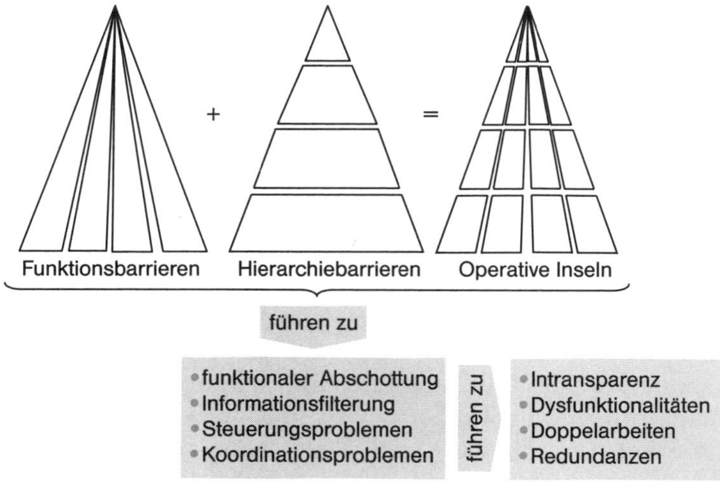

Bild 1-3: Konstruktionsmängel traditioneller Organisationsformen (Müller, 1999)

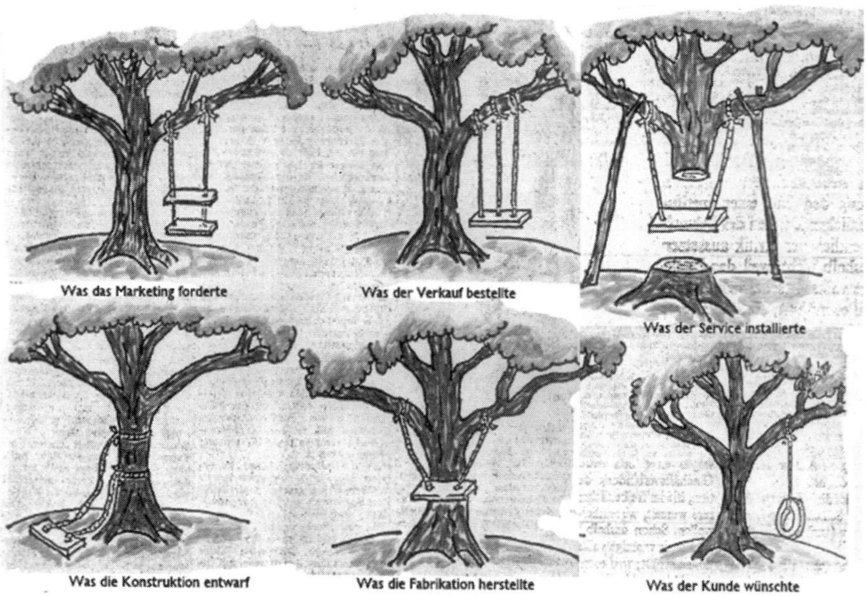

Bild 1-4: Kommunikationspannen in funktionalen Organisationen (unbekannte Quelle)

Hammer und Champy weisen auf die Intransparenz sowie die Fehleranfälligkeit hin (Hammer/Champy, 1995). Die funktions- und hierarchiebezogene Zerlegung von übergreifenden Aufgaben, wie z. B. der Auftragsabwicklung von der Bestellung bis zur Lieferung an den Kunden, in eine Vielzahl von Arbeitsschritten führt zu Steuerungsproblemen und zieht einen erheblichen

Koordinations- und Regelungsaufwand nach sich. Bei Abstimmungsschwierigkeiten, wie z. B. durch die mangelhafte respektive unvollständige Weitergabe von Informationen oder durch die gegenseitige Abschottung der involvierten Bereiche, entstehen Dysfunktionalitäten, die nicht wertschöpfend sind. Ein häufig anzutreffendes Beispiel ist z. B. der Verkäufer, der bei der Auftragserfassung nicht alle Informationen aufnimmt, die später zur Konstruktion oder Herstellung notwendig wären. Dies führt zu vielen Rückfragen, die bei korrekter Erfassung überflüssig wären. Durch das Denken in Abteilungen und Funktionen sowie den erwähnten Dysfunktionalitäten entstehen operative Inseln. Diese sind in sich zwar meist hocheffizient organisiert und optimiert, dienen aber nicht dem Kunden bzw. dem Gesamtprozess. Die Tatsache, dass die Inseln in sich prinzipiell rational organisiert sind, ist einer der Hauptgründe, wieso in einer prozessorientierten Reorganisation die Mitarbeiter zuerst einmal davon überzeugt werden müssen, dass sie nicht am Gesamtoptimum angelangt sind. Die operativen Inseln sind ständige Quellen von Verzögerungen, Konflikten und Steuerungsproblemen (vgl. Hörrmann/Tiby, 1990).

Im Hauptteil dieses Buches wird eine integrierte Methode zur prozessorientierten Reorganisation beschrieben und danach entlang verschiedener Fallbeispiele verdeutlicht. Der Fall Schiesser beschreibt das Vorgehen in einem über vier Jahre dauernden Projekt, das mit der Neudefinition der Strategie begann und mit der Einführung eines neuen ERP-Systems einen vorläufigen Höhepunkt fand. Der Fall Alu Menziken ist auf die strategische Klärung der Ausgangsposition und die Ableitung der Konsequenzen auf die Prozessarchitektur fokussiert. Der Fall Lista zeigt insbesondere die operative Prozessmodellierung am Beispiel des Auftragsabwicklungsprozesses auf. Im folgenden Kapitel 2 wird zunächst die Methode beschrieben, die am Institut für Technologiemanagement der Universität St. Gallen (ITEM-HSG) sowie am Laboratorium für Werkzeugmaschinen und Betriebslehre der RWTH Aachen (WZL) gemeinsam entwickelte wurde, und als Grundlage in allen Projekten Verwendung fand.

2 Partizipativ zur Prozessorganisation

Von Thomas Friedli, Günther Schuh

„If the only tool you have is a hammer, you tend to see every problem as a nail.“
Abraham Maslow, amerikanischer Philosoph und Psychologe, 1908–1970

In diesem Kapitel wird nach einer kurzen Einführung der von uns entwickelte Ansatz zur prozessorientierten Reorganisation beschrieben. Sämtliche Bausteine werden in den folgenden Kapiteln weiter vorgestellt. Kapitel 3 widmet sich dabei der detaillierten Beschreibung der zentralen Bausteine, die darauf folgenden Kapitel bieten eine Vertiefung anhand von ausgewählten Praxisbeispielen. Der hier beschriebene Ansatz wurde in zahlreichen Anwendungen detailliert und weiterentwickelt (seine Ursprünge gehen dabei auf das EU-Projekt ESPRIT 8446 MOTION – Model for Transforming, Identifying and Optimizing Core Processes – Mitte der 90er Jahre zurück).

Der Ansatz verbindet die Stärken verschiedener Reorganisations- respektive Verbesserungsansätze und gewährleistet durch die Integration partizipativ-operativer und strategisch-hierarchischer Elemente eine ganzheitliche Sicht. Aufgrund der Durchgängigkeit des Konzeptes, das von der Strategieentwicklung bis zur praktischen Umsetzung und zum Umsetzungscontrolling aufeinander abgestimmte Methodenbausteine vorsieht, werden Probleme bei der Umsetzung strategischer Zielsetzungen in operative Gestaltungsmaßnahmen vermieden. Insbesondere werden diejenigen in der Organisation, die von der prozessorientierten Reorganisation betroffen sein werden, von Anfang an in die Erarbeitung der neuen Strukturen und Abläufe mit einbezogen. An erster Stelle steht dabei immer das eigentliche Schaffen eines „Problembewusstseins“ bzw. einer nachvollziehbaren Verbesserungsmöglichkeit, ohne die eine Veränderung immer nur gegen Widerstand durchgesetzt werden kann. Fehlt die Einsicht in eine Veränderungschance oder wird der Kommunikation zum Schaffen eines gemeinsamen Bildes dieser Veränderung nicht genügend Raum eingeräumt, werden die Effekte der Reorganisation, wenn überhaupt, nur kurz sichtbar sein und danach verpuffen oder in ihr Gegenteil umgekehrt werden.

Als Illustration der Bedeutung der Schaffung eines gemeinsamen Verständnisses innerhalb einer Organisation mag der Blick auf die Art der Führung der englischen und der kontinentalamerikanischen Truppen im Amerikanischen Unabhängigkeitskrieg 1776 dienen. Die höher eingeschätzten englischen Truppen wurden top-down streng hierarchisch geführt: „The British commanders were highly skilled professionals who affected the amateur style of country gentlemen. They banded with one another as old boys but were exquisitely sensitive to rank and privilege. Cornwallis (britischer General, Anm. d. Verf.) arrogated the major decisions entirely to himself and rejected contrary advice from his officers" (Hacket Fischer, 2004). Washington, der Oberbefehlshaber der amerikanischen Truppen hingegen, verfolgte einen ganz anderen Ansatz: „The Americans improvised a different system of command. It was forced upon them by the diversity of cultures in the country, by the pluralism of elites, by a more open polity, by a less stratified society, and especially by expanding ideas of liberty and freedom. The man at the centre was George Washington. From much hard won experience in American politics and war he had learned to work closely with his subordinates. ... Later he worked more skillfully by the construction of consensus. In that way he created a community of open discourse and a spirit of mutual forbearance" (Hacket Fischer, 2004).

Bezug nehmend auf den erfolgreicheren Führungsstil von George Washington stellt das Down-up-Prinzip im Sinne einer Integration strategischer Ziele der Unternehmensleitung (top-down) und der Erarbeitung operativer Prozessverbesserungen durch die betroffenen Mitarbeiter (bottom-up) die Grundlage für das im Weiteren beschriebene Vorgehen dar. Damit wird sowohl auf der Management- wie auch Mitarbeiterebene die Möglichkeit geschaffen, gemeinsam am gleichen Ziel zu arbeiten. Das Down-up-Prinzip gewährleistet einerseits, dass die Geschäftsleitung intensiv den Wandel vor-

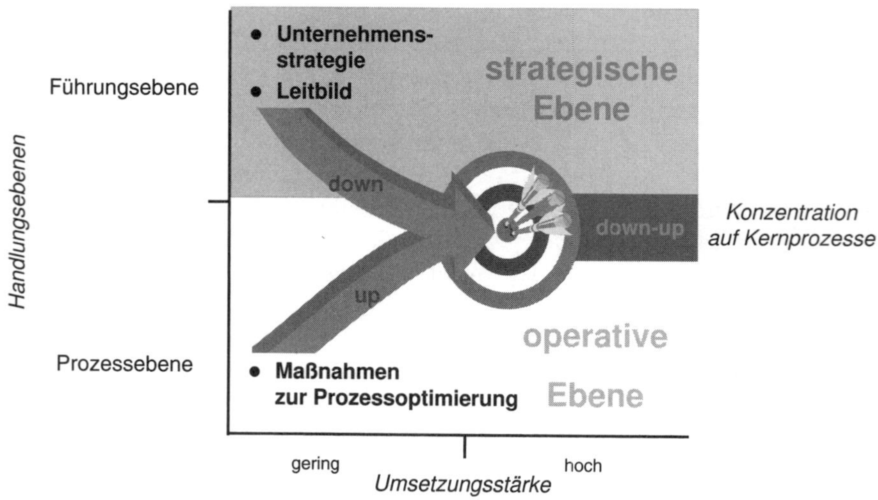

Bild 2-1: Das Down-up-Prinzip

antreibt, und andererseits, dass die Ideen und Vorstellungen der Mitarbeiter unmittelbar in das Projekt einfließen (Bild 2-1).

2.1 Der Prozessmanagement-Navigator – Durchgängige, aufeinander aufbauende Methodenbausteine

Der durchgängige Prozessmanagement-Navigator (Bild 2-2) garantiert ein strukturiertes Vorgehen, schafft systematisch Kommunikationsräume und bereitet so den Weg für ein erfolgreiches prozessorientiertes Reorganisationsprojekt.

Die Bausteine Strategieklärung und Prozessanalyse dienen der Analyse der Ausgangssituation und ermöglichen die gezielte Ableitung des Handlungsbedarfs.

In der Strategieklärung wird zuerst die strategische Orientierung des Unternehmens auf Konsistenz und Fokussierung überprüft. Anschließend werden die wettbewerbsentscheidenden Prozesse nach Effektivitäts- und Effizienzkriterien gegliedert und basierend auf der überprüften Strategie explizite Prozessstrategien abgeleitet. In der Prozessanalyse werden die Prozesse in der Ist-Situation aufgenommen. Dies dient dazu, ein adäquates Abbild der Realität zu gewinnen. Abhängig vom spezifischen Projekt kann hier bereits eine erste Fokussierung erfolgen. Es ist z. B. möglich, dass auf Basis einer strategischen Priorisierung nur die wettbewerbskritischen Prozesse zur detaillierten Betrachtung und Optimierung ausgewählt werden. Dies war z. B. bei Lista (vgl. Kapitel 6) der Fall.

Wenn allerdings die prozessorientierte Reorganisation gleichzeitig als Basis für die Einführung eines ERP-/PPS-Systems dienen soll, drängt es sich auf, alle Prozesse zu dokumentieren. Sie dienen dann im Rahmen der Systemauswahl dazu, in einem mehrstufigen Auswahlverfahren sukzessive die in Frage kommenden Systeme einzuschränken und aufbauend auf den Anforderungen, die sich aus den Prozessen und der Prozessarchitektur heraus ableiten lassen, das Lasten- und später das Pflichtenheft zu generieren (vgl. Kapitel 3.7). Die Einführung eines neuen ERP-Systems ist nicht immer das Ziel prozessorientierter Reorganisationen. Im Falle von Schiesser (Kapitel 4) standen wir aber vor genau dieser Situation.

In der Phase der Prozessoptimierung werden Prozesse schwachstellen- und strategieorientiert um- sowie neue Prozesse basierend auf den vorhergehenden Schritten ausgestaltet.

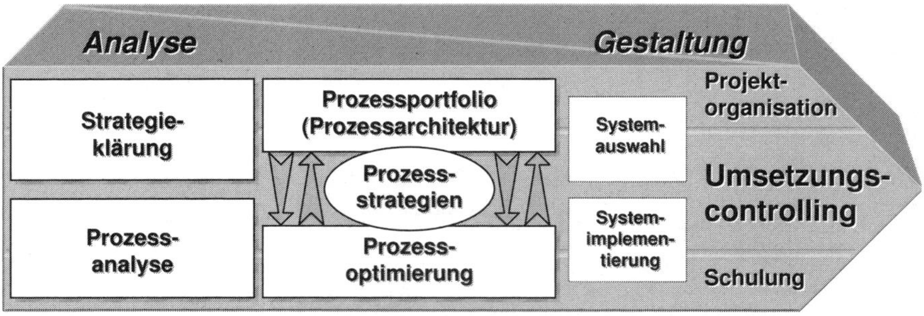

Bild 2-2: Der Prozessmanagement-Navigator

Die Transformation hin zum prozessorientierten Unternehmen beginnt mit dem Projektstart und endet mit Abschluss der definierten einzelnen Umsetzungsprojekte. Gestützt wird die Transformationsphase durch eine adäquate Projektorganisation, die sich leicht in die neu gestaltete Prozessorganisation des täglichen Geschäfts überführen lässt. Ferner ist ein geeignetes Controlling des Wandels notwendig, um die Veränderung transparent und damit kommunizierbar zu machen. Die Schulung und Vorbereitung der Mitarbeiter erfolgt durch Lehr- und Lernarrangements, die den Transformationsprozess durch das gesamte Veränderungsprojekt begleiten.

2.2 Die Strategieklärung – Schaffen einer gemeinsamen Ausgangslage auf der Managementebene

Die Erarbeitung und Kommunikation einer Zielvorstellung für das Projekt durch die Unternehmensleitung bildet den Ausgangspunkt zur Neugestaltung der Unternehmensprozesse. Die Verdeutlichung des Handlungsbedarfes und die Vorgabe klarer Ziele sind unerlässlich, um die Selbstbeharrungskräfte der Organisation zu überwinden. Sinn und Notwendigkeit des Projekts sowie Anforderungen an die Beteiligten werden damit transparent. Dies ermöglicht eine Bündelung der Aktivitäten im Hinblick auf das gemeinsame Ziel.

Es geht bei der Strategieklärung nicht darum, eine völlig neue Strategie zu erarbeiten, sondern die bestehende Strategie zu überprüfen und gegebenenfalls anzupassen. Das anwesende Team setzt sich aus der Geschäftsleitung und in der Regel der obersten Managementebene zusammen. Aufgabe dieses Teams ist es, den aktuellen und zukünftigen Markt zu analysieren, die erfolgsentscheidenden Kriterien abzuleiten und die Unternehmensstrategie auf ihre Tauglichkeit in diesem Umfeld hin zu überprüfen. Oft nur implizit in den Köpfen der Unternehmensleitung vorhandene Ideen werden damit explizit und kommunizierbar gemacht, schriftlich festgehalten und auf ihre Tragbarkeit hin überprüft. Insbesondere stellt man oft fest, dass nur scheinbar auf einer sehr oberflächlichen Ebene ein gemeinsames Verständnis darüber besteht, was der richtige Weg für das Unternehmen ist. Die Klärung der Strategie fördert solche Mängel systematisch zu Tage und gewährleistet, dass danach ein gemeinsames Bild der Zukunft besteht, das einheitlich verstanden und kommuniziert wird.

Die erforderliche Zeitdauer für eine fundierte Strategieklärung ist von Unternehmen zu Unternehmen unterschiedlich. Je nachdem, wie abweichend das Verständnis über die aktuelle und die zukünftige Ausrichtung des Unternehmens ist, kann diese von einem Tag bis zu mehreren Monaten dauern.

Das Resultat dieses Schritts ist eine von allen getragene und verstandene Strategie für das Unternehmen. Damit werden die Mitglieder des Managementteams zu Promotoren für das Projekt, was für den Erfolg von entscheidender Bedeutung ist.

Im Rahmen der Strategieklärung diskutiert das Team auf Basis einer Analyse der Markt- und Wettbewerbssituation mögliche Entwicklungsrichtungen für das Unternehmen und einigt sich in diesem Prozess auf die für das Unternehmen relevanten spezifischen strategischen Erfolgspositionen.

Strategische Erfolgspositionen (SEPs) beschreiben dabei unternehmerische Aktivitätsfelder, in welchen die Unternehmung dank besonderer Fähigkeiten oder einer gezielten Aufbauarbeit eine Position erreichen kann, die es ihr erlaubt, langfristig überdurchschnittliche Erträge zu erzielen (Pümpin/Amann, 2005). Wirkliche SEPs gibt es in der Regel pro diskutiertem Geschäftsfeld jeweils nur zwei bis drei. In der heutigen dynamischen und komplexen Welt, in der immer mehr Unternehmen dazu gezwungen werden, verschiedenste Geschäftsfelder mit unterschiedlichsten Geschäftslogiken gleichzeitig zu adressieren, können aber durchaus mehrere dieser Erfolgspositionen gleichzeitig zur Diskussion stehen. Dies hat insbesondere auch die Analyse von insgesamt fünf sehr erfolgreich in Hochlohnländern produzierenden Unternehmen im Rahmen eines unserer letzten Konsortialbenchmarking-Projekte klar ergeben. Die Unternehmen waren stets geprägt durch eine Reihe strategischer Initiativen, die in der Regel parallel zueinander verfolgt wurden. Wir werden aber auch im Rahmen unserer Schiesser-Fallstudie darauf zurückkommen.

Die Identifikation der SEPs und das klare Bekenntnis, diese Erfolgspositionen in Zukunft auch besetzen zu wollen respektive zu müssen, bringen den benötigten Fokus in das Projekt.

Die Identifikation der SEPs wird dabei bewusst mit der Analyse der wichtigsten Wettbewerber kombiniert. Die Berücksichtigung der Wettbewerber soll ein Ausbrechen aus dem eigenen Rahmen ermöglichen und den Blick für eventuell in der internen Sicht bisher nicht wahrgenommene Erfolgsfaktoren öffnen. Außerdem kann damit unter Umständen ein direkter Handlungsbedarf abgeleitet werden, falls eine strategische Erfolgsposition durch einen Wettbewerber besser ausgefüllt wird. Im nächsten Kapitel wird die Strategieklärung schrittweise beschrieben und detailliert erklärt.

2.3 Prozessarchitektur

Oft ist die Ausgangsprozessarchitektur eines Unternehmens nur scheinbar klar. Diese stellt aber ein wichtiges internes Kommunikationsinstrument dar und verschafft einem erst einen richtigen Überblick über die Abläufe eines Unternehmens. Die intensive Diskussion in Wissenschaft und Praxis über den Vorteil prozessorientierter Organisationen hat dazu geführt, dass viele dazu übergegangen sind, ihre ehemaligen Funktionen in Prozesse umzubenennen und zu glauben, dass sie damit den Schritt in Richtung einer prozessorientierten Organisation gemacht hätten. Aber alleine dadurch, dass die Produktion jetzt Produktionsprozess und die Entwicklung Entwicklungsprozess genannt wird, ist noch kein Fortschritt erzielt worden. Viele Unternehmen tun sich in diesem Schritt schwer, weil die Aufbauorganisation in der Regel in Frage gestellt wird. Wenn nicht mehr die alten Funktionen im Vordergrund stehen, sondern die Leistungserbringung vom Kunden zum Kunden, entstehen oft Befürchtungen, dass lieb gewordene Privilegien eingebüßt werden könnten, was eine rationale Diskussion oft erschwert. Den vormaligen Funktionsverantwortlichen einfach als Process-Owner zu bezeichnen hilft in dieser Situation oft auch nicht weiter. Wir versuchen in dieser Phase des Projekts, die Diskussion von personellen Fragestellungen zu trennen und rein sachorientiert entlang einer nachvollziehbaren Prozessarchitektur zu diskutieren. Die Erstellung einer allgemein akzeptierten Prozessarchitektur ist aber in der Regel eine langwierige Angelegenheit und erfordert eine sorgfältige Vorbereitung. Ist die Prozessarchitektur einmal erstellt, geht es darum, die einzelnen Prozesse nach dem Grad ihrer Exzellenz im Vergleich zum besten Konkurrenten einzuordnen. Als Kernprozesse werden die Prozesse bezeichnet, die bezüglich der Effektivität, d.h. bezüglich ihrer Eignung, wahrnehmbaren Kundennutzen zu stiften, höher eingestuft werden als die Konkurrenzprozesse. Die Diskussion, welche Prozesse entscheidend sind, um die im Strategieaudit abgeleiteten strategischen Erfolgspositionen zu unterstützen, führt direkt zu einer Einschätzung, welche Prozesse mit welcher Priorität umzustrukturieren sind. In dieser Phase ist es oft auch möglich, basierend auf den für die Besetzung einer strategischen Erfolgsposition notwendigen Fähigkeiten, Prozesse neu abzuleiten, die in dieser Form bis jetzt nicht existent waren. Dieser Baustein wird im Kapitel 3.3 detaillierter beschrieben.

2.4 Prozessanalyse – Mit Mitarbeitereinbezug zum Erfolg

„If you want one year of prosperity, grow grain. If you want ten years of prosperity, grow trees. If you want 100 years of prosperity, grow people."
Chinesisches Sprichwort

Soll das Projekt von den Mitarbeitern getragen werden, müssen sie zwingend in die Erarbeitung des Wandels einbezogen werden.

Verschiedenste Reorganisationsansätze verfolgen einen so genannten „Grüne-Wiese-Ansatz". Das heißt konkret, die Soll-Prozesse werden unabhängig von den bestehenden Abläufen auf Basis der Überlegung, wie die logische Aktivitätenreihenfolge, um eine bestimmte Leistung zu erzeugen, sein müsste, abgebildet und sollen danach als Grundlage für die Arbeit dienen. Dies ist zwar sachrational nachvollziehbar und hat außerdem den Vorteil, dass man zu Beginn das Denken weiter öffnet, scheitert aber in der Regel in der Umsetzung. Mitarbeiter lassen sich durch abstrakte Soll-Darstellungen nur schwer dazu bewegen, etwas anders zu machen. Wenn zudem die Einsicht fehlt, dass der vorgelegte Soll-Prozess eine Verbesserung zum Ist-Zustand darstellt, bleibt die Übung ein zahnloser Papiertiger. Dies haben auch zahlreiche Unternehmen erlebt, die im Rahmen von ISO-Zertifizierungen rein auf einer solchen Ebene Prozesse dokumentiert haben. Wir setzen im Gegenzug dazu bei den Ist-Abläufen an. Es wird genau das dokumentiert, was in der Realität abläuft mit allen Schwachstellen, Leerläufen, Schnittstellenproblemen, Rückfragen, Verzögerungen, Fehlerquellen etc. Die dazu verwendeten Tools werden im Kapitel 3.2 näher beschrieben. Die Prozessaufnahme erfolgt in Interviews mit Mitarbeitern, die die Aufgaben auch ausführen. Bild 2-3 stellt eine typische Interviewsituation dar. Der befragte Mitarbeiter hat dabei die Möglichkeit, direkt zu sehen, ob seine Ausführungen auch korrekt abgebildet werden und er richtig verstanden wird. Außerdem wird, nachdem der Prozessplan durch den Interviewer in Ruhe nochmals überarbeitet wurde, ein weiteres Review durchgeführt, um sicherzustellen, dass der Realablauf richtig dargestellt wurde. Im Rahmen der später folgenden Schwachstellen- oder Potentialworkshops findet zusätzlich

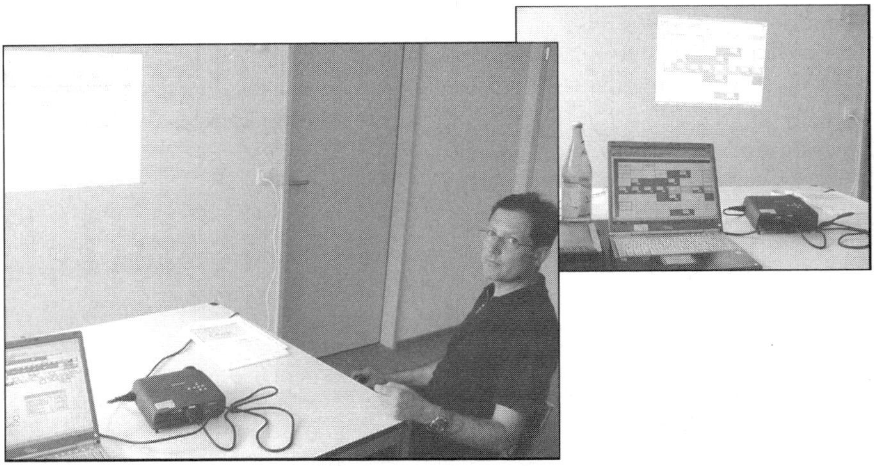

Bild 2-3: Typische Interviewsituation (Firma PRO4S, www.pro4s.ch)

eine soziale Kontrolle statt, da die kompletten Prozesspläne im Kreis aller betroffenen Mitarbeiter diskutiert werden. Damit ist es in der Regel nicht möglich, dass man der Wahrheit ausweicht.

2.5 Schwachstellen-/Potenzialworkshops

Wie erwähnt, werden die dokumentierten Prozesse in der Folge in so genannten Schwachstellen- oder Potenzialworkshops zur Diskussion gestellt. Bild 2-4 zeigt auch diese Situation auf. Die Namensgebung hängt in der Regel von der Kultur des Unternehmens ab. Zahlreiche Unternehmen reden lieber über Potentiale als über Schwachstellen, aber die Zielsetzung bleibt die gleiche. Entlang der abgebildeten Prozesse wird Aktivität für Aktivität mit dem Ziel durchgegangen, diese erstens im Gesamtkontext zu verstehen und zweitens zu hinterfragen, ob sie so, wie sie gemacht werden, Sinn machen. Regelmäßig erlebt man dabei eigentliche Aha-Erlebnisse, da in diesen Workshops oft das erste Mal auch abteilungs- respektive funktionsübergreifend diskutiert wird. Plötzlich erkennt der altgediente Verkäufer, was er damit auslöst, wenn er z. B. die Eigenschaften für einen kundenspezifischen Schreibtisch nicht vollständig oder fehlerhaft erfasst hat. Es entsteht ein Verständnis für den Gesamtprozess, das über die vorher dominierenden Perspektiven weit hinausgeht. Die Vorbereitung, Durchführung und Moderation solcher Workshops sind im nächsten Kapitel detailliert beschrieben.

Diese Workshops zusammen mit der oben beschriebenen Prozessanalyse werden dazu genutzt, über alle Mitarbeiter hinweg ein gemeinsames men-

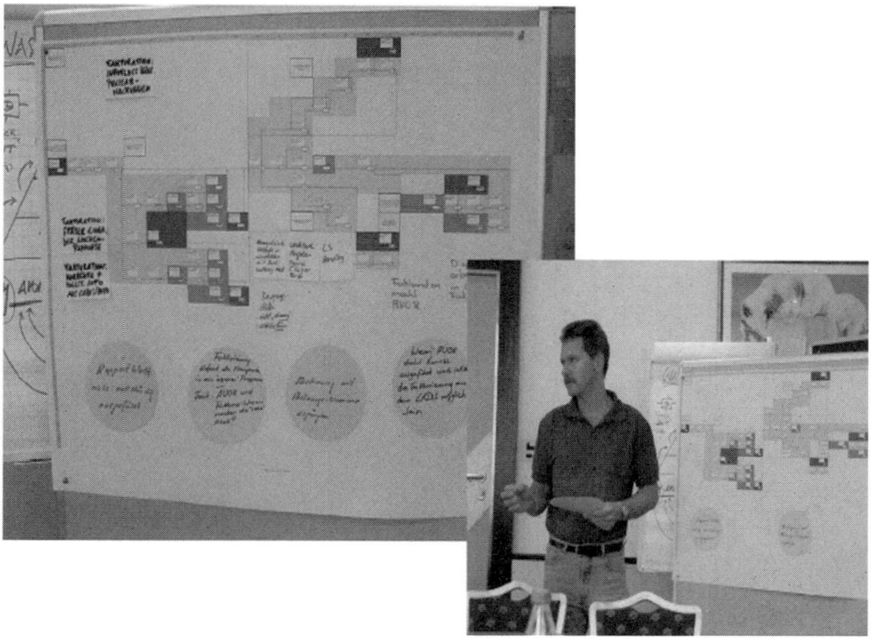

Bild 2-4: Typische Workshopsituation (Firma PRO4S, www.pro4s.ch)

tales Modell der betrachteten Prozesse entstehen zu lassen. Damit entspricht dieser Schritt auf der operativen Ebene der Schaffung eines gemeinsamen Geschäftsverständnisses auf der strategischen Ebene, wie es dort in der Strategieklärung erreicht wird. Das so entstehende mentale Modell ist wiederum die Grundlage dafür, dass es gelingt, die Projektarena in die Alltagsarena zu überführen. Das heißt, die in der Prozessanalyse- und Prozessoptimierungsphase ablaufenden gruppendynamischen Prozesse führen zu einem durchgängigen Denken in Prozessen, was sich nach Abschluss des Projekts in der täglichen Arbeit zeigt und den nachhaltigen Erfolg des Projekts sicherstellt. Diese Zusammenhänge sind im Bild 2-5 zusammenfassend dargestellt. Die einzelnen Schritte werden im Folgenden näher beschrieben.

Mit überlappenden Teams zum Erfolg

Die Projektorganisation sieht die Bildung eines Kernteams von je nach Unternehmensgröße drei bis sieben Mitarbeitern und verschiedenen Arten von Teams vor, die über einzelne Mitglieder überlappend verknüpft sind (Bild 2-6). Dadurch wird eine durchgängige Koordination des Wandels erreicht. Für jeden identifizierten und zu optimierenden Prozess wird ein Prozessteam festgelegt, das funktionsübergreifend zusammengesetzt ist. Im Laufe des Projekts kann es sein, dass gewisse Punkte einer vertieften Analyse

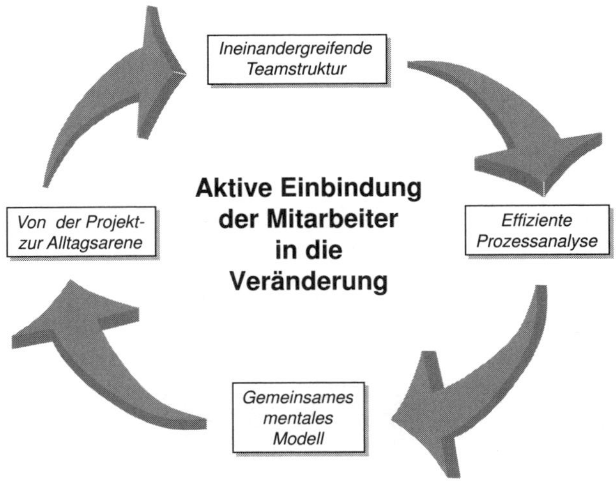

Bild 2-5: Aktive Mitarbeiterpartizipation

bedürfen. Dafür werden Analyseteams ausgegliedert, die aus Spezialisten für das jeweilige Problem zusammengesetzt sind. Die Mitglieder der Geschäftsleitung und der Projektleiter bilden zusammen das Strategieteam. Die Koordination mit den einzelnen Prozessteams wird über den Steuerkreis gewährleistet, der mit Vertretern aus allen Teams besetzt ist.

Folgende Punkte sind im Zusammenhang mit der Umsetzungsstärke des Reorganisationsprojekts wichtig:

- Die Gesamtgeschäftsleitung erarbeitet/überprüft die Strategie partizipativ. Es entstehen ein gemeinsames mentales Modell und ein Team von Promotoren.
- Das Ziel des Projekts wird an die Strategie gekoppelt. Zukunftsorientierung ersetzt operative Flickarbeiten und Symptombekämpfung.
- Der Einbezug der Wettbewerber in die Analyse weitet den Fokus aus und kann den Handlungsbedarf für den Wandel eindringlich dokumentieren.
- In der Folge werden die strategischen Ziele operationalisiert, damit werden sie für die Belegschaft verständlich und erreichbar.
- Aktive Mitarbeiterpartizipation als Voraussetzung für die erfolgreiche Umsetzung.
- Projektmarketing – Ausweitung der Partizipation.

Das hier vorgestellte Vorgehen strebt bewusst an, eine Vielzahl von Mitarbeitern in den Veränderungsprozess mit einzubeziehen. Die von der Veränderung Betroffenen werden zu Beteiligten gemacht und werden damit zu Mitgestaltern ihrer betrieblichen Zukunft. Natürlich ist es unmöglich, sämt-

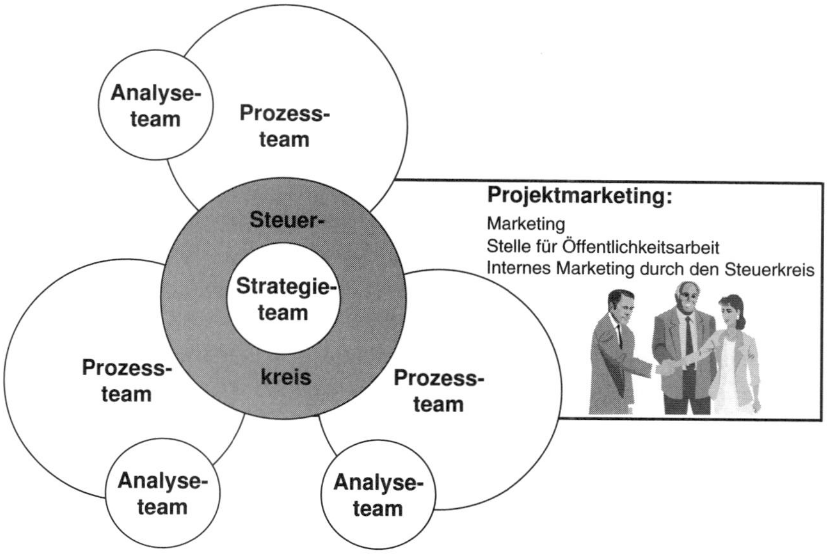

Bild 2-6: Projektorganisation

liche Mitarbeiter direkt in die Prozessanalyse und -optimierung einzubeziehen. Deshalb ist der Auswahl der Teammitglieder besondere Beachtung zu schenken und das Projektmarketing von Anfang an zu planen. Dieses richtet sich explizit an die ganze Belegschaft eines Unternehmens. Das Projekt ist mit allen Zielsetzungen in geeigneter Form im Unternehmen bekannt zu machen. Projektfortschritte, aber auch Rückschritte sind permanent offen zu legen. Erfahrungsgemäß wird sonst eine Realität konstruiert, die mit den wirklichen Zielsetzungen nichts zu tun hat und das Projekt zum Scheitern bringen kann. Die geeignete Form der Kommunikation ist unternehmensindividuell. Während in einigen Unternehmen eine Kommunikation über das firmeneigene Intranet geeignet ist, wird dies in anderen Unternehmen von den Mitarbeitern zur Informationsgewinnung nicht genutzt. Unternehmen, die mit unserer Methode gearbeitet haben, setzten u.a. gut platzierte Informationswände ein oder führten regelmäßige Update-Meetings für alle Interessenten durch. Gute Möglichkeiten zur Kommunikation bietet auch eine unternehmenseigene Informationszeitschrift.

Um Frustrationen zu vermeiden, sind eingebundene Mitarbeiter so weit zu qualifizieren, dass sie ihre Projektaufgaben souverän durchführen können und gegenüber den Kollegen keine Unsicherheiten aufgrund mangelnder Kompetenz auftreten. Durch den Einsatz von Schulungseinheiten kann die Veränderung von Beginn an gezielt begleitet werden.

Fazit

Das hier vorgestellte Konzept stellt einen integrierten und ganzheitlichen Rahmen zur Durchführung eines beherrschten und zielorientierten Veränderungsprozesses dar. Dabei geht es nicht um die isolierte Realisierung von Einzelmaßnahmen, sondern um die Durchgängigkeit von der Strategie bis zur Prozessgestaltung sowie der Schaffung der notwendigen Strukturen und einer Vertrauenskultur trotz Veränderung. Besonderer Wert wird dabei auf die Mitarbeiterpartizipation gelegt. Dies basiert auf der Überzeugung, dass wirklicher Wandel nur mit und nie gegen die Mitarbeiter erzielt werden kann. Soll ein Reorganisationsprojekt über das Konzept hinaus auch erfolgreich umgesetzt werden, ist es unumgänglich, dass der Implementation und den möglichen Implementationsschwierigkeiten von Anfang an Beachtung geschenkt wird. Dies wird durch Strategieklärung, partizipative Projektorganisation, Prozessanalyse und -optimierung sowie durch ein gezieltes Umsetzungscontrolling sichergestellt.

Das beschriebene Vorgehen hat sich bereits in zahlreichen Projekten des Maschinen- und Anlagenbaus, der Automobil- und Textilindustrie sowie der öffentlichen Hand bewährt. Es hat sich gezeigt, dass ein konzeptionell gestützter Veränderungsprozess die Beharrungskräfte im Unternehmen überwinden und so die notwendige Flexibilität für den internationalen Wettbewerb erreicht werden kann.

3 Tools des Prozessmanagements

Von Thomas Friedli, Michael A. Kurr, Volker Stich

Im Folgenden werden die im Kapitel 2 kurz eingeführten zentralen Bausteine unserer Methode vertieft beschrieben und die Ziele, die damit jeweils verfolgt werden, dargestellt. Wir sind nicht der Meinung, dass die hier beispielhaft präsentierten Methoden die einzig wirksamen sind. Wir sind aber überzeugt, dass andere Methoden zumindest Ähnliches zu leisten im Stande sein sollten, um ein Reorganisationsprojekt erfolgversprechend anzugehen. Kapitel 3.1 setzt sich vertieft mit der Strategieklärung als Ausgangspunkt für die Reorganisation auseinander. Kapitel 3.2 geht auf die Thematik Prozesspläne und Prozessmodellierungstools ein, im Kapitel 3.3 werden Prozessportfolios einer genaueren Betrachtung unterzogen, Kapitel 3.4 erklärt die Potentialworkshops näher, 3.5 geht auf das Controlling prozessorientierter Reorganisationen ein und Kapitel 3.6 beschreibt das Instrument des Prozesshandbuchs. Kapitel 3.7 geht schließlich noch auf die Evaluation und Einführung von ERP-Systemen ein.

3.1 Die Strategieklärung

Die Strategieklärung dient dazu, das Umfeld des Unternehmens transparenter werden zu lassen, um darauf aufbauend die sinnvollste Positionierung für das Unternehmen ableiten zu können respektive eine bereits vorhandene Strategie (implizit oder explizit) zu verifizieren und gegebenenfalls zu modifizieren. Es ist für den Erfolg des Projekts unerlässlich, dass es gelingt, ein gemeinsames Verständnis über die Zukunft des Unternehmens zu verankern. Dies ist die Voraussetzung dafür, dass überhaupt eine Veränderung erzeugt werden kann. Für das produzierende Unternehmen gilt es dabei, eine Marktbeurteilung durchzuführen, ohne die eingesetzten produktiven Ressourcen, die unter Umständen den Möglichkeitsraum des produzierenden Unternehmens eingrenzen, zu negieren.

Aus diesen Perspektiven lassen sich die strategischen Erfolgspositionen eines Unternehmens ableiten, die in der Folge dazu gebraucht werden, um eine Verbindung zwischen der strategischen und der operativen Ebene herstellen und Priorisierungen vornehmen zu können. In jeder Strategieklärung ist zuerst einmal abzuleiten, welches überhaupt die strategischen Optionen sind, die geklärt werden müssen. Beim im Kapitel 4 beschriebenen Schiesser-Fall stellte sich z. B. die strategische Frage, welche möglichen Geschäftsfelder man adressieren sollte und wie viele davon gleichzeitig. Bei Alu Menziken (Kapitel 5) war die Frage, was für Kundensegmente auf Basis der Fähigkeiten des Unternehmens zu priorisieren sind, bei Lista (Kapitel 6) ging es um die Ableitung der SEPs für die Zukunft des Büromöbelgeschäfts. Im Weiteren legen wir an dieser Stelle ein weiteres Projekt zugrunde, bei dem entschieden werden musste, was für ein Leistungsumfang am Markt angeboten werden sollte.

Die strategisch festgelegten Leistungsumfänge können als Brücke zwischen der Mission eines Unternehmens und den zur Erstellung notwendigen Fähigkeiten und Ressourcen gesehen werden (Bild 3-1). Da für das produzierende Unternehmen sowohl die Marktperspektive wie auch die Fähigkeitenbetrachtung relevant sind, drängt sich der Leistungsumfang als zentrale Analyseeinheit auf. Daraus lässt sich in der Folge die notwendige strukturelle Unterstützung ableiten. Um das Ergebnis argumentierbar zu machen, ist es notwendig, eine nachvollziehbare Systematik anzuwenden. Eine solche dient dazu, die Ergebnisse aus der Analyse des Unternehmensumfeldes bzw. die Beurteilung der vorhandenen Fähigkeiten nachvollziehbar begründen zu können. Eine weitere Beurteilungsgrundlage ist die Einschätzung bezüglich der Dynamik des Umfeldes des betreffenden Unternehmens. Die Wahrnehmung einer höheren Dynamik wird sich u. a. darin zeigen, dass mehrere Ziele formuliert werden. Ein Unternehmen in einem stabilen Umfeld hingegen kann sich auf wenige Ziele konzentrieren (Bourgeois, 1985).

Bild 3-2 zeigt schematisch dargestellt vier mögliche methodische Schritte auf, die zur systematischen Festlegung eines sinnvollen Leistungsumfangs in einem gewissen Umfeld dienen können. Zentral sind hierbei nicht die angewendeten Methoden. Diese sind beliebig erweiter- respektive substituierbar. Zentral sind die Ergebnisse, die jeweils durch die Anwendung erzielt werden

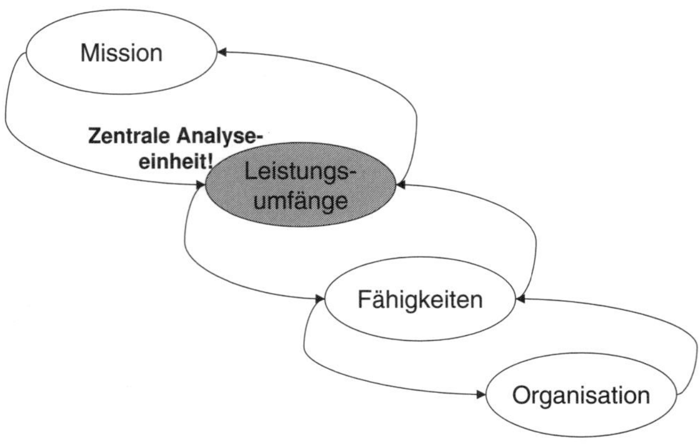

Bild 3-1: Wahl der zentralen Analyseeinheit

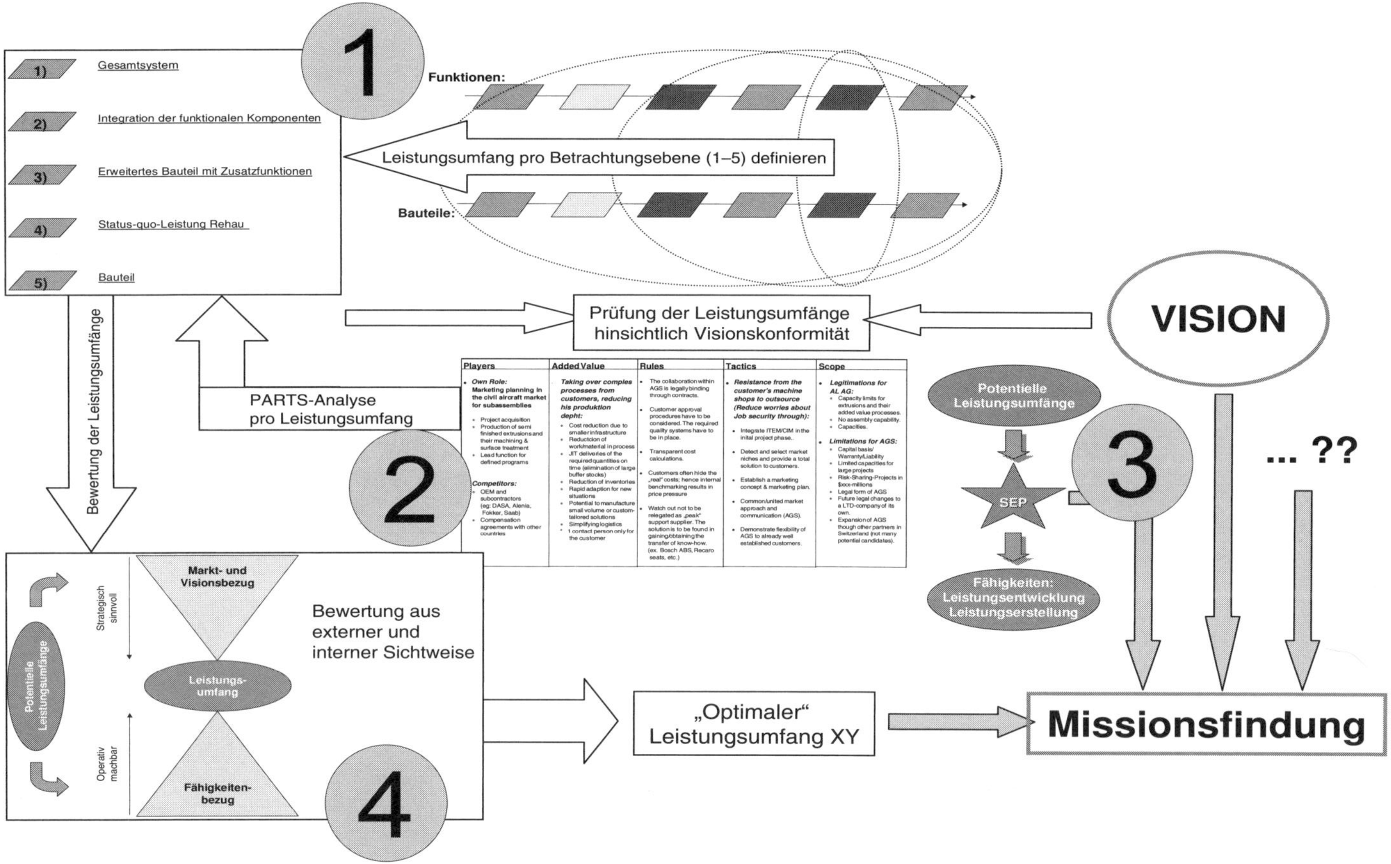

Bild 3-2: Mögliche methodische Bestandteile der „Strategieklärung"

und die sich in alternativen Vorgehensweisen in ähnlicher Form wiederfinden sollten. Dementsprechend wird die Erklärung von Bild 3-2 entlang der zu erzielenden Resultate und nicht entlang der eingesetzten Methoden strukturiert.

Schritt 1: Klärung des Betrachtungsobjekts und eindeutige Definition der zu bewertenden Leistungsumfänge

In vielen Unternehmen ist festzustellen, dass oft beträchtliche Verständnisunterschiede auch bei gebräuchlichen Begriffen bestehen. Dies führt dazu, dass in der Folge Meinungsdifferenzen auftreten, die nicht in der Sache, sondern in diesen Unklarheiten begründet liegen. Es ist deshalb unerlässlich, dass einige Zeit darauf verwendet wird, die in der Folge systematisch zu bewertenden Leistungsumfänge auf eine Art zu beschreiben, die die Begriffe für alle an der Strategieklärung Beteiligten einheitlich verständlich machen. Im Bild 3-2 wurde der Unternehmenskultur entsprechend eine eher technische Betrachtungsweise gewählt. Die Leistungsumfänge wurden dabei aus zwei Perspektiven beschrieben. Einerseits aus einer funktionalen Perspektive, im Rahmen derer die verschiedenen Funktionen, die innerhalb des Gesamtsystems zu erfüllen waren, der Reihe nach aufgelistet wurden. Diese Perspektive wurde andererseits um eine Aufzählung der verschiedenen Komponenten und Module ergänzt, welche diese Funktionen zu erfüllen haben.

Die Darstellung erlaubte es in der Folge, aktuelle Lieferumfänge des Unternehmens im Markt klar zu kennzeichnen. Darüber hinaus konnten auch verschiedene strategische Optionen konkret anhand der entsprechenden Leistungsumfänge aufgezeigt werden. Die Extreme waren in diesem Fall die Lieferung des gesamten Systems inklusive aller begleitenden Dienstleistungen auf der einen sowie die Konzentration auf die Lieferung von Einzelteilen auf der anderen Seite. Es ist vom jeweiligen Markt abhängig, wie viele Zwischenstufen sinnvollerweise beschrieben und bewertet werden sollten. Es drängt sich aber auf, nicht nur vom Status quo nach oben, d. h. in Richtung Systemlieferant, zu gehen, sondern auch den Schritt nach unten, d. h. in Richtung Konzentration auf einzelne Komponenten und Teile, zu bewerten. Ansonsten läuft man Gefahr, unter Umständen attraktive strategische Optionen bereits frühzeitig auszublenden.

Schritt 2: Klärung des Umfeldes, in dem die Leistungsumfänge angeboten werden

Um bei der späteren Gesamtbewertung auch auf Basis des Marktes (outside-in) argumentieren zu können, wird für jeden betrachteten Leistungsumfang eine so genannte PARTS-Analyse durchgeführt (vgl. Nalebuff/Brandenburger, 1996 und Brandenburger/Nalebuff, 1995). Dabei werden innerhalb des

„Spielfeldes“, das der jeweilige zu bewertende Leistungsumfang aufspannt, zunächst die jeweiligen Marktspieler unterschieden. Diese teilen sich auf in Kunden, Konkurrenten, Lieferanten, Komplementoren sowie das eigene Unternehmen (Player). Darauf aufbauend werden die jeweiligen Added Values, die gültigen Regeln (Rules), die beobachtbaren Verhaltensweisen (Tactics) sowie die Grenzen des Spielfeldes (Scope) skizziert und diskutiert. Die Anfangsbuchstaben der jeweiligen Analyseeinheiten geben der Methode ihren Namen. Es handelt sich dabei um eine spieltheoretische Erweiterung der klassischen 5-Forces-Analyse nach Porter (Porter, 1985). Der Aufwand für die Erstellung einer solchen Analyse sollte nicht unterschätzt werden. Oft müssen gerade zur Fundierung der Aussagen über die anderen Player erst noch Informationen beschafft werden, um überhaupt in der Lage zu sein, Aussagen zu treffen, die sich später zu Konsequenzen im Hinblick auf den entsprechenden Leistungsumfang und das eigene Unternehmen verdichten lassen.

Schritt 3: Klärung der für ein erfolgversprechendes Anbieten notwendigen Erfolgspositionen und Fähigkeiten

Um in der Folge zusätzlich auch aus einer Fähigkeitenperspektive (inside-out) heraus argumentieren bzw. den notwendigen Aufwand, um einen bestimmten Leistungsumfang erfolgreich anzubieten, abschätzen zu können, werden für jeden Leistungsumfang auf Basis der Marktanalysen die so genannten strategischen Erfolgspositionen (SEPs) bestimmt und bis zu den erforderlichen Fähigkeiten heruntergebrochen. Wie bereits kurz diskutiert, ist eine strategische Erfolgsposition nach Pümpin „eine bewusst geschaffene Voraussetzung, die es einem Unternehmen erlaubt, im Vergleich zur Konkurrenz auch längerfristig überdurchschnittliche Ergebnisse zu erzielen“ (Pümpin, 1992a, 1992b).

In diesem Schritt geht es folglich darum, solche Voraussetzungen zuerst einmal vom Markt her, d.h. unabhängig von den spezifischen Fähigkeiten des Unternehmens, zu identifizieren. Im Folgeschritt wird dann die Frage gestellt, was für Fähigkeiten erforderlich sind, um diese Position auch wirklich besetzen zu können und wer von den Konkurrenten eventuell in einer besseren Ausgangsposition ist oder diese SEP sogar bereits besetzt. Die anschließende Gegenüberstellung mit den vorhandenen Fähigkeiten erlaubt es dem Unternehmen einerseits, den Aufwand für den Aufbau der SEP und damit auch für den Einstieg in den Markt für diesen Leistungsumfang abzuschätzen, andererseits aber auch zu fundierten Einschätzungen bezüglich der Ressourcenseite zu kommen. Ein Wettbewerbsvorteil ergibt sich insbesondere dann, wenn zur Besetzung der identifizierten Erfolgspositionen bereits auf bestehende Kernfähigkeiten des Unternehmens zurückgegriffen werden kann.

Schritt 4: Bewertung der verschiedenen Leistungsumfänge

Der abschließende Schritt stellt eine Bewertung der Leistungsumfänge aus externer (Bild 3-3) und interner (Bild 3-4) Perspektive dar. Das abgebildete Beispiel zeigt auch, dass die zugrunde gelegten Bewertungskriterien immer Spezifika des betrachteten Unternehmens und dessen Umfeld reflektieren und nicht allgemein gültig festgelegt werden können. Aus externer Perspektive fallen z. B. folgende Punkte auf:

- Punkt 2: subjektive Wertschätzung

Dieser Punkt liegt darin begründet, dass es im betrachteten Markt (Automobilzulieferer – OEM) in verschiedenen Bereichen auch um Personen geht und sich Abnahmeentscheide nicht nur rein rational begründen lassen. Dies soll mit diesem zusätzlichen Bewertungskriterium adressiert werden.

- Punkt 6: Konformität mit OEM-Strategie

Da der Automobilzulieferbereich nach wie vor stark durch die OEM geprägt ist, würde das Angebot eines Leistungsumfangs, der aktuellen Vergabeprinzipien der OEM diametral widerspricht, wenig erfolgversprechend sein.

Aus interner Perspektive sind insbesondere die Punkte 20 bis 24 zu erwähnen, die in diesem Fall als Vorgabe des Unternehmensbesitzers bereits im Vorfeld in die gesamte Strategiediskussion eingeflossen sind und deshalb in der Bewertung besondere Beachtung fanden.

Um das Resultat möglichst breit abzustützen und mögliche Differenzen in der Einschätzung identifizieren und ausdiskutieren zu können, kann die Bewertung z. B. in verschiedenen Gruppen unabhängig voneinander gemacht werden. Die Gruppenresultate werden in der Folge übereinander gelegt und große Abweichungen in der Bewertung in der Gesamtgruppe diskutiert. Die jeweiligen Gruppensprecher müssen dabei ihre Bewertung aus den Resultaten der PARTS- und/oder der SEP-Analyse heraus begründen und in den spezifischen Unternehmenskontext stellen. Als Ergebnis der Bewertung gibt es einen für das Unternehmen prioritär anzustrebenden Leistungsumfang.

Durch das Vorgehen wird ein Commitment im Managementteam zum erarbeiteten Ergebnis erzielt. Als zusätzlicher Nutzen sind auch die SEP direkt verfügbar, die für die spätere Ableitung der Prozessstrategien von essentieller Bedeutung sind.

				interne Sicht	externe Sicht	Gew.	Bewertung 1	2	3	4
Entwicklungsbezug	13	Entwicklungskompetenz			x	2	muss aufgebaut werden	teilweise vorhanden	weitgehend vorhanden	vollständig vorhanden
	14	Entwicklungskapazität			x		keine Kapazität	Kapazität knapp	ausreichende Kapazität	Kapazitäts-überschuss
	15	Synergien in der Entwicklung			x		nicht nutzbar	teilweise nutzbar	weitgehend nutzbar	vollständig nutzbar
Fertigungsbezug	16	Fertigungskompetenz			x		muss aufgebaut werden	teilweise vorhanden	weitgehend vorhanden	vollständig vorhanden
	17	Fertigungskapazität			x		keine Kapazität	Kapazität knapp	ausreichende Kapazität	Kapazitäts-überschuss
	18	Synergien in der Fertigung	Entwicklungstechn.		x		nicht nutzbar	teilweise nutzbar	weitgehend nutzbar	vollständig nutzbar
Orga-bezug	19	Eignung bestehender Organisationen			x		ungeeignet	bedingt geeignet	mit Modifikationen geeignet	gut geeignet
Vision	20	1/3-Regel			x		wirkt entgegen	neutral	unterstützt	unterstützt stark
	21	Unabhängigkeit (Viability)			x		wirkt entgegen	neutral	unterstützt	unterstützt stark
	22	Wettbewerbsfähigkeit			x		wirkt entgegen	neutral	unterstützt	unterstützt stark
	23	angemessene UR			x		wirkt entgegen	neutral	unterstützt	unterstützt stark
	24	Vorbildfunktion			x		wirkt entgegen	neutral	unterstützt	unterstützt stark

Bild 3-3: Bewertung aus externer Perspektive (angelehnt an Brandenburg, 2002)

				interne Sicht	externe Sicht	Gew.	Bewertung			
							1	2	3	4
Marktbezug	1	Kundennutzen (added-value)			x	2	gering	mittel	hoch	sehr hoch
	2	subjektive Wertschätzung			x		negativer Einfluss	vernachlässigbarer Einfluss	positiver Einfluss	stark positiver Einfluss
	3	Kommunikations-aufwand			x		sehr hoch	hoch	mittel	gering
	4	Nachfrageerwartung (im Vergleich zum Status quo)			x		niedriger	gleich	höher	viel höher
	5	Wettbewerbssituation			x		Wettbewerbs-nachteil	intensiver Wettbewerb	Wettbewerbsvorteil	nachhaltige Differenzierung
	6	Konformität mit OEM-Strategie			x		keine Konformität	geringe Konformität	hohe Konformität	umfassende Konformität mit allen OEMs
	7	Renditeerwartung im Vgl. zur bestehenden UR			x		niedriger	gleich	höher	viel höher
Umfeldbezug	8	Ergebnis geänderter Positionierung			x		Aufbau von starken Abhängig-keiten	Aufbau von Abhängigkeiten	Aufbau von Abhängigkeiten für andere	Aufbau von starken Abhängigkeiten für andere
	9	Technologiepotential	Entwicklungstechn.		x	0.5	verdrängte Technologie	Basistechnologie	Schlüssel-technologie	Schrittmacher-technologie
			Fertigungstechn.		x	0.5	verdrängte Technologie	Basistechnologie	Schlüssel-technologie	Schrittmacher-technologie
	10	Beschaffungsmarkt/ Lieferanten (Rohstoffe, Bauteile)			x		nicht bekannt	teilweise bekannt	fast vollständig bekannt	bekannt
	11	Einfluss von Trends			x		starke negative Beeinflussung	negative Beeinflussung	positive Beeinflussung	stark positive Beeinflussung
	12	Umsetzbarkeit			x		kaum umsetzbar (weder allein noch mit Unterstützung)	über externe Unterstützung (z. B. Kooperation, Akquisition) viel-leicht umsetzbar	über externe Unterstützung (z. B. Kooperation, Akquisition) gut umsetzbar	im Alleingang umsetzbar

Bild 3-4: Bewertung aus interner Perspektive (angelehnt an Brandenburg, 2002)

3.2 Prozessmodellierungstools und Prozesspläne

Das Bottom-up-Vorgehen zur Prozessaufnahme und zur Ableitung von Optimierungspotential wurde im Kapitel 2 bereits kurz dargestellt. An dieser Stelle sollen die entsprechenden Tools und Hilfsmittel in den Vordergrund gestellt werden.

3.2.1 Prozessmodellierungstools

Gemäß Müller (1999), an dessen Arbeit auch die weiteren Ausführungen angelehnt sind, ist die Auswahl des richtigen Modellierungswerkzeuges entscheidend für den Veränderungsprozess, den die Mitarbeiter auf dem Migrationspfad von einem mehr funktionsorientierten Unternehmen hin zu einer flexiblen Prozessorganisation durchlaufen. Hauptfrage der folgenden Überlegungen zu Modellierungswerkzeugen soll sein, wie die Diskrepanz zwischen dem offiziellen Anspruch und der Realität bei der Anwendung solcher Werkzeuge zur Prozessanalyse und zum Prozessdesign durch die richtige Auswahl überwunden werden kann.

Die Gefahr bei Veränderungsprojekten besteht darin, dass die Ablösung der alten, hierarchischen und tayloristischen Organisation meist mit deren ureigenstem Mittel erfolgt: der instrumentellen Rationalität (Moldaschl, 1998). In vielen Veränderungsprojekten läuft man somit Gefahr, die mechanistische Vorstellung von Arbeit im Zusammenhang mit den Modellierungswerkzeugen erneut ins Spiel zu bringen und auf diese Weise von der eigentlichen Aufgabenstellung, die vorherrschenden Prozesse zu verstehen und zu optimieren, unnötig abzulenken. Dennoch braucht es bei der Prozessanalyse und dem Prozessdesign eine genaue Aufzeichnung aller Aktivitäten und Prozeduren, die den eigentlichen Prozess ausmachen. Diese Aufzeichnungen können den Mitarbeitern ein genaues Bild über die tatsächlichen Prozesse liefern und dienen als Grundlage für weitere Diskussionen.

Gegenüber den reinen Papierversionen geben Softwaretools die Möglichkeit endloser Variationen und Iterationen, was besonders bei der Neugestaltung der Prozesse große Vorteile bringt (Harvey, 1994). Diese Softwarepakete sollten dabei auch von Nicht-Computer-Experten bedienbar sein. Sind diese zu komplex und nur durch Experten handhabbar, ist die Gefahr groß, dass die Bedienung des Werkzeugs zum eigenen Projekt wird und entsprechend von der eigentlichen Reorganisation ablenkt (Peppard/Rowland, 1995).

In einem unserer Projekte bei einem Unternehmen, das Kraftwerke baut, wurde offensichtlich, was geschehen kann, wenn man vergisst, dass es sich bei der Analyse und dem Design von Unternehmensprozessen in erster Linie darum handelt, den Ablauf menschlicher Arbeit zu gestalten. Das Unternehmen investierte ca. 1,9 Mio. Euro in die Schulung und die Anwendung eines hausintern entwickelten Modellierungstools. Während zwei Jahren waren die Ressortleiter des Unternehmens damit beauftragt, ihre Prozesse zu analysieren und zu modellieren. Ein Ziel für diese Aktion respektive ein Grund, weshalb das getan wird, wurde nicht kommuniziert. Auf diese Weise wurde mit einem komplexen EDV-Tool ein Datenfriedhof produziert, mit dem kein Mitarbeiter im Unternehmen etwas anzufangen wusste.

Die Anwendung eines Modellierungstools in einem unserer anderen Projekte gewann während der Analysephase zusehends an Eigendynamik. Im „Sog der Genauigkeit“ (Lullies et al., 1998), waren die Anwender lange und intensiv bemüht, die Prozesse durch exakte Daten detailliert abzubilden. Das EDV-Tool zur Prozessmodellierung war so ausgestaltet, dass man verschiedene Unternehmenssichten mit exakten Daten hinterlegen musste, um ein stimmiges Unternehmensgesamtmodell zu erhalten. So entwickelte sich der Einsatz des „Werkzeugs“ zum eigentlichen Zweck des Projekts, in dem es dann primär darum ging, die Anforderungen an Detaillierung und Exaktheit zu erfüllen, die das Computerprogramm stellte und wonach möglichst alles so detailliert wie möglich erfasst werden sollte. Neben der Problematik, dass die Handhabung des EDV-Tools den Mittelpunkt der Analysephase des Projekts darstellte, lief man zudem Gefahr, über die Erhebung der großen, prozessspezifischen Datenmengen den Wald vor lauter Bäumen nicht mehr zu sehen. Man hatte zwar meterweise Modellierung, verstand den Prozess zum Schluss aber überhaupt nicht mehr. Dazu kam, dass das Tool aufgrund seiner komplexen Ausprägung nicht einfach zu bedienen war. Für die Erlernung und Handhabung der Technik musste viel Zeit verwendet werden.

Nach mehrwöchiger Ist-Analyse mit dem beschriebenen EDV-Tool wurde die Übung abgebrochen und man wich auf das prozess- und elementorientierte Modell nach Tränckner mit Proplan (Proplan, 1998) als EDV-Tool aus (Tränckner, 1990). Dieser Bruch in der Anwendung des Modellierungsmediums schlug sich zunächst negativ auf die Motivation der Mitarbeiter nieder. Es musste eine neue Lernkurve in der Modellierungssprache und Tool-Bedienung durchlaufen werden.

3.2.2 Anforderungen an Prozessmodellierungstools

Die folgenden Ausführungen sollen anhand vier ausgewählter Potentiale der Unternehmensmodellierung zeigen, welchen Anforderungen ein (EDV-gestütztes) Modellierungswerkzeug genügen sollte.

Transparenz

Eine zentrale Voraussetzung für die erfolgreiche Veränderung von Unternehmen ist die Erreichung einer hohen Transparenz in Bezug auf Zuständigkeiten, Verantwortlichkeiten, Aufbauorganisation, Abläufe, Datenorganisation usw. Gemäß Zimmermann (1995) ist Transparenz die Voraussetzung zur Bereinigung von komplexen, historisch gewachsenen Strukturen. Die Herausforderung ist, Transparenz über komplexe Strukturen und Prozesse zu gewinnen, um mit einem übersichtlichen Prozessplan anschließend weiter reichende Erkenntnisse für ein Prozessdesign zu gewinnen. Um diese Transparenz zu erreichen, muss das Modellierungswerkzeug einfache Symbole und eine einfache, leicht verständliche Sprache zur Verfügung stellen. Die Prozesselemente müssen mit Kurzkommentaren verstehbar sein. Tünschel et al. (1998) weisen darauf hin, dass die den Mitarbeitern vertrauten Begriffe des betrieblichen Alltags verwendet werden sollten. Mit wenigen Verknüpfungsregeln (beispielsweise „und", „oder" usw.) sollen die Prozesselemente zu Prozessketten zusammengeführt werden können. Diese Anforderung gilt gemäß Lullies et al. (1998) insbesondere für umfangreiche Prozesse, bei denen eine Vielzahl von Mitarbeitern aus unterschiedlichen Bereichen an der Gestaltung zu beteiligen sind.

Modularität

Unter Modularität versteht man die Bildung von in sich möglichst abgeschlossenen Funktionseinheiten. Größere Systeme werden durch den Zusammenbau solcher Module realisiert. Die Modularisierung dient dabei der Komplexitätsreduktion. Ein Beispiel für Modularität ist unser Alphabet. Mit den 14 intuitiv verständlichen Standardsymbolen des von uns meist verwendeten Modellierungswerkzeuges Proplan lassen sich – ähnlich dem Alphabet – die meisten Arbeitsabläufe vollständig und ohne Sprachbarriere beschreiben.

Ist die Anforderung der Modularität an die Prozessbeschreibungssprache erfüllt, so ist das Werkzeug gemäß Tünschel et al. (1998) einfach in der Repräsentation (Visualisierung), aber leistungsfähig in der Interpretation/Aufbereitung der Modellierungsergebnisse. Die Symbole von Proplan liefern eine zusätzliche Informationsebene. Die Hauptaussageebene ist allerdings die textliche Kurzbeschreibung der jeweiligen Aktivität, die dem einzelnen Prozesselement zugeordnet werden kann.

Integration

Von der Datenintegration bis zur Gestaltung der Mensch-Maschine-Schnittstelle wird annähernd alles unter Integration subsumiert. Aus Sicht der Unternehmensmodellierung sollten gemäß Zimmermann (1995) alle diese Integrationsbestrebungen unterstützt werden. Das Modellierungswerkzeug muss daher ein einfaches Datenmanagement erlauben. Die Prozessmodelle wie auch die Modelle von Teilprozessen oder Tätigkeitsabfolgen sollten dabei für die Dokumentation von Zwischen- und Endergebnissen ohne große Umstände in Textverarbeitungssysteme oder Präsentationssysteme übertragen werden können. So können die Modellierungsergebnisse der Prozesse selektiv für unterschiedliche Anwendersichten und Anwendungen aufbereitet werden. In der betrieblichen Praxis ist allerdings festzuhalten, dass die Prozesspläne in der Regel ohne Verknüpfungen zu anderen Programmen zum Einsatz kommen.

Das in den Fallbeispielen angewandte Programmsystem Proplan, das aufgrund von Erkenntnissen in Industrie- und Forschungsprojekten kontinuierlich weiterentwickelt wurde, erlaubt die Verbindung der Prozesselemente mit beliebigen Dokumenten (Textdateien, Tabellen, HTML-Seiten oder Applikationen) sowie den Grafikexport mit „copy & paste“. Der Prozessplan kann relativ einfach in Präsentationen und Berichte eingebunden werden. Sämtliche Prozessinformationen können zur individuellen Auswertung nach MS Access exportiert werden (Proplan, 1998).

Generizität

Unter Generizität (Wiederverwendbarkeit) versteht man nach Schmid (1996) die Verwendbarkeit von einmal erstellten Modellen in verschiedenen Kontexten durch eine geeignete Parametrisierung. So sollen gemäß Eversheim (1995) Modellierungswerkzeuge Prozesspläne zur Verfügung stellen, die

- der Berechnung von Durchlaufzeiten und Prozesskosten dienen und somit das Umsetzungscontrolling unterstützen,
- für die Zertifizierungsdokumentation nach DIN ISO 9000 ff. verwendet werden können,
- die Mitarbeiterschulung sowie
- die Arbeit im operativen Tagesgeschäft unterstützen und
- eine Basis für die kontinuierliche Verbesserung bilden.

Nach Tünschel et al. (1998) muss das Geschäftsprozessmodell (Prozessplan) als so genannte Uni-Quelle für unterschiedliche Reengineeringvorhaben einsetzbar sein. Das Geschäftsprozessmodell soll eins zu eins als prozessorientiertes Organisations- und DV-Benutzerhandbuch, als Qualitätsmanagementhandbuch, als Umweltmanagementhandbuch sowie für das Prozesscontrolling aufbereitet werden können.

In einem erst kürzlich von uns durchgeführten und abgeschlossenen Benchmarkingprojekt zum Thema „Erfolgreich produzieren in Hochlohnländern“ wiesen die Dokumentationen in den prozessorientiert aufgestellten Successful-Practice-Unternehmen exakt diese Eigenschaft auf. So existierte dort jeweils eine einheitliche Referenzdokumentation für alle Prozesse. Unabhängig vom Anwendungskontext wurde stets auf diese Einheitsversionen zurückgegriffen, wodurch eine ausgesprochen hohe Konsistenz und Widerspruchsfreiheit in allen Prozessdokumenten des Unternehmens vorzufinden war. In Folge herrschte in diesen Unternehmen auch ein sehr einheitliches Prozessverständnis bei allen Mitarbeitern (EPRO, 2006).

In einem weiteren unserer Projekte wurde z. B. der für das Veränderungsprojekt zur Prozessoptimierung erstellte Prozessplan für die Zertifizierungsdokumentation nach DIN ISO 9001 und 14 000 eingesetzt. Zudem ist der Prozessplan elementarer Bestandteil der Mitarbeiterschulung geworden.

Die Transparenz der dokumentierten Prozesse, die Integration der erhobenen Prozessdaten in andere EDV-Anwendungen, die Modularität der Prozessbeschreibungssprache sowie die Wiederverwendbarkeit der erstellten Prozesspläne bilden die Anforderungen an das Modellierungswerkzeug, damit die Prozessanalyse selbst und nicht die Handhabung des Werkzeugs in den Vordergrund des Projekts rückt.

Die Ausgewogenheit zwischen Informationsdichte und Verständlichkeitsgrad, die das Modellierungswerkzeug aufweist, sind die Voraussetzungen zur Erfüllung der genannten Modellierungsanforderungen. Abhängig vom Ziel der Reorganisation kann dabei die notwendige Informationsdichte variieren. Falls man z. B. mit dem Ziel einer späteren ERP-System-Einführung (vgl. auch Kapitel 3.7) modelliert, muss man mit einer deutlich höheren Informationsdichte abbilden, als wenn es um das grundsätzliche Überdenken eines Prozessablaufs geht.

Die meisten Darstellungen von Prozessabläufen in diesem Buch wurden mit Proplan erstellt. Wir sind der Meinung, dass es prinzipiell viele geeignete Modellierungstools gibt, stützen uns aber hier auf unsere eigenen Erfahrungen und wenden die hier aufgeführten Kriterien jeweils an, um die Eignung eines spezifischen Tools zu beurteilen.

3.2.3 Umgang mit dem Prozessmodellierungstool

Informationstechnische Unterstützung ist im Zusammenhang mit der Abbildung von Unternehmensprozessen nur sinnvoll, wenn keine tief greifenden Modellierungskenntnisse erforderlich sind. Falls aber das Ziel von Anfang an das Schaffen einer Grundlage für die Einführung eines neuen ERP-Systems ist, kann es Sinn machen, auf Modellierungstools mit erhöhter Funktionalität zurückzugreifen. Es ist allerdings auch dann zu beachten, dass sich die Darstellung zusätzlich als Kommunikationstool eignet. Während der

Analyse- und Gestaltungsphase des Veränderungsprojekts ist es noch möglich, dass ein externer Berater die Bedienung des EDV-Tools zur Prozessmodellierung alleine beherrscht. In der späteren Realisierungsphase kann es aber vorkommen, dass gewisse Prozesse angepasst und entsprechend neu dokumentiert werden müssen. Es ist dann von Vorteil, wenn die Handhabung des technischen Hilfsmittels zur Prozessmodellierung für alle Mitarbeiter schnell und einfach erlernbar ist.

Das Werkzeug soll nur über wenige Funktionen verfügen. Eine dieser Funktionen muss eine geeignete Druckfunktion sein. Denn um bei allen Beteiligten ein gemeinsames Prozessverständnis herzustellen, müssen die Prozessmodelle allen sichtbar gemacht werden. Die so genannten „Wandtapeten", welche die Visualisierung für das Lernen (insbesondere bei der Prozessanalyse) und das Modellieren (insbesondere beim Prozessdesign) in Gruppen unterstützen, müssen ohne große Umstände erstellt werden können. In den in diesem Buch beschriebenen Fallbeispielen hat sich der Einsatz dieser großformatig ausgedruckten Prozesspläne für die genannten Zwecke stets bewährt. Es hat sich zudem gezeigt, dass ein für das Veränderungsprojekt wertvolles Werkzeug jenes ist, welches die Benutzer kaum wahrnehmen. Ist dies gewährleistet, wird die intensive Mitarbeit aller Beteiligten an der Prozessmodellierung möglich.

Die Schulung der Mitarbeiter im Programmsystem Proplan dauert jeweils einen Tag. Dabei wird vor allem auch die dem Programmsystem zugrunde liegende Methode vermittelt. Denn wer ein EDV-gestütztes Modellierungswerkzeug bedienen kann, kann damit noch nicht unbedingt auch im Kontext des Projekts umgehen (vgl. Lullies et al., 1998).

Wichtig ist, dass man sich für ein Modellierungswerkzeug entscheidet und an diesem festhält, sonst werden mehrere Lernkurven durchlaufen, was sich wie in dem zuvor genannten Beispiel negativ auf die Motivation der Mitarbeiter im Veränderungsprojekt auswirkt.

Lernen und Modellieren in Gruppen

Die meisten Modellierungswerkzeuge sind konzeptionell auf das individuelle Handeln spezialisierter Experten ausgerichtet. Sie sind zu abstrakt, um von Laien verstanden zu werden. Sie berücksichtigen kaum die kooperative Aufgabenbewältigung in Gruppen, welche der entscheidende Faktor für das Arbeiten in einem prozessorientierten Unternehmen ist. Geeignete Modellierungswerkzeuge müssen aber beide – partizipative und kooperative – Arbeitsformen in der Unternehmensmodellierung unterstützen (Heeg et al., 1997).

Das von uns in Projekten verwendete Modellierungswerkzeug Proplan mit seiner einfachen Semantik (intuitiv verständliche Standardsymbole) und seiner verständlichen Syntax (wenige Verknüpfungsregeln) erleichtert den Gruppenlernprozess um das Verständnis der Ist-Prozesse wesentlich. In der Auseinandersetzung mit dem als „Wandtapete“ ausgedruckten Prozessplan lernen die Gruppenmitglieder der einzelnen Projektteams nicht nur ein gemeinsames Verständnis über die Abläufe zu entwickeln, sondern es entsteht im Dialog um die einzelnen Prozesse eine eigentliche Diskussionskultur, die ihnen im Alltag der „neuen“ Organisation zugute kommt.

Auch die Mitarbeiterpartizipation wird durch das „richtige“ Modellierungswerkzeug entscheidend unterstützt. So meinte ein Prozessteammitglied in einem unserer Projekte: „Die relativ einfache, aber dennoch umfassende Darstellung der Prozesse anhand von Proplan erleichterte die Kommunikation zwischen uns und der Geschäftsleitung wesentlich.“

Visualisierung

Entscheidend bei der Analyse der Unternehmensprozesse ist deren Visualisierung. Die gemeinsame Arbeit an der Prozessvisualisierung fördert bei den Beteiligten Veränderungsbereitschaft und Veränderungsfähigkeit und trägt damit zum Empowerment der Akteure bei (Lullies et al., 1998).

In der Phase der Prozessabbildung wird somit durch die Einzelinterviews das verteilte Wissen im Unternehmen mittels geeigneter Modellierungswerkzeuge erfasst und mit Hilfe des Prozessplanes das implizite in explizites Wissen (Nonaka/Takeuchi, 1995) überführt. Die Visualisierung verfolgt dabei das Ziel, das Modell, d.h. den Prozessplan, Drittpersonen verständlich zu machen und so über die Schaffung eines gemeinsamen mentalen Modells (Senge, 1996) im Dialog von einem individuellen zu einem allgemeinen Prozessverständnis zu gelangen.

Zielsetzung der Visualisierung – der bildlichen Darstellung von Informationen über Unternehmensprozesse – ist es also mit anderen Worten, durch eine größere Transparenz die Identifikation der Mitarbeiter mit dem Unternehmen und deren Aufgabe sowie deren Motivation zur Zielerreichung und kontinuierlichen Verbesserung zu steigern (Wildemann, 1995).

Eine einfache Prozessvisualisierung ist dabei die Basis für eine kritische Selbstreflexion des eigenen Verhaltens, die gemäß Pfiffner und Stadelmann (1995) eine wesentliche Voraussetzung zur Steigerung der Lernfähigkeit von Unternehmen darstellt. Die kollektive Analyse und Reflexion (Vahs, 1997) des visualisierten Unternehmensprozessmodells, des Prozessplans, bildet vor diesem Hintergrund eine kollektive Analyse und Reflexion aller bisherigen Lernerfahrungen im Unternehmen.

Gemeinsame mentale Modelle

Wie erwähnt, bewirken visualisierte Prozesspläne als Diskussionsbasis den Aufbau eines gemeinsamen mentalen Modells der Unternehmensprozesse und dadurch ein kollektives Prozessverständnis. „Mentale Modelle" sind dabei tief verwurzelte Annahmen, Verallgemeinerungen oder auch Bilder und Symbole, die großen Einfluss darauf haben, wie wir die Welt wahrnehmen und wie wir handeln (Senge, 1996).

Während der Prozessanalyse (Erfassung und Abbildung der Prozesse) müssen die mentalen Modelle in den Köpfen der Mitarbeiter expliziert und in der Visualisierungsphase der Prozessanalyse (Erklärung der Prozesse) Drittpersonen verständlich gemacht werden. Dies dient dazu, die Prozesse in der Phase des Prozessdesigns über die Identifikation der Problembereiche und die Entwicklung der Veränderungsmaßnahmen in Frage stellen zu können. Das Schaffen einer gewissen Betroffenheit ist eine Erfolgsvoraussetzung, um überhaupt eine Veränderungsbereitschaft erzeugen zu können. Dies ist nur auf der Ebene der realen Abläufe möglich. Die Einsicht, dass diese realen Abläufe aus bestimmten Perspektiven (z. B. Gesamtprozessperspektive) nicht optimal sind, löst erst die Bereitschaft aus, über Veränderungen nicht nur nachzudenken, sondern diese in der Folge auch umzusetzen.

Als Modellierungsinhalte sind neben quantitativen Größen wie Zeiten, Wahrscheinlichkeiten, Wiederholhäufigkeiten und Kosten auch qualitative Kenngrößen wie Prozessketten, -verknüpfungen, -unterbrechungen, -verzweigungen, Schnittstellen und die täglich angewandte Betriebssprache heranzuziehen. Die quantitativen und qualitativen Modellierungsinhalte, die für den Aufbau mentaler Modelle entscheidend sind, werden im Folgenden näher beschrieben.

Qualitative Modellierung

Beim in den Fallbeispielen zur Anwendung gekommenen prozess- und elementorientierten Modell nach Tränckner werden die Prozesse mit 14 normierten Prozesselementen (Tränckner, 1990) als flache Prozessketten abgebildet. Die Prozesskettendarstellung (vgl. Müller, 1992) erfolgt dabei hierarchieunabhängig (Bild 3-5).

Die Prozessverknüpfungen stellen als statisches Element die Beziehungen der Prozessketten zueinander dar. Mit Freitextpassagen können diese Beziehungen auch näher spezifiziert respektive können auch wichtige Zusatzinfos aus den Interviews mit abgebildet werden.

Prozesspläne und die Diskussionen darüber helfen auch, Bereichsspezifika und Unterschiede, die aus einer rein rationalen Sicht überflüssig sind, sichtbar und damit veränderbar zu machen. Einer unserer Projektpartner be-

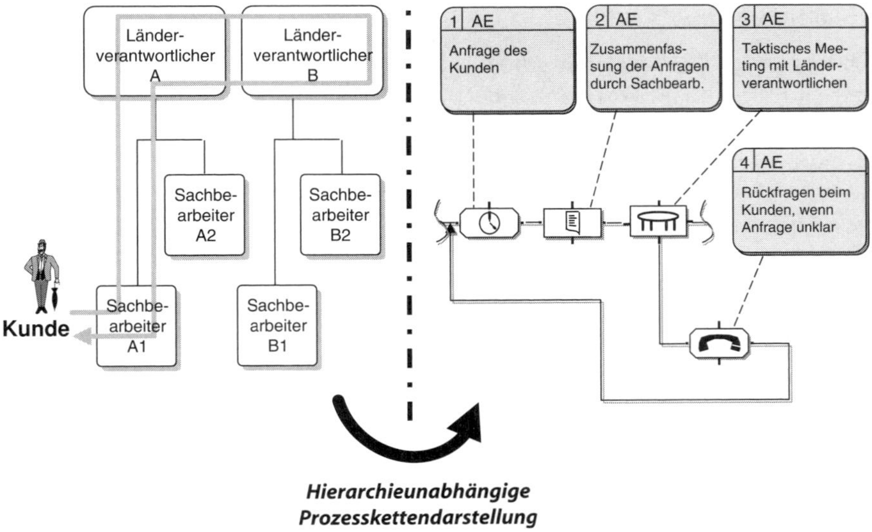

Bild 3-5: Hierarchieunabhängige Prozesskettendarstellung

schäftigte z. B. in der Arbeitsvorbereitung (AVOR) zwei Sachbearbeiter mit dispositiven Aufgaben. Der eine war für die Disposition transparenter, der andere für die Disposition opaker (nicht-transparenter) Papierrollen zuständig. Obwohl die Produktionsabläufe auf beiden Produktionsmaschinen annähernd gleich waren und der Informationsfluss über das gleiche Produktionsplanungs- und -steuerungssystem (PPS) lief, wendeten die beiden zusammen fünf unterschiedliche Hilfsmittel für ihre „individuelle" Mengen-, Termin- und Kapazitätsplanung (vgl. Wiendahl, 1996) an. Die Hilfsmittel reichten von manuell geführten Dispositionskarten über MS-Excel-Sheets bis hin zu programmierten MS-Access-Datenbanken. Diese Hilfsmittel hatten unterschiedliche Namen, was einerseits die Kommunikation innerhalb der AVOR und andererseits die Kommunikation zwischen den administrativen Bereichen und den direkten Bereichen der Papierproduktion und -ausrüsterei behinderte.

Durch die Sichtbarmachung der betrieblichen Alltagssprache wird nicht nur der abstrakte Prozessplan verständlicher und realitätsnaher. Auch die unterschiedlichen abteilungs-, bereichs- und hierarchiespezifischen Sprachwelten werden auf Basis eines für alle verständlichen Prozessplans im Hinblick auf das nachfolgende Prozessdesign harmonisiert und auf den gleichen Nenner gebracht.

Quantitative Modellierung

Die quantitative Modellierung betrifft die Quantifizierung der Prozesse durch relevante Prozessparameter wie Zeiten (Durchlaufzeiten, Bearbeitungszeiten, Liegezeiten), Wahrscheinlichkeiten (Unterbrechungswahrscheinlichkeiten, Verzweigungswahrscheinlichkeiten), Wiederholhäufigkeiten bestimmter Prozesse und Kostensätze (z. B. prozessbezogener Ressourcenverzehr bezüglich EDV, Betriebsmittel, Personal, Gebäude und Kapital).

So konnte z. B. den Mitarbeitern eines unserer Projektpartner einerseits vor Augen geführt werden, bei welchen Prozessketten der Auftragsabwicklung die größten Anteile an der Gesamtdurchlaufzeit von fünf bis sechs Wochen pro Auftrag anfielen. Andererseits konnte das Verhältnis zwischen Bearbeitungs- und Liegezeiten an den Maschinen verdeutlicht und der Anteil der nicht-wertschöpfenden Tätigkeiten am Wertschöpfungsprozess klar ausgewiesen werden.

Review

Nachdem die Unternehmensprozesse mit geeigneten, einfachen Modellierungswerkzeugen abgebildet und visualisiert wurden, müssen die Analyseergebnisse von den betroffenen Mitarbeitern kontrolliert und allenfalls korrigiert werden. Dieser Reviewprozess kann dabei als eigentlicher Lernprozess gesehen werden. In allen unseren Projekten konnten insbesondere vier Fehlerquellen während der Dokumentation der Unternehmensprozesse mehr oder weniger ausgeprägt festgestellt werden.

So können im Interview Informationen

- vom interviewten Mitarbeiter falsch oder unvollständig gesendet werden,
- vom interviewenden Berater falsch oder unvollständig empfangen werden,
- vom interviewten Mitarbeiter als Ideal- anstatt als Realitätszustand beschrieben werden und
- vom interviewenden Berater als Real- anstatt als Idealzustand erfasst werden.

In einem Fall z. B. hat sich erst in den einzelnen Reviewsitzungen mit den an den Interviews beteiligten Mitarbeitern nach und nach das Komplexitätsausmaß der Informationsflüsse zwischen den direkten (administrativen) und indirekten (produzierenden) Bereichen für alle manifestiert. Die Gründe für das fehlende Erkennen der Informationsflusskomplexität lagen einerseits in einer örtlichen Trennung der direkten und indirekten Bereiche (die Produktion lag in einem anderen Ortsteil) und andererseits in der Tatsache, dass Informationen (Kunden-, Auftrags- und Betriebsdaten) nicht zentral gesammelt bzw. gespeichert wurden und somit nicht jedem zugänglich waren. Die Mitarbeiter gaben daher in den Interviews falsch oder unvollständig wieder, was der interviewende Berater aufgrund der Einzelperspektiven der Interviewten entsprechend falsch oder unvollständig empfing. Der Prozessplan als Summe der Einzelinterviewergebnisse ergab deshalb ein falsches, unvollständiges Realitätsbild.

Der Leiter der Arbeitsvorbereitung (AVOR) eines anderen Unternehmens war gleichzeitig interner Projektleiter des Veränderungsprojekts zur Restrukturierung der Unternehmensprozesse. Er hatte die Tendenz, insbesondere die Prozesse in seinem Bereich, der AVOR, eher vom Soll-Zustand her zu kommunizieren. Insbesondere durch die einzelnen Reviewsitzungen mit den Mitarbeitern der vor- und nachgelagerten Bereiche konnte diese Sichtweise relativiert werden.

Bei der Durchführung aller Projekte hat sich je länger, je mehr die Wichtigkeit des Perspektivenwechsels für die Reviews der Prozesspläne gezeigt. So wurden die Reviews über die Einzelgespräche mit den Mitarbeitern hinaus erweitert und wurde der Prozessplan dem gesamten Prozessteam zur Sichtung vorgelegt. Dieses „erweiterte" Review fand dann zum Teil direkt in den Potentialworkshops statt. Prinzipiell sind drei Varianten eines Perspektivenwechsels denkbar:

- Der Berater präsentiert den Gesamtprozessplan dem Prozessteam. Bei dieser Perspektivenübernahme durch den Berater können sich allerdings Abwehrreaktionen bei den Mitarbeitern zeigen. Diese können sich negativ auf die Veränderungsbereitschaft auswirken. Die Versuchung für die Mitarbeiter liegt nahe, sich mit dem Argument aus der Verantwortung zu ziehen, dass in diesem Fall ja nicht die eigene Sicht, sondern die eines unbeteiligten Externen vorgestellt wird, der die Details sowieso nicht richtig einschätzen kann.

- Die Interviewten präsentieren ihre Teilprozesse dem Prozessteam. In diesem Fall müssen sich die Betroffenen mit ihren eigenen Inhalten auseinandersetzen, was deren Identifikation erhöht. Falls dieses Vorgehen außerdem bereits in der Prozessaufnahme so vorgestellt wird, reduziert sich die Gefahr von bewussten Falschaussagen. Es ist bei diesem Vorgehen empfehlenswert, den Mitarbeitern die Möglichkeit einer Probepräsentation vor den Beratern anzubieten, da bei einigen die Hürde, vor den Kollegen zu präsentieren, doch sehr hoch ist.

- Die Teilprozesse werden dem Prozessteam von den internen Prozesskunden und -lieferanten präsentiert. Hier kann eine eigentliche Diskussion über die inhaltlichen Tätigkeiten, die Informations- und Materialflüsse sowie über die Interaktionen innerhalb der Teilprozesse und an den

Schnitt-/Nahtstellen entstehen. Durch diese eigentliche Perspektivenübernahme wird bei den Beteiligten der Grundstein für ein umfassendes Prozessverständnis gelegt.

Beim Review der Prozesspläne ist auf jeden Fall darauf zu achten, dass die Prozesspläne auch nochmals mündlich vorgetragen werden. Die Macht des Geschriebenen ist hierbei nicht zu unterschätzen. Was einmal auf dem Papier ist, wird kaum mehr in Frage gestellt. In den Einzelinterviews zur Aufnahme der Prozesse zeigt sich dieses Phänomen insbesondere in der Angst der Mitarbeiter, sich auf Prozessparameter wie Zeiten, Wahrscheinlichkeiten und Kosten festzulegen, die dann für ihre Teilprozesse „fix“ auf dem Papier stehen.

Wenn die geschilderten Schritte der Visualisierung und des Reviews das verteilte, implizite Wissen über die Abläufe im Unternehmen allen Mitarbeitern im Veränderungsprojekt explizit und verständlich gemacht haben, kann die Phase der Prozessanalyse problemlos in die eigentliche Gestaltungsphase des Prozessdesigns überleiten. Dort werden dann wiederum in der Gruppe Problembereiche identifiziert und partizipativ Veränderungsmaßnahmen entwickelt.

3.2.4 Prozesspläne

Ein Prozessplan im vorgeschlagenen Vorgehen muss sich insbesondere als Kommunikations- und Diskussionsinstrument eignen. Dazu muss er mit kleinem Zeitaufwand schnell nachvollziehbar sein und es möglich machen, Realabläufe abzubilden. Der Prozessplan muss dazu geeignet sein, über verschiedene Hierarchie- und Qualifikationsstufen hinweg eine Diskussion über die Gesamtzusammenhänge im Prozess zu ermöglichen. Punkte, die sich nicht aus einem Prozessplan ablesen lassen, wie Motivation der Mitarbeiter, Misstrauenskultur etc., werden bereits in der Phase der Prozessaufnahme von den Interviewern aufgenommen. Bild 3-6 zeigt einen Beispielprozessplan, der mit dem Modellierungstool Proplan erstellt wurde und im Rahmen einer Reviewsitzung gesichtet wird.

Um die Übersichtlichkeit zu erhöhen und die Diskussion zu erleichtern, wurden bei der Erstellung des Prozessplans folgende Grundsätze angewendet:

- Unterschiedliche organisatorische Einheiten werden in unterschiedlichen Farben dargestellt. Dies erhöht die Übersichtlichkeit und macht Schnittstellen, die oft Quellen von Missverständnissen sind, direkt sichtbar.
- Der Detaillierungsgrad der Darstellung wurde so gewählt, dass vertiefte Diskussionen möglich werden, ohne sich aber in Details zu verlieren. Bei der Erstellung der Prozesspläne ist dies oft der schwierigste Punkt.

Bild 3-6: Beispielprozessplan (Auszug)

Eine Hilfe, um „Problembereiche“ in Prozessplänen identifizieren zu können, ist das Zugrundelegen von idealtypischen Prozessplanaussagen. Dies befreit einen natürlich nicht vom eigenen Durchdringen der Abläufe, erhöht aber die Geschwindigkeit der Interpretation und hilft insbesondere auch den Moderatoren der Potentialworkshops (vgl. Kapitel 3.4) bei der Vorbereitung.

Im Folgenden werden sechs häufig vorkommende Prozessplanaussagen („komplexe Prozessgeflechte“, „Schnittstellen“, „Liegezeiten“, „Rückschleifen“, „Sackgasseneffekt“ und „Flaschenhalseffekt“) genauer beschrieben sowie beispielbezogen mögliche Erkenntnisse und Konsequenzen für das Prozessdesign formuliert. Die Aufzählung erhebt hierbei keinen Anspruch auf Vollständigkeit. Vor dem Hintergrund der Fallbeispiele handelt es sich aber um die am häufigsten vorkommenden idealtypischen Prozessplanaussagen.

Komplexe Prozessgeflechte

Die Visualisierung der Teilprozesse in der Arbeitsvorbereitung (AVOR) eines unserer Projektpartner brachte ein komplexes Geflecht von interdependenten Teilprozessen zu Tage. Den interviewten und in den Workshops teilnehmenden Mitarbeitern wurde bewusst, dass diese Arbeitsweise des Einzel- und Kleinserienfertigers zeitraubend sein musste (Bild 3-7).

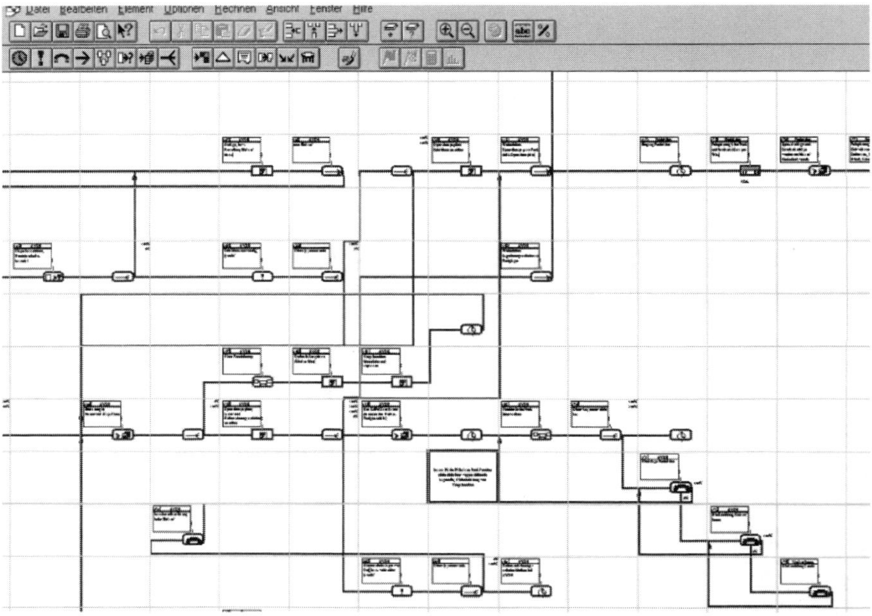

Bild 3-7: Teilprozesse in der AVOR; Prozessplanausschnitt aus dem Programmsystem Proplan

Die vielfältigen Verzweigungen wurden in diesem Fall durch die oft unklare Abgrenzung von Aufgabe, Verantwortung und Kompetenz erzeugt. Dies bewirkte eine Häufung der Aufgaben in der AVOR, die neben ihrer primären Funktion der Produktionsplanung und -steuerung insbesondere diverse Kontrolltätigkeiten entlang der gesamten Wertschöpfungskette durchführte. Diese Kontrolltätigkeiten reichten von der Überprüfung der Spesenrapporte der externen Montage hinsichtlich der Einhaltung von Vorgabezeiten bis hin zur Prüfung der Bestände vor Ort im Rohmateriallager, da diese, im als „Insellösung“ programmierten EDV-System zur Unterstützung der Auftragsabwicklung, regelmäßig nicht mit den physischen Lagerbeständen übereinstimmten.

Außerdem wurde in der AVOR der Materialbedarf für jeden Auftrag, ob Standard oder kundenspezifisch, berechnet und anschließend beim Einkauf die Materialbestellung ausgelöst. Dies, obwohl 80% der Aufträge als „Standard“ bezeichnet werden konnten.

Maßnahmen, die in diesem Fall zur Komplexitätsreduktion eingesetzt wurden, waren die Standardisierung und eine durchgängige EDV-technische Unterstützung. Die Standardisierung erfolgte dabei insbesondere über die Einführung einer Prozesstriage, wie sie auch von Hammer und Champy (1995)

in Abhängigkeit der Problemhaltigkeit von Prozessen vorgeschlagen wird. Dementsprechend wurden Aufträge in Standardaufträge und Handelsware, Standardaufträge mit kundenspezifischen Anpassungen und kundenspezifische Engineeringaufträge eingeteilt.

Aufgabe des Verkaufs war es nun, jeden der eingehenden Aufträge einer der drei Kategorien zuzuweisen. Für die Standardaufträge lagen die Aufgabe, Verantwortung und Kompetenz ab sofort in den Händen des Verkaufs. Die beiden anderen Prozesskategorien wurden weiterhin von Prozesseignern aus der AVOR betreut. So konnten die Prozesse in ihrer zeitlichen Varianz stabilisiert werden. Zur durchgängigen EDV-technischen Unterstützung wurde ein Datenverarbeitungssystem zur Gewährleistung eines einheitlichen Informationsflusses zwischen den an der Auftragsabwicklung beteiligten Bereichen implementiert. Ferner erhöhte sich dadurch die Verfügbarkeit der relevanten Informationen in allen Bereichen.

Schnittstellen

Die örtliche Trennung der Disposition und der Produktion in zwei unterschiedlichen Gebäuden in einem unserer Projekte war eine Tatsache, die nicht mit der Visualisierung durch Prozesselemente belegt werden musste. Aus der Prozessplandarstellung konnte jedoch ein mehrfaches Durchlaufen der Disposition und der Produktion hintereinander abgelesen werden. Die Erkenntnis, dass dieser ausufernde Informationsaustausch die Kompensation einer jeweils bereichsspezifischen Datenhaltung in der Disposition und der Produktion darstellte, zeigten die in den Workshops gemachten Aussagen über die Probleme in der Materialwirtschaft. Tatsächlich wurden nämlich im Lager der Produktion und in der Disposition separate und redundante Lagerlisten geführt. Dies führte zu doppelten Materialvergaben, da ein geeignetes Reservationssystem sowie exakte, allgemein zugängliche Informationen über die vorhandenen Lagerbestände fehlten.

Nach Köhler entstehen Schnittstellen, wenn sachlich eng verbundene Arbeitsgebiete durch Funktionsteilung verselbständigt werden, so dass es dann ergänzender Vorkehrungen bedarf, um an den inhaltlich gemeinsamen Berührungspunkten für eine Zielausrichtung im Interesse der Gesamtunternehmung zu sorgen (Köhler, 1992). Kritisch für den effizienten Prozessdurchlauf ist dann die Übergabe von Material und Informationen zwischen den Teilprozessen (Schönsleben, 1997). Hier entstehen große Zeitverluste, wenn die einzelnen Aktivitäten nicht aufeinander abgestimmt sind, unterschiedliche Bearbeitungsprioritäten vorgegeben und notwendige Informationen unzureichend weitergegeben werden (Kreuz, 1995). Es kommt darauf an, Teilprozesse so zu verbinden, dass nicht eine Schnittstelle, sondern vielmehr eine Nahtstelle entsteht, die garantiert, dass die beiden Teilprozesse zeitlich nicht auseinandergerissen werden, sondern unmittelbar nacheinander ablaufen können (Schönsleben, 1997). Zwischen solchen Einheiten treten aber nicht nur Schnittstellen, sondern häufig auch Schnittmengen infolge mehrdeutiger Aufgaben-Ressourcen-Zuordnungen auf (Reiss, 1992).

Durch die Schaffung einer zentralen Stelle am Lager und die Einführung einer EDV-gestützten Lagerbewirtschaftung konnten die Aufgaben der Disposition und der Produktion bezüglich Materialwirtschaft integriert und parallelisiert (beispielsweise Reservationen eingeben) sowie verlagert werden (beispielsweise Reservationen durch zentrale Stelle bearbeiten). Dadurch konnten Iterationen bezüglich des Informationsflusses vermieden und konnte die Kooperation zwischen der Disposition und der Produktion nicht zuletzt auch aufgrund der Aufhebung der örtlichen Trennung zwischen den beiden Bereichen verbessert werden.

Liegezeiten

Ein entscheidender Vorteil der Darstellung von Prozessen mittels Prozesselementen ist, dass gegenüber der klassischen Ablaufdarstellung nach DIN (z. B. im Rahmen einer ISO-Zertifizierung) zusätzlich die „Zeitfallen" der Rückschleifen und die Liegezeiten offensichtlich werden. Die herkömmlichen Beschreibungen konzentrieren sich im Wesentlichen auf die direkten Unternehmensprozesse. Erst durch die Informationen aber, die der Prozessplan mit seinen Prozesselementen enthält, lassen sich beispielsweise Durchlaufzeiten für den Ist- und Soll-Zustand darstellen (vgl. Bild 3-8).

Das Koppelelement (die „Uhr") ist das Symbol für die idealtypische Prozessplanaussage der Liegezeit. Die Erkenntnis, dass die hohen Durchlaufzeiten bei der Auftragsabwicklung der Serienmaschinen bei einem unserer Projekte vor allem durch die hohen Liegezeiten bedingt waren, brachte die Prozessteams dazu, sämtliche Koppelelemente im Prozessplan der Auftragsabwicklung genauer unter die Lupe zu nehmen. Dabei ergab sich in den Diskussionen, dass die bis zu einer Woche dauernde Liegezeit einzelner Serienmaschinen in der Abnahme/Spedition auf folgende Ursache-Wirkungs-Kette zurückzuführen war: Aufgrund des Platzmangels in der Abnahme/Spedition wurde das Arbeiten dort zeitaufwändig. Der Platzmangel konnte wiederum auf die Tatsache zurückgeführt werden, dass die Abnahme durch nicht komplette Maschinen versperrt wurde. Dies, da die Abnahme zeitweise als Pufferlager für Maschinen fungierte, bei denen noch Fehlteile beschafft bzw. montiert werden mussten. Dies führte die Workshop-Teilnehmer wiederum zur Definition eines generellen Problembereichs „Fehlteile/Fehlteilebeschaffung" für die Auftragsabwicklung. Liegezeiten, die eine Erhöhung der Kapitalbindung und der Gesamtdurchlaufzeit verursachen, sind stets mit höchster Priorität zu eliminieren.

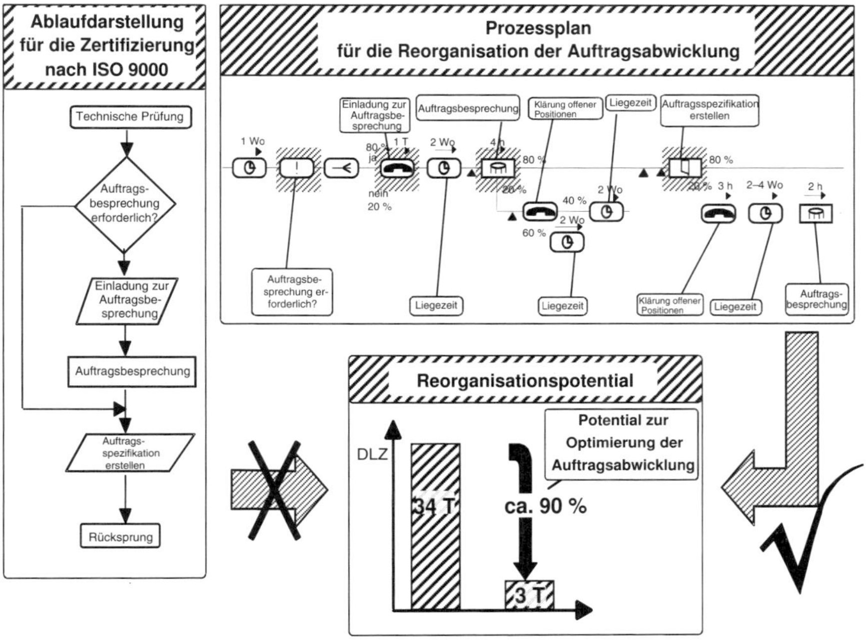

Bild 3-8: Zielorientierte Prozessdarstellung mit Prozesselementen (Eversheim, 1995)

Rückschleifen

Die direkten und indirekten Unternehmenstätigkeiten, d. h. die Fertigungs- und Verwaltungsprozesse, begründen unterschiedliche Anforderungen an das Prozessdesign. Während bei Fertigungsprozessen zur Erreichung einer Gutmenge von 100 % im Wesentlichen der Input unter Berücksichtigung der jeweiligen Fehler- und Ausschussmengen erhöht werden kann, wird bei Verwaltungsprozessen die Zeit zum einzigen kritischen Faktor, wenn – gleich den Strafrunden beim Biathlon – Nacharbeitszeiten für Fehler zu Beginn des Prozesses berücksichtigt werden müssen. Bei Verwaltungsprozessen stellt sich nicht die Frage nach dem Ausschuss (Schuh et al., 1998). Es wird vielmehr die erforderliche Bearbeitungszeit zum Kern des Problems.

Die Auftragsklärung bei den Produktionsmaschinen in einem unserer Projekte wurde zu wenig exakt vorgenommen. Insbesondere die Erfassung des Kundenwunsches wies Ungenauigkeiten auf. Zudem war das PPS-System nicht in der Lage, Spezialausrüstungen bzw. -teile, die sich nicht auf der Stückliste befanden, zu spezifizieren. Dies musste händisch nachgetragen werden. So wurden Aufträge vom Verkauf teilweise an den Projektleiter und/oder die Disposition weitergeleitet, obwohl die Auftragskonfiguration noch unvollständig war. Dies führte zu zahlreichen Rückfragen und Problemen im Prozess (vgl. Bild 3-9).

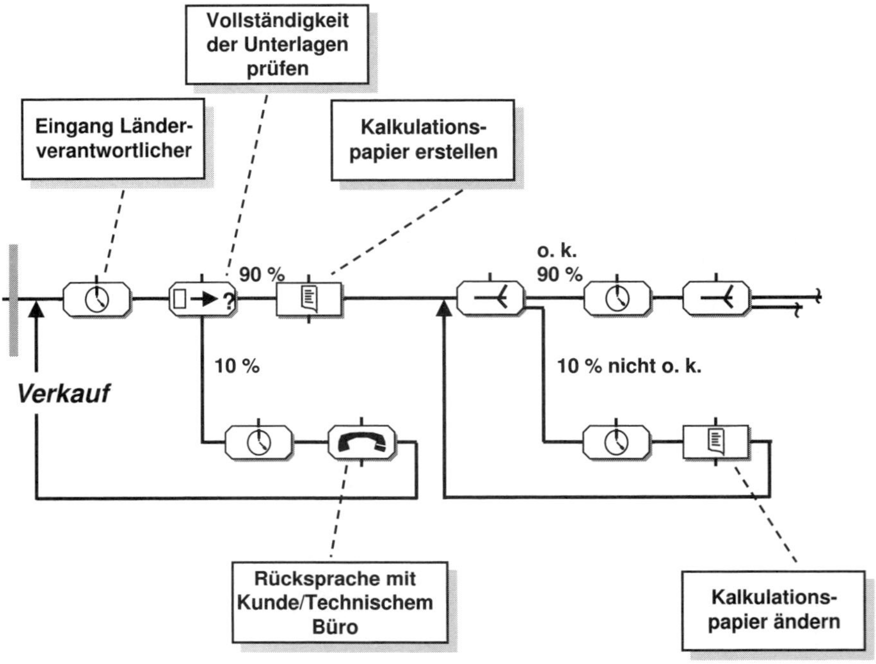

Bild 3-9: Zeitverzehrende Rückschleifen aufgrund mangelnder Erfassung und Spezifikation des Kundenwunsches

Zurückführen lassen sich diese zeitraubenden Rückschleifen („Biathloneffekt") zumindest bei den administrativen Prozessen meist auf die Unvollständigkeit und Unkorrektheit von Informationen. Im beschriebenen Fall wurden zur Verbesserung des Informationsflusses der Projektleiter und der Disponent in die Abteilung „Verkauf" integriert. Dadurch konnten ein frühzeitiges Erkennen von technischen Problemen, eine erhöhte Termintreue und die sofortige Klärung der Teileverfügbarkeit gewährleistet werden. Vor allem Gestaltungsansätze zur Vernetzung von Prozesselementen, aber auch die Einführung verschiedener Prozesstypen (Standardisierung und Reduktion der Varianz) sind entscheidende Ansatzpunkte zur Überwindung von solchen Rückschleifen. Ein verbesserter Mitteleinsatz, z.B. mit einem CAS-System (Computer Aided Selling), kann zudem helfen, bereits weit vorne im Prozess Fehler zu vermeiden, die sich später in der Auftragsabwicklung verstärkt in Form von Kosten-, Qualitäts- und Zeitproblemen auswirken würden.

Sackgasseneffekt

Die Visualisierung der Prozessabläufe in der Disposition in einem unserer Projekte warf die Diskussion auf, wie die Informationsrückflüsse der statistischen Erhebungen des Disponenten, die bis dahin ohne weitere Auswertungen in der Ablage der Disposition landeten, systematisch genutzt werden könnten. Die Erkenntnis, dass solche „Sackgassen"-Prozesse ohne wahrnehmbaren Nutzen für interne wie externe Prozesskunden rein wertverzehrende Tätigkeiten darstellen, entfachte die Diskussion über eine mögliche Elimination der Tätigkeiten. Alternativ hierzu wurde über eine Integration und Verlagerung der Tätigkeiten im Auftragsabwicklungsprozess diskutiert: Die Daten sollten dort erhoben und ausgewertet werden, wo sie im Auftragsabwicklungsprozess anfallen und auch gebraucht werden könnten.

Flaschenhalseffekt

In einem weiteren Projekt lief die Abwicklung sämtlicher Aufträge über einen Disponenten, der für die Mengen-, Termin- und Kapazitätsplanung sowie die Auftragsveranlassung und -überwachung mit Hilfe des PPS-Systems zuständig war. Nachdem bereits fünf Mitarbeiter des Verkaufsinnendienstes die Standard- und diversen Sonderaufträge bearbeitet und ins PPS-System eingelastet hatten, wurde der Prozess durch die Detailplanung im Flaschenhals „Disposition" verzögert (vgl. Bild 3-10).

Die aus dem Prozessplan abgeleitete Aussage war eindeutig: Sämtliche Prozesse in der Auftragsabwicklung liefen über ein Prozesselement, nämlich das Feinplanungselement der Disposition. Aus der Erkenntnis heraus, dass eine große Abhängigkeit der gesamten Auftragsabwicklung von dieser einen Stelle bestand, wurde die Integration und Verlagerung der dispositiven Aufgaben für Standardaufträge in den Verkaufsinnendienst diskutiert. Der Verkaufsinnendienst würde dadurch direkt mit den Bereichen der Fertigung und

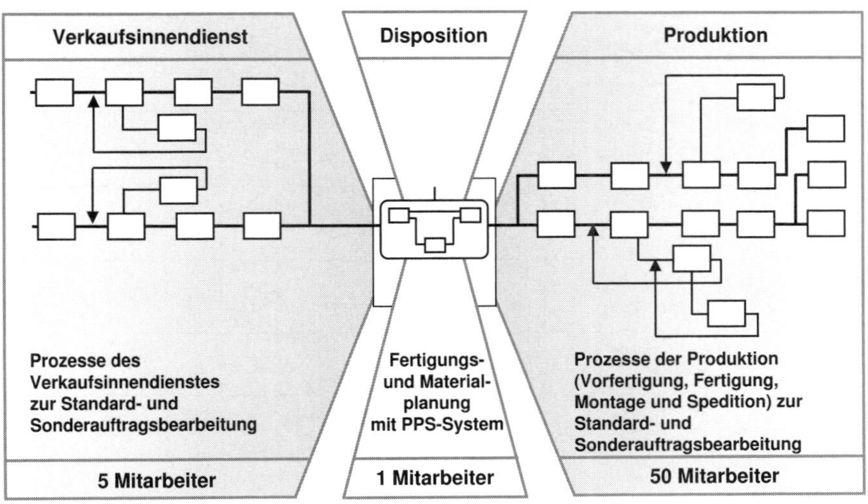

Bild 3-10: Flaschenhals „Disposition"

Montage kooperieren. Die Auftragsveranlassung und -überwachung für Standardaufträge sollte zukünftig über ein neues Auftragskonfigurationssystem direkt vom Verkaufsinnendienst aus gesteuert werden können. In diesem Zusammenhang wurde die Elimination der Stelle „Disposition“ respektive deren Substitution durch die Einführung des neuen Systems diskutiert (verbesserter Mitteleinsatz). Für die Abwicklung der Sonderaufträge sollten parallel zur direkten Standardauftragsabwicklung durch den Verkaufsinnendienst Prozessteams bestehend aus Mitarbeitern des Verkaufsinnendienstes und der Produktion zuständig sein.

Die im Bild 3-11 dargestellte Matrix zeigt zusammenfassend die nicht abschließend und ausschließlich zu verstehende Nennung von Prozessplanaussagen mit möglichen Erkenntnissen und Konsequenzen für die Reorganisation. Bei den meisten identifizierten Problembereichen sind sowohl Ansätze zur Optimierung einzelner Prozesselemente als auch Ansätze zur Vernetzung von Prozesselementen für die Optimierung und Neugestaltung von Prozessen entscheidend. Für die einzelnen Prozessplanaussagen können jedoch grob Schwerpunkte (primärer Fokus, sekundärer Fokus) in der Auswahl der Ansätze definiert werden, die den Erfahrungswerten der Autoren entsprechen.

Prozess-planaussage	**Mögliche Erkenntnis**	**Mögliche Konsequenz für das Prozessdesign**									
		Optimierung einzelner Prozesselemente					**Vernetzung von Prozesselementen**				
		Eliminieren	Standardisieren	Mitteleinsatz verbessern	Varianz reduzieren	Substituieren	Integrieren	Parallelisieren	Verlagern	Interaktionen vermeiden	Kooperieren
Komplexe Prozessgeflechte	Fehlende prozesstypspezifische Zuordnung von Aufgabe, Verantwortung und Kompetenz		X		X		X	X	X	X	X
Schnittstellen	Willkürliche Fragmentierung eines natürlichen Prozesses		O		O		X	X	X	X	X
Liegezeiten	Liegezeiten als Hauptanteil der Gesamtdurchlaufzeit	X	O		O		O	O	O	O	O
Rückschleifen	Unvollständigkeit und Unkorrektheit von Informationen		O	O	O		X	O	O	X	X
Sackgassen-effekt	Wertverzehrende Tätigkeiten	X					O		O		
Flaschenhals-effekt	Abhängigkeits-problem	O		O		O	X	O	X		X

Legende: Primärer Fokus: X Sekundärer Fokus: O

Bild 3-11: Prozessplanaussage – mögliche Erkenntnis und Konsequenz für das Prozessdesign

3.3 Prozessportfolios

Das wichtigste Tool, um die Prozesse auch strategieorientiert ausrichten zu können, sind die so genannten Prozessportfolios. Wir setzen in der Regel abhängig von der Unternehmenskultur zwei verschiedene Arten von Prozessportfolios ein. Das häufiger verwendete wird hier kurz eingeführt, das zweite wird im Alu-Menziken-Fall (Kapitel 5) entlang des konkreten Beispiels beschrieben.

Ein Prozessportfolio visualisiert eine zweigesichtige Bewertung. Die Bewertung, die sich in unseren Projekten bewährt hat, beruht auf einer Unterscheidung von Cen, der von Prozesseffektivität und Prozesseffizienz spricht (vgl. Cen, 1995). Die Prozesseffizienz stellt dabei eine interne Betrachtung dar, die Kriterien wie Prozessstabilität und -flexibilität betrachtet sowie Größen wie Prozesskosten und Ressourcenverbrauch mit einbezieht. Die Prozesseffektivität ist eine externe Sicht auf den Prozess und beruht in der Beurteilung auf Kriterien wie Erfüllung von Kundenanforderungen (Prozesskunden) oder Innovationsgrad.

Die Mittellinien des Portfolios stellen dabei jeweils die Performance des besten Wettbewerbers dar. Das heißt konkret, die waagerechte Mittellinie repräsentiert die Position desjenigen Wettbewerbers mit der besten Effizienz, die senkrechte desjenigen mit der besten Effektivität im jeweils betrachteten Prozess. Auf diese Weise ist es möglich, mit einem Blick zu erkennen, bei welchen Prozessen des Unternehmens der Handlungsbedarf respektive der Wettbewerbsnachteil am größten ist.

Zusätzlich kann über die Größe der Kreise in der Abbildung eine Aussage über die momentane „Größe“ des Prozesses (z. B. Umsatzanteil oder Anzahl beteiligter Mitarbeiter) gemacht werden. Damit repräsentiert das Prozessportfolio die gegenwärtige Prozesssituation des Unternehmens ganzheitlich und kann zur Ableitung von strategischen Konsequenzen, sprich als „Übersetzer“ zwischen Strategie und Prozessausrichtung genutzt werden (vgl. Bild 3-12).

Aus Bild 3-12, das ebenfalls aus einem unserer Projekte stammt, werden verschiedene Aspekte deutlich. Die dargestellte Spinnmaschinen AG hat während der Strategieklärung zwei hauptsächliche zukünftig zu besetzende erfolgskritische Faktoren identifiziert (SEP). Einerseits eine hoch ausgeprägte Kundennähe, andererseits die Erzielung von Skaleneffekten, um die Kostenstrukturen im Griff zu behalten. In einem Workshop wurde zuerst festgehalten, welche Prozesse überhaupt in der Lage sind, diese erfolgskritischen Faktoren zu adressieren. Für die Kundennähe sind dies die Inbetriebnahme (IBN), der After Sales Service, das Marketing und der Vertrieb. Zur Unter-

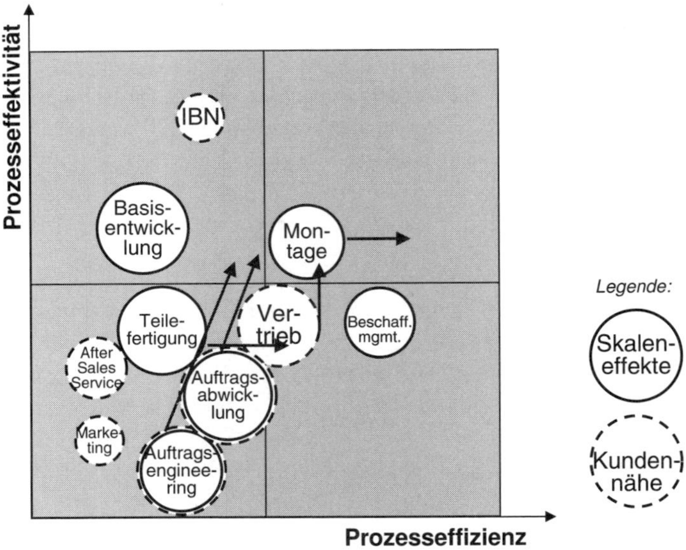

Bild 3-12: Prozessportfolio der Spinnmaschinen AG

stützung des Erzielens von Skaleneffekten muss man die Basisentwicklung (Bezug zu Variantenmanagement), die Montage, das Beschaffungsmanagement und die Teilefertigung berücksichtigen. Außerdem gibt es zwei Prozesse, die Auswirkungen auf beide Faktoren haben, nämlich die Auftragsabwicklung sowie das Auftragsengineering. Diese Informationen zusammen mit der aktuellen Positionierung der Prozesse im Prozessportfolio macht in der Folge klar, welche Prozesse mit welcher Priorität zu verändern sind und in welche Richtung diese Veränderung zu erfolgen hat. Für die priorisierten Prozesse werden basierend darauf Stoßrichtungen beschrieben und Maßnahmen definiert. Dies ist am Beispiel des Auftragsengineerings im Bild 3-13 dargestellt.

Aus dem Portfolio war z.B. zu erkennen, dass das Auftragsengineering der Spinnmaschinen AG, obwohl einer der absolut erfolgskritischen Prozesse, im Vergleich zum jeweils besten Wettbewerber gemessen an Effizienzkriterien geringfügig, gemessen an Effektivitätskriterien sogar deutlich schlechter abschnitt. Man wähnte sich bezogen auf die Effektivität sogar am unteren Ende des Wettbewerbs. Es waren folglich Maßnahmen zu definieren, die sowohl die Wirtschaftlichkeit wie auch die strategische Wirksamkeit des Prozesses stärken konnten. Hierbei lag die Priorität bei der Umsetzung der Maßnahmen zunächst auf der Effektivität, d.h. der Erhöhung der Kundennähe des Auftragsengineerings, ohne dabei aber mögliche Skaleneffekte in diesem Bereich aus den Augen zu lassen.

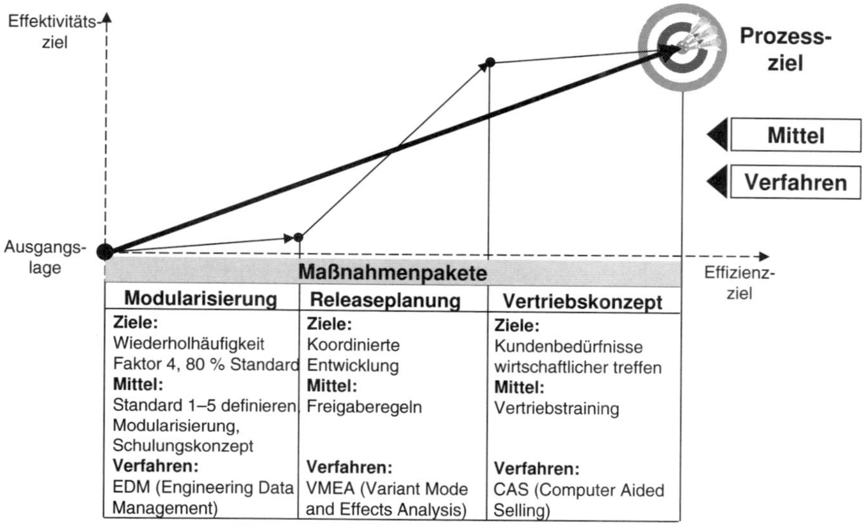

Bild 3-13: Prozessstrategie für den Auftragsengineeringprozess

In den Diskussionen mit der Praxis kommt oft die Frage auf, ob nicht sowieso jeder Prozess prioritär in Richtung nach oben entwickelt werden sollte. Hier zeigt sich aber die Stärke der Unterscheidung zwischen Effektivität und Effizienz. Effektivität bedeutet, „das Richtige zu tun", Effizienz macht eine Aussage dazu, mit welchem Aufwand dieses „Richtige" erkauft wird. Natürlich freut sich der Kunde, um beim Beispiel Auftragsengineering zu bleiben, wenn jede einzelne Komponente extra für ihn entwickelt wird. Das Problem ist aber, dass er den Aufwand, der dafür notwendig ist, in der Regel nicht bezahlen will. Aus Effizienzgesichtspunkten muss somit trotzdem eine gewisse Standardisierung greifen, um nicht mittelfristig vom Markt zu verschwinden.

3.4 Schwachstellen-/Potenzialworkshops

Die Schwachstellen- oder Potenzialworkshops dienen wiederum dazu, ein gemeinsames Verständnis über die Zukunft des Unternehmens zu erzeugen. Der Kreis der Beteiligten wird in diesem Fall vom Kernteam respektive von denjenigen Mitarbeitern, die über Interviews beteiligt wurden, auf möglichst alle von einem Prozess betroffenen Mitarbeitern sowie nach Bedarf auf ausgewählte Mitglieder des Topmanagements bzw. des Führungskaders ausgeweitet.

Ziel des Workshops ist es, durch ein eigentliches Durchsprechen der erfassten Ist-Prozessabläufe und die Diskussion dieser Abläufe aus der Perspektive aller Beteiligten, systematisch Verbesserungspotentiale und Veränderungsnotwendigkeit zu identifizieren. Die Workshops schaffen dazu ein Verständnis über den Gesamtprozess und schärfen die Sinne für Wesentliches und Unwesentliches. Durch die Diskussionen entstehen außerdem Einsichten, wieso andere so arbeiten, wie sie arbeiten. In diesen Potenzialworkshops ist zentral, dass der Moderator zwar eine konkrete Vorstellung über die wesentlichen Schwachpunkte hat, die versammelten Mitarbeiter diese aber selber entdecken und diskutieren lässt. Die gesammelten Schwachstellen werden in der Folge in einer Excel-Tabelle aufgenommen. Dies geschieht direkt online und mit Projektion auf eine Leinwand, damit alle sehen können, wie die Schwachstelle benannt und beschrieben wird. Wichtig ist dabei, dass man bei der Beschreibung nicht bei einem Wort als Bezeichnung stehen bleibt, sondern die Schwachstellen auch entsprechend definiert. Außerdem sollte im Falle von Proplan die Nummer des Prozesselements ebenfalls aufgeführt werden, damit auch mit einigem zeitlichen Abstand das Ganze noch nachvollziehbar bleibt. Die erfassten Schwachstellen werden in der Folge priorisiert und erste Ansätze für mögliche Maßnahmen diskutiert. Diese können von einfach und direkt umzusetzenden Maßnahmen bis hin zu solchen reichen, die zuerst noch konzeptioneller Arbeit bedürfen und somit erst mittel- bis langfristig umsetzbar sind. Zentral ist, dass direkt auch Verantwortliche definiert werden, die diese Maßnahmen verbindlich umzusetzen haben.

Die definierten Prozessstrategien aus den Prozessportfolios fließen ebenfalls in den Workshop ein. Je nachdem, wie groß der Abstand von der Ist- bis zur Soll-Position ist, sind grundsätzlichere Reorganisationsmaßnahmen erforderlich als das Ausmerzen der Schwachstellen. Ist im Vorfeld des Potenzialworkshops klar, dass einzelne Prozesse aus strategischer Perspektive grundlegend zu überarbeiten und neu zu positionieren sind, ist es im Rahmen dieser Workshops die Aufgabe der Topmanagementvertreter oder des Führungskaders, diese strategisch fundierte Perspektive in die Prozessdiskussion mit einzubringen, die Mitarbeiter zu sensibilisieren und entsprechend weiter reichende Maßnahmen zu initiieren.

Es ist in jedem Fall nicht sinnvoll, die Mitarbeiter Schwachstellen an einem Prozess auf sehr operativer Ebene diskutieren zu lassen, wenn ohnehin klar ist, dass der Prozess im Soll-Zustand grundlegend anders aussehen wird. In dem Fall muss auch entsprechend mehr Zeit für den Workshop anberaumt werden, da die Diskussionen um diese strategische Komponente zu erweitern sind und es dann regelmäßig zu grundsätzlicheren Diskussionen kommt. Häufig werden im Rahmen solcher Workshops dann auch neue Teilprojekte definiert, die sich mit der strategischen Neugestaltung ausgewählter und wettbewerbskritischer Prozesse beschäftigen. Durch die aus der Strategiediskussion abgeleitete Notwendigkeit der Repositionierung und der auch häufig visuell im Prozessportfolio ersichtlichen schlechten Ausgangslage ist die Akzeptanz für umfassendere Maßnahmen in der Regel gegeben. Ferner wird die Akzeptanz für einschneidende Veränderungen noch zusätzlich durch die aktive Einbindung der Mitarbeiter in die entsprechende strategieorientierte Diskussion und anschließende zielgerichtete Umgestaltung der einzelnen Prozesse massiv gefördert.

3.5 Das Controlling prozessorientierter Reorganisationen

Unsere Erfahrungen mit prozessorientierten Reorganisationen haben gezeigt, dass die im Rahmen der Schwachstellen-/Potentialworkshops aufgezeigten Verbesserungsmöglichkeiten vor allem durch die folgenden drei Voraussetzungen erschlossen werden können:

1. Durchgängigkeit von der Strategieentwicklung bis zur Umsetzung schafft die notwendige Transparenz für den Wandel und überwindet dadurch die mentalen Barrieren bei den Beteiligten.
2. Primär das Controlling des Change-Management-Projekts gewährleistet den Fortschritt bei der Umsetzung und damit die tatsächliche Erschließung der Verbesserungspotentiale.
3. Der Ergebnisbezug, d. h. der Vergleich von Output- zu Input-Größen je Prozess, muss in den Vordergrund gestellt werden.

Aufbauend auf das bis hierhin vorgestellte Vorgehen wird nachfolgend ein durchgängiges Controllingkonzept (vgl. dazu ausführlich Tockenbürger, 1999) beschrieben, das alle Phasen eines Change-Management-Prozesses unterstützt.

Das Controlling sollte eine zielgerechte Steuerung von abhängigen Veränderungsprozessen im Unternehmen ermöglichen. Dazu ist einerseits Transparenz über die Wirkungsgrößen der Veränderungsprozesse zu schaffen, andererseits sind aussagekräftige und entscheidungsrelevante Kennzahlen und Kostendaten zu generieren. Das Controlling innerhalb solcher prozessorientierter Reorganisationen muss dabei die Brücke schlagen zwischen einem Projektcontrolling und dem eher klassischen Controlling der betrieblichen Prozesse des Unternehmens.

Ein wesentliches Element des Controllings ist das Vergleichen von Unternehmensdaten über die Zeit. Je mehr im Zuge der Erfahrungen mit Change Management die Aufgaben des Managements allgemein mit denen des Change

Managements verschmelzen, desto mehr muss auch das Controlling diesem Verständnis gerecht werden. Statt Funktionen müssen Prozesse bewertet werden. Neue Strukturen dürfen nicht mit alter Messlatte gemessen und interdependente Umsetzungsprojekte nicht isoliert von ihrer Wirkung untereinander und in Bezug auf die Erfolgsrechnung überwacht werden.

Die vielfältigen Dimensionen des Veränderungsprozesses müssen durch das Umsetzungscontrolling transparent und nachvollziehbar gemacht werden. Hierbei ist vor allem auf die Zusammenhänge zwischen Veränderungsprojekt und Prozessverbesserungen zu achten. Diese werden durch folgende zwei Methodenbausteine abgebildet:

4. Projektcontrolling: Das formale Projektcontrolling unterstützt das Projektmanagement des Restrukturierungsprozesses.
5. Prozesscontrolling: Das Prozesscontrolling bildet die Wechselbeziehungen zwischen Maßnahmen und ihrer Wirkung im Unternehmen ab und ist somit das Herzstück des Umsetzungscontrollings.

3.5.1 Projektcontrolling

Für ein Change-Management-Projekt sind nicht alle irgendwie messbaren Größen relevant. Zentraler Ansatzpunkt für Veränderungen und damit auch für das Controlling bilden die in den Potentialworkshops identifizierten Schwachstellen bzw. die daraus abgeleiteten Verbesserungsmaßnahmen. Ausgehend von den Ergebnissen der Analyse muss deshalb zunächst das formelle Projektcontrolling die Realisierung der verschiedenen interdependenten Umsetzungseinzelprojekte (Maßnahmen) gewährleisten.

Dazu werden zunächst die Wechselwirkungen zwischen den Maßnahmen analysiert und dadurch wird Transparenz über die Abhängigkeiten zwischen den verschiedenen Umsetzungseinzelprojekten hergestellt. In einem zweiten Schritt erfolgt eine durchgängige Projektplanung. Ausgehend von einer vollständigen und klaren Projektdefinition liegt der Schwerpunkt neben der inhaltlichen Ausgestaltung der verschiedenen Maßnahmen in einer konsequenten Überwachung der Maßnahmenumsetzung. Dazu müssen sowohl die Vorgehensweise mit einem Projektplan als auch der Teilnehmerkreis festgelegt werden.

Durch den Aufbau eines maßnahmenbezogenen Controllings und der Berücksichtigung von Interdependenzen wird verhindert, dass ein und dasselbe Potential mehrfach erschlossen wird. Wenn z. B. versucht wird, die Änderungskosten durch eine verbesserte Planung von Entwicklungsprojekten zu reduzieren, ist es nicht sinnvoll, diese Maßnahme durch ein Outsourcing wesentlicher Tätigkeiten innerhalb eines Entwicklungsprojekts zu konterkarieren.

3.5.2 Prozesscontrolling

Abgeleitet aus den strategischen Vorgaben der Unternehmensleitung sowie den erforderlichen Informationsbedürfnissen der Mitarbeiter bezüglich der Maßnahmen wird ein maßnahmenbezogenes Prozesskennzahlensystem aufgebaut.

Dazu wird zunächst mit den Mitarbeitern definiert, welche Prozessgrößen zur Planung und Steuerung des Prozesses relevant und sinnvoll sind. Im Vordergrund steht dabei sowohl die Aussagekraft der einzelnen Kennzahlen als auch deren Sensitivität in Bezug auf die Prozessziele und Verbesserungsmaßnahmen. Um den Zielbezug zu den strategischen Vorgaben zu gewährleisten, müssen die Prozesskennzahlen die entscheidenden Zielgrößen sowie die relevanten Input- und Output-Größen enthalten (vgl. Bild 3-14).

Während die Output-Größen eine Beurteilung des Prozessergebnisses ermöglichen, kommt den Input-Größen die Funktion der Frühwarnung zu. Je nach Ausprägung kann bzw. muss frühzeitig reagiert werden. In einem zweiten Schritt werden die Kennzahlen operationalisiert, d.h. die endgültige Definition der Kennzahlen, ihre Erfassung, ein möglicher Zielwert und ihre Bedeutung für den Prozess festgelegt.

Wichtig in diesem Zusammenhang ist neben der Integration der strategischen Perspektive über die übergeordneten Prozessziele die gleichzeitige Betrachtung von Input- wie auch Output-Größen. Nur auf diese Weise ist es möglich, einen Prozess hinsichtlich seiner Effektivität und Effizienz sowie die Wirksamkeit von Veränderungsmaßnahmen ganzheitlich beurteilen zu kön-

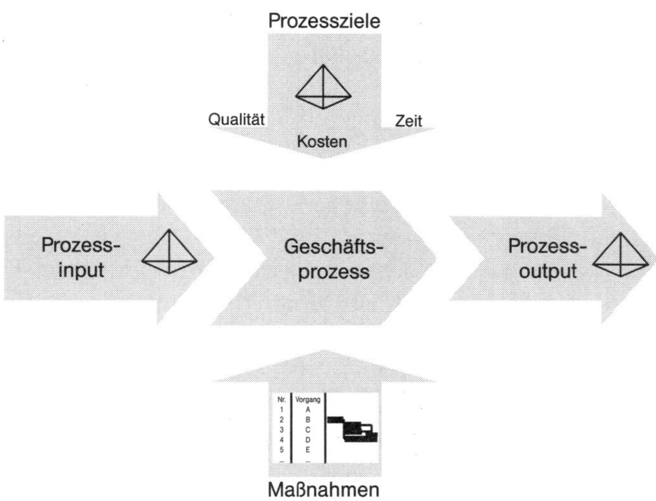

Bild 3-14: Ableitung der Prozesskennzahlen

nen. Diese Tatsache soll an einem fiktiven Beispiel verdeutlicht werden: Das Management eines Auftragsfertigers ist unzufrieden mit dem Offertenerstellungsprozess. Die Anzahl an Aufträgen ist zu niedrig, der Ressourcenverbrauch dafür zu hoch. Aufbauend auf die Prozessanalyse und den Potenzialworkshop werden unterschiedliche Maßnahmen zur Verbesserung der Prozessperformance eingeleitet. Die Maßnahmen führen zunächst zu einer Reduktion der Auftragseingänge von 100 auf 80 pro Monat, d.h. –20%. Wäre das Controlling nur auf den Prozessoutput reduziert, so würde das Management auf Basis dieser Information die eingeleiteten Maßnahmen voraussichtlich wieder rückgängig machen. Die zusätzliche Überwachung des Prozessinputs ergibt aber, dass die in der gleichen Zeit bearbeiteten Anfragen von über 300 auf 160 gesunken sind. Das heißt, die Umwandlungsquote beträgt aufgrund der eingeleiteten Maßnahmen unterdessen 50%, während sie zuvor bei nur 30% und weniger lag. Die auf diese Art und Weise erhobene Informationsgrundlage führt zu einem ganzheitlichen Verständnis der Veränderungssituation, auf Basis dessen qualitativ bessere Managemententscheidungen getroffen werden können.

Das dargestellte Kennzahlensystem stellt somit ein effizientes und effektives Führungsinstrument einerseits zur Planung und Steuerung der neu gestalteten Prozesse, andererseits aber auch für das Controlling der eigentlichen Veränderung dar.

3.5.3 Besonderheiten und Erfahrungswerte

Nachfolgend beschreiben wir noch einige weitere Besonderheiten und Erfahrungswerte im Kontext des Controllings prozessorientierter Reorganisationen, die uns im Rahmen unserer Projekte immer wieder begegnet und aufgefallen sind.

Isoliertes Einzelprojektcontrolling verfehlt sein Ziel

Das Change-Management-Controlling muss gewährleisten, dass keine Potentiale übersehen werden. Gleichzeitig muss verhindert werden, dass ein und dasselbe Potential mehrfach erschlossen wird. Wenn einerseits z.B. versucht wird, die Variantenvielfalt durch ein Modularisierungskonzept für die Auftragsabwicklung beherrschbar zu machen, ist es nicht sinnvoll, das Variantenmanagement gleichzeitig durch eine neue Produktionssteuerung für eine speziell kundenindividuelle Fertigung zu optimieren. Deshalb müssen Interdependenzen zwischen den einzelnen Projekt- sowie Unternehmenszielen erfasst und explizit gemacht werden.

Befähigte Akteure als Basis eines Change-Management-Controllings

Ein Kennzahlensystem allein ist nicht in der Lage, den Veränderungsprozess zu überwachen und zu steuern. Stattdessen muss die Interpretationsfähigkeit aller Akteure gewährleistet werden. Das weiter vorne vorgestellte Programmsystem Proplan ermöglicht die Darstellung beliebiger Geschäftsprozesse in Form eines Prozessplans. Die zugrunde liegende „Prozesselemente-Sprache" hebt Ineffizienzen und Schwachstellen in den Unternehmensprozessen systematisch und unmittelbar hervor. Die Aussagekraft des in den Prozess- und Analyseteams gemeinsam erarbeiteten Prozessplans befähigt die Akteure zu einer gemeinsamen qualitativen Interpretation und bildet dadurch die notwendige Basis für den Aufbau eines aussagefähigen Kennzahlensystems.

Output- und Input-Kennzahlen müssen individuell definiert werden

Im Rahmen eines Change-Management-Projekts verfehlen Standard-Prozesskennzahlen meist das Ziel. Sie suggerieren eine Vergleichbarkeit zu anderen Projekten und Bereichen, die normalerweise nicht gegeben ist. Die Vergleichbarkeit muss primär auf der Zeitreihe für den jeweiligen Prozess gegeben sein. Die Wirkungen sollten nicht zuletzt mit Hilfe eines Erklärungsmodells für technische Prozesskennzahlen quantitativ abgeschätzt werden. Zusätzlich müssen die Auswirkungen auf die Unternehmenskennzahlen bestimmt werden.

Der Prozess muss durch Output- und Input-Kennzahlen konkret bewertbar gemacht werden. Dadurch werden qualifizierte Abweichungsanalysen im Sinne einer Relativitätsbetrachtung ermöglicht. Auf diese Weise wird vermieden, dass ein Umsetzungseinzelprojekt als erfolglos angesehen wird, obwohl bereits Fortschritte erzielt wurden. Steigt z.B. die Anzahl der Änderungsfreigaben (Output-Größe) durch eine steigende Anzahl von Kundenprojekten (Input-Größe), dann würden die erzielten Verbesserungen auf Basis einer reinen Output-Betrachtung nicht ausgewiesen. Zielsetzung war es, die Output-Größe durch entsprechende Maßnahmen zu verringern, was zwar absolut gesehen nicht, im Verhältnis aber zur Input-Größe doch geschehen ist.

Motivation erfolgt auch durch regelmäßige Abweichungsanalysen

Regelmäßige Projektreviews erhalten das Interesse und die Anstrengungen im Projekt. Wenn die Geschäftsleitung zu erkennen gibt, dass sie sich durch den Wegfall von Review-Meetings nicht mehr für die Umsetzungserfolge interessiert, bleiben diese in der Regel aus. Erfolgreiche Change-Management-Projekte zeichnen sich dadurch aus, dass Projektfortschrittsberichte in relativ kurzen Abständen (z.B. monatlich oder alle acht Wochen) vom

Topmanagement und der Mehrzahl des oberen Kaders entgegengenommen und hinsichtlich Abweichungen gegenüber der ursprünglichen Planung gemeinsam analysiert werden.

Akteure und Reviewer sind zu trennen

Der obere Kader, Initiatoren bzw. Projektpromotoren agieren als oberste Controller in der Umsetzungsphase der Change-Management-Projekte. Dabei sollten sie darauf achten, die Projekt- bzw. Teilprojektleiter nicht aus der Verantwortung zu nehmen, indem sie selber zu Akteuren werden. Umsetzungsschwierigkeiten treten dabei vielfach auf. Einzelne Verbesserungspotentiale lassen sich dadurch nicht mehr oder nicht fristgerecht erschließen. Hier muss die Zuständigkeit für das ersatzweise Erschließen anderer Einzelmaßnahmen, um die Projektziele bzw. -kennzahlen doch noch zu erreichen, beim Projektleiter bleiben. Das Topmanagement nützt weder dem Projektteam noch sich selber, wenn es sich vom Reviewer zum Akteur macht.

Controllingkennzahlen müssen in Zielvereinbarungen aufgenommen werden

Die Erreichung von Prozesskennzahlen sollte explizit in die Zielvereinbarungen der Arbeitsverträge und Stellenbeschreibungen der Projektleiter oder Projektteammitglieder aufgenommen werden. Dadurch kann zum einen die Dominanz der Ziele in den jeweiligen Linienfunktionen vor denen der Projektaufgabe relativiert werden. Zum anderen ist gewährleistet, dass Projektergebnisse nicht nur als „anonyme Teamleistung im großen Kreis" bewertet werden, sondern auch als Beitrag des Einzelnen individuell eingefordert und diskutiert werden.

Fazit

Die Unsicherheit der Mitarbeiter und des Managements bei der Durchführung eines Veränderungsprojekts führt oft zum Aufbau mentaler Barrieren, die zum Scheitern einer prozessorientierten Reorganisation führen können. Ein konzeptionell gestütztes Vorgehen, das Methoden und Instrumente zum zielgerichteten Vorgehen bereitstellt, ist eine wichtige Voraussetzung zur Überwindung dieser mentalen Barrieren. Das im Rahmen dieses Kapitels vorgestellte Change-Management-Controlling hat sich in zahlreichen Projekten des Maschinen- und Anlagenbaus, der Automobil- und Textilindustrie bewährt und gezeigt, wie an den wichtigen Entscheidungspunkten mit fundierten, individuellen Prozesskennzahlen die Veränderungspotentiale auch tatsächlich realisiert werden können.

3.6 Prozesshandbücher

Im Rahmen von prozessorientierten Reorganisationen werden zahlreiche Abläufe entworfen und dokumentiert. Es stellt sich in der Folge oft die Frage, in welcher Form eine solche Dokumentation weiter gepflegt werden soll oder ob sich der Aufwand lohnt, eigentliche Prozesshandbücher zu erstellen. Aus unserer Sicht macht es insbesondere in größeren Unternehmen, die solche Dokumentationen auch zur Einführung von Mitarbeitern oder zu anderen Schulungszwecken verwenden, absolut Sinn, die gesammelten Erkenntnisse in Form eines Prozesshandbuchs zusammenzufassen. Diese Übung zwingt einen außerdem nochmals dazu, die Konsistenz der Prozessarchitektur und insbesondere der darin enthaltenen Schnittstellen nachzuvollziehen. In großen Unternehmen wird es außerdem nie möglich sein, alle Betroffenen in die jeweiligen Workshops zu involvieren, so dass das Handbuch auch noch zu einem wertvollen Kommunikationsmittel wird. Dient das Projekt zudem als Grundlage für die Einführung einer neuen IT-Lösung, muss ohnehin jeder Prozess im Rahmen des Pflichtenhefts ausreichend dokumentiert sein. Bei kleineren Unternehmen, bei denen das Projekt dazu dient, die Hauptschwachstellen zu eliminieren, drängt sich eine umfassende Dokumentation oft nicht auf. In diesen Fällen kann auch bereits der Prozessplan als Kommunikations- und Schulungsinstrument genutzt werden.

Im Bild 3-15 ist das Inhaltsverzeichnis eines Prozesshandbuchs abgebildet, um einen Eindruck über den Umfang vermitteln zu können. Das hier dargestellte Prozesshandbuch umfasst dabei z. B. 225 Seiten.

Aus dem Inhaltsverzeichnis wird ein zusätzlicher Punkt ersichtlich, der bislang noch nicht explizit andiskutiert wurde, der aber vor allem bei größeren Unternehmen und Reorganisationsprojekten hilfreich sein kann und der sich z. B. auch im Falle von Schiesser aufgedrängt hat. Es handelt sich um die explizite Zuordnung von Verantwortlichkeiten auf einzelne Mitarbeiter

- Prozesslandkarten
- Auftragsabwicklung gesamt
- Kundenmanagement
- Inbound-Prozess
- Outbound-Logistik
- Aufgabenpaketе
- Prozesskennzahlen
- Abkürzungen und Glossar

Bild 3-15: Inhaltsverzeichnis Prozesshandbuch

mit Hilfe definierter Arbeitspakete und einer „VIDB-Matrix“, wie sie im Bild 3-16 zu sehen ist.

VIDB steht in diesem Zusammenhang für verantwortlich (V), Input gebend (I), durchführend (D) und beteiligt (B). Zur Vorbereitung dieser Matrix werden zunächst die Aufgaben beschrieben, die es entlang der definierten Prozesse wahrzunehmen gilt. So ist aus dem Bild z.B. ersichtlich, dass der Produktentwicklungsprozess unter mehreren anderen auch ein Aufgabenpaket „Entwicklungsmanagement“ beinhaltet. Wesentlicher Bestandteil dieses Aufgabenpakets ist die Vorbereitung, Durchführung und Nachbereitung des „Entwicklungsworkshops“. Im Rahmen der VIDB-Matrix wird nun jede einzelne Aufgabe, in diesem Fall eben die Vorbereitung, Durchführung und Nachbereitung des Workshops, den entsprechenden Mitarbeitern zugeordnet. Auf diese Weise ist es möglich, eine sehr klare Zuordnung zwischen den Prozessen, den darin wahrzunehmenden Aufgaben und den einzelnen Mitarbeitern vorzunehmen. So gibt es abschließend einen Prozessverantwortlichen, der für die Effektivität und die Effizienz des Gesamtprozesses, in dem Fall den Produktentwicklungsprozess, verantwortlich ist. Es gibt Verantwortliche für alle Aufgabenpakete, aus denen der Gesamtprozess zusammengesetzt ist, hier z.B. das Aufgabenpaket Entwicklungsmanagement, bis hinunter zu Verantwortlichen der einzelnen Teilaufgaben, aus denen das Aufgabenpaket zusammengesetzt ist, hier z.B. die Vor- und Nachbereitung sowie die Durchführung des Workshops. Auf diese Weise ist es Schritt für Schritt möglich, jedem einzelnen Mitarbeiter noch eine klar definierte Rolle im Rahmen der Aufgabenwahrnehmung zuzuordnen.

Eine auf diese Art und Weise ausgefüllte VIDB-Matrix kann nun z.B. zur Mitarbeiterschulung herangezogen werden. So werden jedem neuen Mitarbeiter anhand der Matrix die Aufgaben gezeigt, in die er involviert ist, und wird die Rolle beschrieben, die er darin wahrzunehmen hat. Neben der persönlichen Einschulung kann er zusätzlich in den Prozesshandbüchern stets nachschauen, wie die Aufgaben beschrieben sind, zu welchen Prozessen sie gehören, welches die notwendigen In- und Outputs sind und mit wem er Schnittstellen im Rahmen seiner Tätigkeit hat. Darüber hinaus kann die Matrix z.B. auch zur Personalplanung und Planung der Mitarbeiterschulungen herangezogen werden und kann somit ein mächtiges Instrument für das effiziente Personalmanagement in prozessorientierten Unternehmen werden.

Übersicht Prozesse - Aufgabenpakete - Mitarbeiter

Legende

- **I** Input - Der Mitarbeiter liefert Input
- **D** Durchführung - Der Mitarbeiter führt aus
- **B** Beteiligung - Der Mitarbeiter ist beteiligt
- **V** Verantwortung - Der Mitarbeiter hat die Gesamtverantwortung/Sign-off

		Hauptprozess	MK								
Prozesse	Aufgabenpaket	Teilprozesszuordnung / Bereich/Abteilung	Geschäftsfeld					PM			
		Mitarbeiter									
Marktkommunikation											
Erstellung Kollektionsbriefing											
	Nachlese Workshop	vgl. Rollendefinition	V	B	B			B	D	D	I
	Kollektionsbriefing	vgl. Rollendefinition	V					B	D	D	I
	Erstellung Mengengerüst	vgl. Rollendefinition	V/D								
Produktentwicklung											
Forschung & Entwicklung											
		1.1.1 Innovation	I								
	Entwicklungsmanagement										
		1.7.1 Entwicklungsworkshop Vorbereitung	B					V	B	B	B
		1.7.2 Entwicklungsworkshop	B					V	B	B	B
		1.7.3 Entwicklungsworkshop Nachbereitung	B					V	B	B	B

Bild 3-16: Integration von Prozessen, Aufgaben und Mitarbeitern – die VIDB-Matrix

3.7 Evaluation und Einführung von ERP-Systemen

Von Carsten Schmidt, Robert Roesgen, Volker Stich

Die Bewertung der bestehenden IT-Infrastruktur und die Auswahl eines geeigneten, zukunftsorientierten ERP-/PPS-Systems stellen Unternehmen vor eine komplexe Herausforderung. So bindet die Auswahlentscheidung ein Unternehmen für einen Zeitraum von bis zu 15 Jahren an das eingeführte System (Lassen et al., 2005). Das System, die Entscheidung und insbesondere der Entscheidungsprozess betreffen im Sinne einer integrierten IT-Anwendung nahezu alle betrieblichen Abteilungen vom Vertrieb über die Konstruktion, die Produktion und den Versand bis hin zum Service. Zudem ist die Einführung einer neuen ERP-/PPS-Software mit hohen Investitionen und einem beträchtlichen internen Personalaufwand verbunden.

Die Tragweite einer derartigen Entscheidung im Hinblick auf Investitionen, Betriebskosten und nicht zuletzt den erwarteten Nutzen des neuen ERP-/PPS-Systems verlangt ein Auswahlprojekt, das einer adäquaten und erprobten Vorgehensweise folgen sollte. Daher charakterisiert das folgende Kapitel zunächst die Herausforderungen einer Softwareauswahl und stellt unterschiedliche Auswahlansätze und Vorgehensweisen gegenüber. Anschließend wird das am Forschungsinstitut für Rationalisierung (FIR) der RWTH Aachen entwickelte und in zahlreichen Projekten bewährte „3PhasenKonzept“ zur Bewertung und Auswahl von ERP-/PPS-Systemen vorgestellt. Dieses Konzept kombiniert mittels einer individuellen Konfiguration und Gewichtung ausgewählte Elemente der zuvor gegenübergestellten Vorgehensweisen. Das Kapitel schließt mit einem kurzen Ausblick auf die Besonderheiten der auf den Auswahlprozess folgenden Systemimplementierung.

3.7.1 Herausforderungen bei der Systemauswahl

Ein Unternehmen, welches sich mit der Auswahl eines ERP-/PPS-Systems befasst, sieht sich immer wieder mit den Herausforderungen eines undurchsichtigen ERP-Markts, unklaren Erwartungen und Interessenlagen sowie der Schnelllebigkeit von Entwicklungstrends konfrontiert (vgl. Bild 3-17).

Eine entscheidende Hürde für ein Auswahlprojekt ist die unrealistische, unklare oder gar gänzlich fehlende Vorstellung von den eigenen Anforderungen an ein zukunftsorientiertes ERP-/PPS-System. So leiten sich die Anforde-

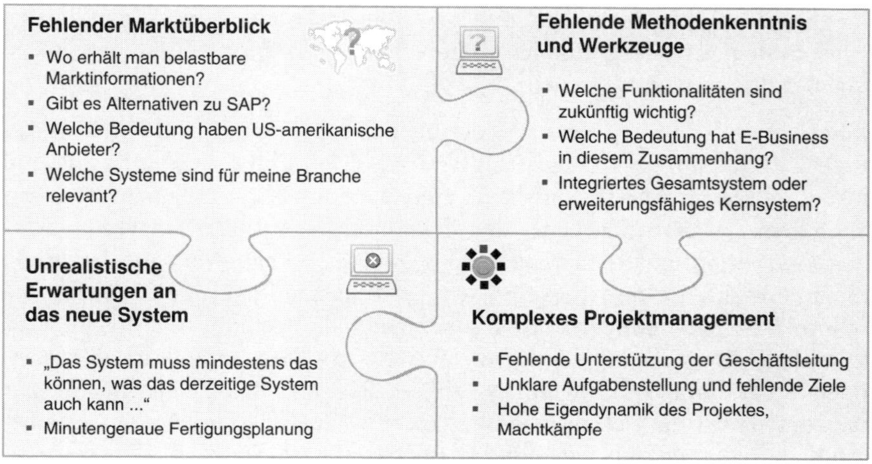

Bild 3-17: Herausforderungen bei der Systemauswahl (vgl. Roesgen/Schmidt, 2006 und Schmidt et al., 2006)

rungen an eine Softwarelösung zuallererst aus der betrieblichen Aufgabenstellung und der daraus resultierenden Ablauforganisation, d. h. den Prozessen ab. In der Praxis mangelt es nicht zuletzt aufgrund der Komplexität und der fehlenden Greifbarkeit jedoch häufig an einem ganzheitlichen Bild, wie die betrieblichen Abläufe konkret im Ist-Zustand funktionieren bzw. wie sie sinnvollerweise zukünftig gestaltet werden sollten. Vor diesem Hintergrund fällt es oft schwer, eine Softwarelösung zu finden, die sich später in der betrieblichen Praxis auch bewährt.

Darüber hinaus fehlt zumeist aufgrund der mangelnden Erfahrung mit geeigneten Werkzeugen und Methoden eine konkrete Vorstellung, wie bei der Softwareauswahl zweckmäßig vorzugehen ist und welche Hilfsmittel bei der Entscheidungsvorbereitung eingesetzt werden können. Dies führt nicht selten zu „Bauchentscheidungen" oder zu einem entsprechend hohen internen Aufwand. In beiden Fällen ist das Entscheidungsergebnis oft vom Zufall geprägt und birgt daher erhebliche Risiken für den angestrebten Erfolg der Investitionsentscheidung.

Wie jede Investitionsentscheidung mit der bereits beschriebenen Tragweite für das gesamte Unternehmen weist die Softwareauswahl den Charakter einer so genannten „Buying-Center-Entscheidung" auf. In einem Buying-Center ist eine Vielzahl von Entscheidern (z. B. Geschäftsführung, Bereichsleitung, IT-Leitung, operative Mitarbeiter) in den Entscheidungsprozess eingebunden, die bereichsweise sehr unterschiedliche Anforderungen definieren und Prioritäten setzen. Hier einen Interessenausgleich zu schaffen setzt voraus, dass Zielsetzung und Randbedingungen definiert, die Vorgehensweise im Rahmen der Softwareauswahl geklärt und alle Anforderungen möglichst objektiv formuliert und priorisiert werden. Diese Eigenschaften einer Systemauswahl definieren umfängliche Anforderungen an ein konsequentes Projektmanagement.

Eine weitere besondere Herausforderung bei der Systemauswahl ist der heterogene und kaum überschaubare ERP-Markt. So zählt die Softwareauswahl insbesondere im Mittelstand nicht zum Tagesgeschäft. Folglich kann hier auch kein IT-Verantwortlicher den dynamischen und intransparenten Softwaremarkt kontinuierlich beobachten. Dabei kann eine Marktbeobachtung nicht nur auf die rein funktionalen Leistungsmerkmale der Systeme beschränkt bleiben, sondern muss zunehmend die technologische und wirtschaftliche Entwicklung der Softwarelösung bzw. des -anbieters berücksichtigen. Steht nun eine Softwareauswahl an, sieht sich das Unternehmen einer unüberschaubaren Vielzahl von über 130 ERP-/PPS-Systemen und weit über 1.000 Systemanbietern gegenüber (Lassen et al., 2005).

Diese Vielfalt an Herausforderungen führt besonders deutlich vor Augen, dass bereits zu Beginn des Auswahlprozesses die richtigen Schwerpunkte im Sinne der grundsätzlichen Auswahlphilosophie gesetzt werden müssen. Die unterschiedlichen Entscheidungsdimensionen und deren Gewichtung werden im Folgenden anhand prinzipieller Ansätze zur Softwareauswahl konkretisiert.

3.7.2 Gängige Ansätze für die Softwareauswahl

Zur Unterstützung der Systemauswahl bietet inzwischen eine Vielzahl von Beratern, Instituten und auch Softwareherstellern ihre Dienste an. Dabei ziehen die unterschiedlichen Berater verschiedene Methoden und Konzepte zur Unterstützung des Auswahlprozesses heran. Trotz der meist unternehmensspezifischen Vorgehensweise lassen sich anhand der individuellen Gewichtung von Entscheidungsdimensionen acht grundsätzliche Ansätze und Vorgehensweisen zur Systemauswahl differenzieren (vgl. Bild 3-18). Dabei sei betont, dass hier Reinformen von Auswahlvorgehensweisen vorgestellt werden und sich die verwendeten Ansätze in der Praxis häufig als Mischformen aus zwei bis drei dieser Reinformen zusammensetzen (Lücke/Roesgen, 2004 und Roesgen/Schmidt, 2006).

Bei der internen Auswahl wird die Auswahlentscheidung durch das eigene Unternehmen ohne externe Beratungsunterstützung getroffen. Dies geschieht beispielsweise, wenn Tochtergesellschaften an eine Gruppen- oder Konzernlösung angeschlossen werden sollen. Die oben erläuterte Komplexität in einem üblichen Auswahlprojekt macht aber aus Sicht des FIR eine Unterstützung eines Projektteams durch Experten erforderlich. Die Erfahrung

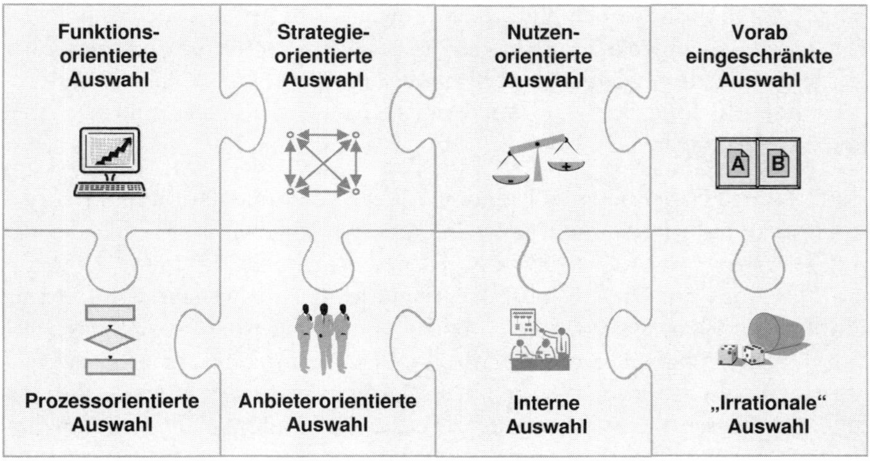

Bild 3-18: Ansätze für die Auswahl von ERP-/PPS-Systemen

zeigt, dass Auswahlprojekte, die allein aufgrund von Messebesuchen, intern erstellten Pflichtenheften und Marktstudien durchgeführt wurden, eine erheblich geringere Erfolgsquote haben als solche mit einer begleitenden, fachlichen Unterstützung. Der irrationalen Auswahl liegt kein rationaler Entscheidungsprozess zugrunde. Stattdessen wird vielmehr nach dem Image eines Anbieters oder aufgrund einer persönlichen Empfehlung entschieden. Diese Vorgehensweise ist auch unter dem Begriff „Golfplatzentscheidung" bekannt. Sowohl der internen als auch der irrationalen Auswahl fehlt demzufolge eine strukturierte Vorgehensweise. Beide werden daher im Folgenden nicht weiter betrachtet.

Die funktionsorientierte Auswahl fokussiert die funktionale Eignung von Systemen im Vergleich zu den Anforderungen eines Unternehmens. Dabei wird basierend auf Funktions- und Anforderungskatalogen sondiert, welche Systeme funktional für ein Unternehmen in Frage kommen. Durch eine rein funktionale Betrachtung läuft man jedoch Gefahr, dass zum einen strategische Aspekte außer Acht gelassen werden und zum anderen bei der Einführung der Software die Unternehmensprozesse sehr aufwändig an die von der Software vorgegebenen Prozesse angepasst oder abgeändert werden müssen („Structure follows Software").

Bei der prozessorientierten Auswahl werden die Unternehmensprozesse zunächst analysiert und später optimiert, um ein auf die Prozesse zugeschnittenes Softwarepaket auswählen zu können. Dieser Ansatz ermöglicht es also, dass die wettbewerbsdifferenzierenden Abläufe adäquat beachtet werden. Der im Rahmen dieses Buches vorgestellte Ansatz verfolgt im Grundsatz diese Philosophie, wobei es zu beachten gilt, dass nicht jede prozessorientierte Reorganisation auch mit der Einführung eines neuen Systems einhergehen muss und umgekehrt nicht jede neue Systemeinführung zwangsläufig mit einer grundlegenden Umgestaltung der Prozesse. So waren z. B. die Projekte mit Alu Menziken und mit Lista nicht auf die Neueinführung eines Systems ausgerichtet.

Um die lange Dauer einer vollständigen Prozessdokumentation und Reorganisation zu reduzieren, kann fallweise auch auf so genannte Standard- oder Referenzprozesse zurückgegriffen werden, was sich nach Meinung der Autoren allerdings nur für solche Prozesse aufdrängt, die keinen signifikanten Einfluss auf die Differenzierungs- und damit die Wettbewerbsfähigkeit des Unternehmens haben. Bei einer allzu rigiden Verfolgung des prozessorientierten Ansatzes tappen Unternehmen allerdings nicht selten in eine Kostenfalle. So müssen die Systeme entsprechend aufwändig an die individuellen Unternehmensstrukturen angepasst werden, so dass im Extremfall eine Individuallösung generiert wird („Software follows Structure“), bei der eine Releasefähigkeit nicht mehr oder nur mit erheblichem finanziellem Aufwand gewährleistet ist. Im Rahmen der prozessorientierten Reorganisation mit Systemauswahl, so, wie sie z. B. im Projekt mit Schiesser erfolgt ist, ist vor diesem Hintergrund darauf zu achten, einen gesunden Mix aus zur Differenzierung notwendigen Individual- und kostengünstigen Standardlösungen zu finden.

Bei der strategieorientierten Auswahl wird die Systemauswahl in den engeren Kontext der Unternehmensstrategie gestellt. Hierzu muss die Unternehmensstrategie durch die Vorgabe von Produktionszielen und Prozessdefinitionen operationalisiert werden. Diese Prozesse und Produktionsziele dienen dann der Auswahl eines passenden Softwaresystems. Die anbieterorientierte Auswahl fokussiert die strategischen Auswahlaspekte hinsichtlich des Anbieters (so genannte „Soft Facts“). Dabei wird die strategische Kompatibilität von Anbieter und Anwender überprüft, wobei die Beschaffung gesicherter Informationen schwierig sein kann. Allerdings wird sowohl bei der strategieorientierten als auch bei der anbieterorientierten Vorgehensweise der Übereinstimmung von funktionalen Anforderungen des Anwenderunternehmens und den Leistungsmerkmalen des Systems häufig eine zu geringe Bedeutung beigemessen.

Die nutzenorientierte Auswahl verfolgt den Ansatz, Nutzen und Aufwand einer Systemeinführung zu quantifizieren, um daraus die wirtschaftliche Rentabilität der Investition zu beziffern. Die Kosten- und Nutzenanteile, die nicht quantifiziert werden können, werden qualitativ bzw. argumentativ abgeschätzt. Durch die mitunter hohen qualitativen Nutzenanteile entspricht deren Abschätzung jedoch häufig dem viel zitierten „Blick in die Glaskugel“.

Bei der vorab eingeschränkten Auswahl werden nur ein bis zwei Systeme im detaillierten Auswahlprozess betrachtet. Diese primäre Einschränkung kann durchaus sinnvoll sein, wenn sich schnell ein bis zwei Systeme, z.B. wegen besonderer Branchenspezifika oder der Unternehmensstrategie/-größe, herauskristallisieren. Dabei wird allerdings bewusst auf eine umfassende Sichtung des Marktes verzichtet.

Als Fazit dieser Gegenüberstellung lässt sich konstatieren, dass die unterschiedlichen Auswahlvorgehensmodelle, isoliert betrachtet, sowohl bestimmte Nachteile als auch spezifische Vorteile mit sich bringen. In der Praxis angewandte Methoden entsprechen meistens ein bis drei der vorgestellten Vorgehensweisen, die in diesem Falle ihre jeweiligen Stärken kombinieren oder sogar untereinander bestimmte Schwächen kompensieren (Lücke/Roesgen, 2004 und Roesgen/Schmidt, 2006). Damit nimmt die Entscheidung für eine oder mehrere grundsätzliche Auswahlvorgehensweisen einen starken Einfluss auf den Auswahlprozess und bereits auch auf das Auswahlergebnis, da hiermit gewisse Auswahlparameter fokussiert und andere teils gänzlich ausgeblendet werden.

Das am FIR entwickelte 3PhasenKonzept kombiniert mittels einer individuellen Konfiguration und Gewichtung die vorteilhaften Elemente der dargestellten Vorgehensweisen. Bis auf die interne und die irrationale Auswahl werden alle der zuvor beschriebenen Auswahlansätze im 3PhasenKonzept berücksichtigt. Dabei wird keine strikte Reihenfolge vorgegeben, nach der der Auswahlprozess durchgeführt werden muss. Vielmehr können die Vorgehenselemente unternehmensspezifisch gewichtet und zusammengestellt werden. Durch die Verwendung bewährter Methoden und Vorgehensweisen finden alle wesentlichen Auswahldimensionen Beachtung und ein geeigneter Mittelweg aus „Structure follows Software“ und „Software follows Structure“ kann erzielt werden. Dies ermöglicht eine unternehmensindividuelle Softwareauswahl, die gewährleistet, dass die Unternehmensspezifika und Alleinstellungsmerkmale im auszuwählenden System abgedeckt werden können, ohne jedoch einen zu hohen Anpassungsaufwand und damit verbundene Kosten zu generieren.

3.7.3 Das 3PhasenKonzept

Mit Hilfe einer systematischen Vorgehensweise zur Bewertung und Auswahl von Standard-ERP-/PPS-Systemen kann der beschriebenen Individualität des Auswahlprozesses Rechnung getragen und gleichzeitig eine solide und sichere Grundlage für die Investitionsentscheidungen geschaffen werden. Zu diesem Zweck wurde am FIR das 3PhasenKonzept zur Bewertung und Auswahl von Softwarelösungen entwickelt und in zahlreichen Auswahlprojekten erfolgreich angewendet. Das 3PhasenKonzept unterscheidet die Phasen der Prozessanalyse (hier handelt es sich um eine aufbauorganisatorische Analyse, Anm. d. Verf.), der Systemvorauswahl und der Systemendauswahl (vgl. Bild 3-19). In den einzelnen Phasen finden sich die Elemente der bereits vorgestellten Auswahlvorgehensweisen wieder. Im Detail sind jeder Phase wiederum drei Arbeitsblöcke mit bewährten Methoden und Werkzeugen zugeordnet, die im Rahmen der mittlerweile 20-jährigen Anwendung stetig weiterentwickelt wurden.

Im Rahmen der Prozessanalyse erfolgt zunächst die organisatorische Einrichtung des Projekts. Anschließend beginnt auf Basis von definierten Zielen, der Ist-Zustandsanalyse und der daraus abgeleiteten Verbesserungspotenziale die Grobkonzeption einer zukunftsorientierten Auftragsabwicklungsstruktur im Anwenderunternehmen. Dies entspricht der Vorgehensweise, wie sie auch in diesem Buch insgesamt für prozessorientierte Reorganisationen vorgeschlagen wird. Die Vorauswahlphase verfolgt das Ziel, unter Berücksichtigung der zuvor erarbeiteten Anforderungen aus der Vielzahl marktgängiger ERP-/PPS-Systeme eine überschaubare Anzahl grundsätzlich geeigneter Systeme zu selektieren. Diese grundsätzlich geeigneten Systeme werden im Rahmen der Endauswahlphase anhand der spezifischen Auftragsabwicklungsstruktur im Unternehmen detailliert untersucht und bewertet.

In den folgenden Unterkapiteln werden die einzelnen Phasen des Konzepts weiter detailliert und wird die jeweilige methodische Unterstützung dargestellt. Dabei wird der Fokus auf die Auswahl gelegt. Bezüglich der Prozessanalyse wird an dieser Stelle nur noch dargestellt, was aus ERP-Perspektive noch zusätzlich erhoben werden muss.

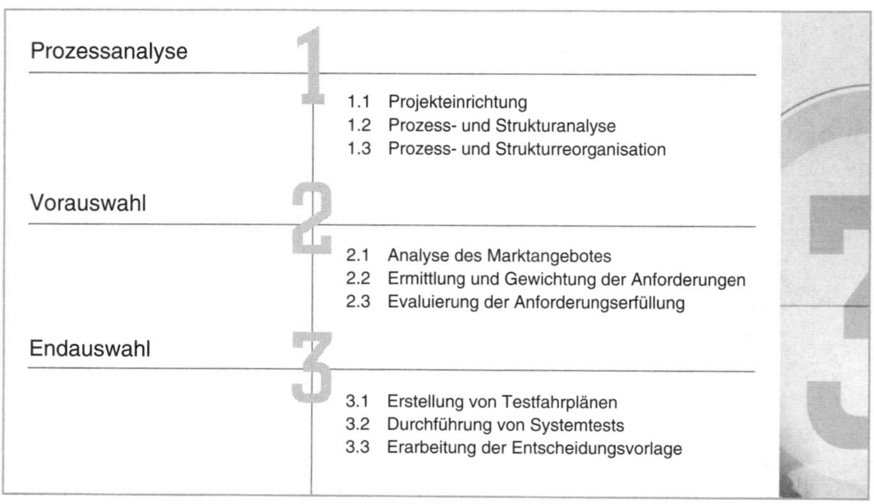

Bild 3-19: Das 3PhasenKonzept als modulares Vorgehensmodell

Prozessanalyse

Dieser erste Arbeitsblock bildet den Grundstein für alle folgenden Aktivitäten von der Reorganisation über die Auswahl bis hin zum erfolgreichen Einsatz des zukünftigen ERP-/PPS-Systems. In der Praxis ist oft zu beobachten, dass dieser Schritt nicht oder nur ansatzweise gemacht wird, was bei der späteren Einführung in der Regel zu suboptimalen Lösungen führt, weil dann das ERP-System die Organisation determiniert und nicht umgekehrt.

Begleitend zur vorne beschriebenen Prozessanalyse sind die im Projektteam ermittelten organisatorischen und DV-technischen Schwachstellen des Ist-Zustands zu dokumentieren und in Form einer Schwachstellendokumentation während der gesamten Analysephase fortzuschreiben. Die aufgenommenen Schwachstellen können dann zu Problemschwerpunkten gruppiert werden, die als Basis für eine strukturierte Bewertung der Verbesserungspotenziale dienen. Anschließend sind die derart systematisierten Schwachstellen bzw. Verbesserungspotenziale vom Projektteam hinsichtlich ihrer Relevanz für das Unternehmen bzw. für die Reorganisation zu priorisieren.

Besonders wichtig ist in diesem Zusammenhang, dass die geplanten Reorganisationsmaßnahmen mit dem weiteren Auswahlprozess synchronisiert werden. So stellt insbesondere die Einführung einer neuen Softwarelösung allein noch lange kein Patentrezept zur Beseitigung organisatorischer Probleme dar. Vielmehr zeigt die Erfahrung, dass betriebliche Abläufe durch die Einführung einer Softwarelösung gefestigt und damit gegebenenfalls Schwachstellen zementiert werden. Hauptergebnis dieser Phase aus ERP-Sicht ist somit die Formulierung zukunftsorientierter Anforderungen an eine Softwarelösung, um eine Grundlage für die folgende Vorauswahlphase zu schaffen.

Werkzeuge zur Unterstützung der Vorauswahl

Um einen Überblick über die Aufgaben und Funktionen von ERP-/PPS-Systemen zu bekommen, wurde am FIR in Anlehnung an das Aachener PPS-Modell (vgl. Schuh, 2006) ein Funktionsmodell für die Produktionsplanung und -steuerung entwickelt. Dieses Modell greift eine Grundstruktur auf, die sich an den unterschiedlichen, in der betrieblichen Praxis vorhandenen, Planungsebenen orientiert. Anhand dieses Funktionsmodells lassen sich die verschiedenen ERP-/PPS-Systeme übersichtlich und detailliert darstellen und vergleichen (Schuh/Lassen, 2006). Zu diesem Zweck wurde aus dem Funktionsmodell ein standardisierter Fragenkatalog abgeleitet, der mit seinen über 2000 beschreibenden Merkmalen zur Datenerhebung und -auswertung dient und gleichzeitig als Vorlage für die Erstellung von Lastenheften im konkreten Projektkontext herangezogen werden kann. Zur Unterstützung einer breiten Anwendbarkeit des Katalogs unterscheidet dieser in seiner

Struktur neben branchenneutralen Kapiteln wie beispielsweise dem Vertrieb, dem Einkauf oder der Materialwirtschaft auch branchen- und funktionsspezifische Schwerpunkte wie beispielsweise dem Varianten- oder Projektmanagement (vgl. Bild 3-20).

Dieser Fragenkatalog bildet die wesentliche Grundlage zur Beschreibung des Leistungsstands der am Markt angebotenen ERP-/PPS-Systeme und ist damit Voraussetzung für eine effiziente Vorauswahl. Ein Werkzeug zur Unterstützung dieses eher funktionsorientiert geprägten Auswahlschritts ist z.B. der IT-Matchmaker der Trovarit AG. Die Trovarit AG ist als Spin-off des FIR ein Technologieprovider für die internetbasierte Verwaltung und Pflege der Daten über betriebliche Anwendungssysteme und Anbieter.

Mit der Ermittlung und Gewichtung der unternehmensspezifischen Anforderungen an das auszuwählende System werden mit Hilfe der Ergebnisse aus der Prozessanalyse sowie der Erstellung eines Lastenheftes die funktionalen und strategischen Anforderungen an das System und den Anbieter formuliert. Diese können unterschiedlich gewichtet werden (von „sehr wichtig“ bis „nice to have“). Darüber hinaus können kritische Merkmale (so genannte K.-O.-Kriterien), die unabdingbar für das Unternehmen sind, und unternehmensspezifische Zusatzanforderungen definiert werden. Das Resultat dieses Arbeitsschrittes der Vorauswahl ist ein Anforderungsprofil, welches alle Merkmale und Fragen mit der entsprechenden Gewichtung dokumentiert und als Basis für die nun folgende Evaluierung der Anforderungserfüllung dient.

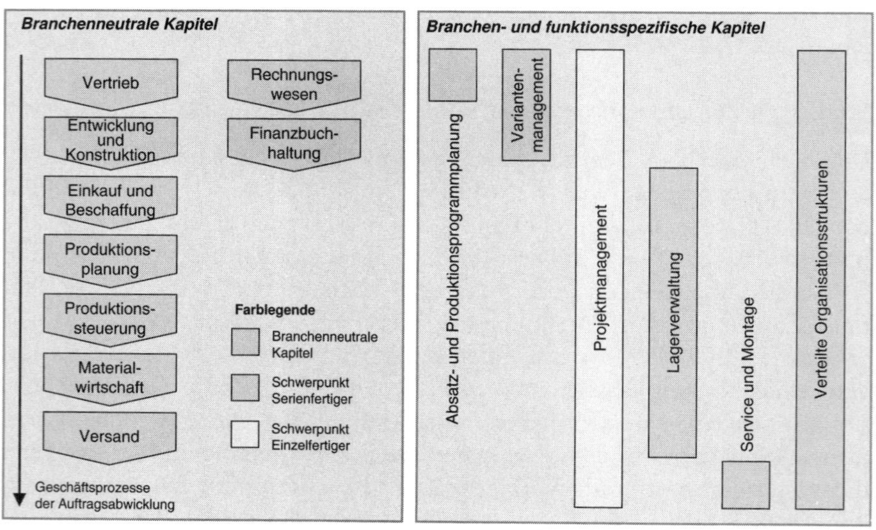

Bild 3-20: Struktur des Merkmalskatalogs

Die Vorauswahlphase endet mit der Evaluierung der Anforderungserfüllung. Um die Anzahl der zur Auswahl stehenden Systeme auf ein überschaubares Maß von drei bis maximal fünf Systemen zu reduzieren, wird die Auswertung der funktionalen und die Analyse der strategischen Anforderungserfüllung vorgenommen. Dabei können grundsätzlich die zwei Auswahlgegenstände „System“ und „Anbieter bzw. Systemhaus“ unterschieden werden (vgl. Bild 3-21). Beide Auswahlgegenstände gliedern sich wiederum in eine leistungsbezogene und eine strategische Dimension. Die leistungsbezogenen Auswahlkriterien des Systems entsprechen dabei den funktionalen Leistungsmerkmalen. Die strategischen Auswahlkriterien des Systems sind ebenso unternehmensindividuell zu definieren und zu gewichten. Die Installationszahlen beispielsweise lassen einen Rückschluss zu, ob es sich um ein junges System handelt, das aber wiederum in einigen anderen Unternehmen bereits erfolgreich eingesetzt wird.

Die zweite Entscheidungsdimension befasst sich mit der Auswahl des passenden Systemanbieters. Um einen langfristig stabilen Partner zu identifizieren, müssen in dieser Dimension beispielsweise Aspekte der Strategie, Marktstellung und Größe des Anbieters oder die Verfügbarkeit von qualifizierten Beratern betrachtet werden. Von besonderer Relevanz für die Auswahlentscheidung ist in dieser Kriteriendimension die Bewertung von Referenzprojekten des Anbieters, da diese die spezifische Branchenkompetenz des Implementierungspartners erkennen lassen.

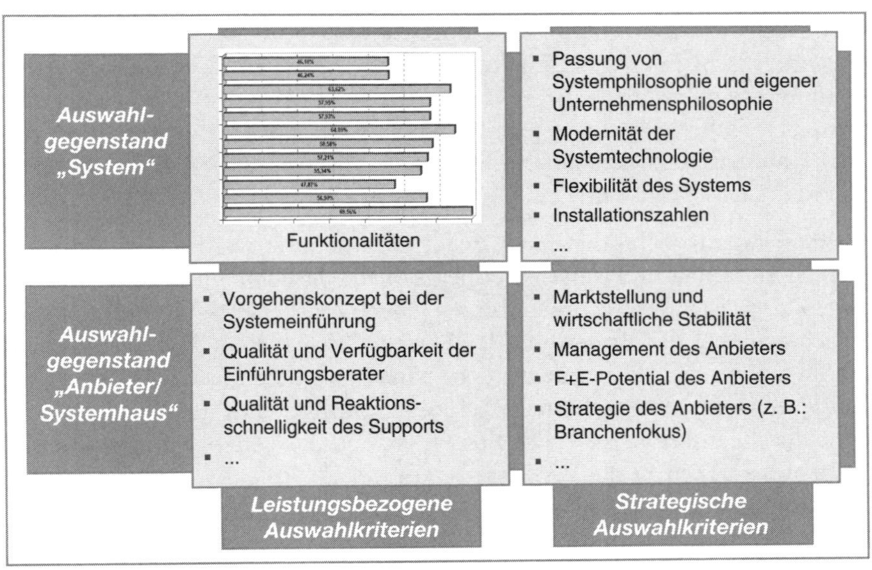

Bild 3-21: Dimensionen und Bewertungskriterien zur Entscheidungsvorbereitung

Mit einer vergleichenden Zusammenstellung der Auswahlparameter können die Systeme abschließend aus den verschiedenen Perspektiven direkt miteinander verglichen und kann eine Vorauswahl getroffen werden. Diese Entscheidung umfasst die Festlegung auf einen Favoritenkreis von ca. drei Systemen, die dann im Rahmen der Endauswahl detailliert untersucht werden.

Schwerpunkte der Endauswahl

Die Endauswahlphase beinhaltet insbesondere Elemente der prozessorientierten Auswahl, weil in diesem Schritt einzelne Systeme auf ihre Eignung hin überprüft werden, ob sie die detaillierten Unternehmensprozesse abbilden können. Des Weiteren werden Elemente der anbieter-, strategie- und nutzenorientierten Auswahl betrachtet. Demnach müssen die Systeme der Favoritengruppe daraufhin analysiert werden, in welchen Bereichen sie den aus der Prozess- und Strukturreorganisation resultierenden Anforderungen des Unternehmens nicht genügen und wie die so entstehende Lücke zwischen den Anforderungen des Anwenders und den Möglichkeiten des Anbieters geschlossen werden kann. Für die Bereiche, in denen die Systemunterstützung nicht ausreicht, gilt es zu klären, welche Lösungsvorschläge der Anbieter für die einzelnen Problembereiche macht und welcher Anpassungsaufwand seitens des Anbieters bzw. Anwenders damit verbunden ist.

Dieses Vorgehen beruht darauf, eine mögliche Abfolge von Benutzerhandlungen am zu testenden System zu prüfen, indem ein detailliertes Auftragsabwicklungsszenario im Sinne eines Testfahrplans entwickelt wird (vgl. Bild 3-22). Dieses Szenario wird durch die zu unterstützenden unternehmensspezifischen Prozesse, Funktionen und Daten definiert. Im Gegensatz zur Vorauswahl werden die Favoriten der Endauswahl nun mit unternehmensspezifischen Szenarien getestet, so dass neben der Identifikation der oben genannten Lücken auch die Eignung der systembezogenen Prozessabbildung überprüft wird.

Darüber hinaus sollte die Endauswahl dazu genutzt werden, den Anbieter kennen zu lernen und dessen Kooperationsbereitschaft und Branchenkompetenz zu prüfen. Die starke Einbindung der Mitarbeiter des Produktionsunternehmens bei der Bewertung der Entscheidung für ein ERP-/PPS-System erhöht zudem die Akzeptanz bei den späteren Systemnutzern. Ergänzend zu den Systemtests können Besuche bei Referenzanwendern der jeweiligen Systeme durchgeführt werden. Die Ergebnisse und die Vereinbarungen aus den Systemtests gehen in die Erstellung eines Verpflichtungsheftes ein, welches als Zusatzbestandteil in den Kaufvertrag aufgenommen werden sollte.

Der letzte Arbeitsschritt der Endauswahl befasst sich mit der Erarbeitung der Entscheidungsvorlage. Er beinhaltet die Auswertung der Systemtests, Refe-

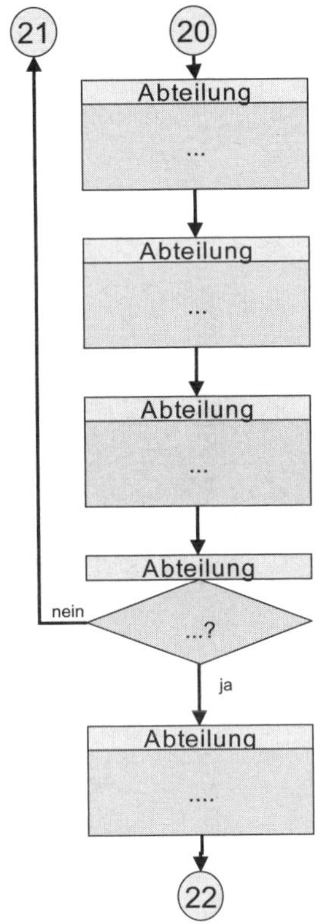

Fragestellungen	Anbieter A	Anbieter B
1.1.1 Wie können archivierte Datensätze wieder verwendet werden? ▪ archivierte Stücklisten/ Arbeitspläne können in Teilen direkt in die aktuelle Systemumgebung kopiert und dort unter neuer Bezeichnung weiterbearbeitet werden ▪ reaktivierte Datensätze werden automatisch auf Aktualität der verwendeten Stammdaten überprüft		
1.1.2 Welche Daten/Informationsträger können an Datensätze (Artikelstamm, Stücklisten, Arbeitspläne etc.) angehängt werden? ▪ Texte, Zahlen (Word, Excel, PDF etc.) ▪ Zeichnungen, Bilder ▪ individuell erstellte Texte ohne Zeichenbegrenzung in Textfeldern, die dem Datensatz direkt zugeordnet sind ▪ es können beliebig viele Zusatzdateien angehängt werden		
1.1.3 Welche Kenngrößen werden für die Ein-/ Auslaufsteuerung verwendet? ▪ Ablaufdatum/ Terminbereich (von - bis) ▪ vollständiger Abbau der vorhandenen Bestände ▪ max. Stückzahl, letzte Seriennummer/ Seriennummernbereich o. ä. ▪ Charge/ Chargenbereich		
1.1.4 ... ▪ ... ▪ ...		

Bild 3-22: Exemplarische Darstellung eines Auftragsabwicklungsszenarios

renzkundenbesuche sowie die komparative Zusammenstellung der Auswahlparameter zur Endauswahlentscheidung (vgl. Bild 3-23). Zur Auswertung der systemseitigen Funktions- und Prozessunterstützung wird die Nutzwertanalyse in vereinfachter Form herangezogen. Dieses Verfahren ermittelt den Nutzwert eines ERP-/PPS-Systems durch Gewichtung und Zusammenfassung der Einzelbewertungen der verschiedenen Mitglieder des Testteams. Die Grundlage für die Beurteilung bilden somit die mitarbeiterbezogenen Arbeitsunterlagen aus den Systemtests.

Um die besondere Fachkompetenz einzelner Mitarbeiter für ihren eigenen Aufgabenbereich zu berücksichtigen, können die Gewichtung der Bewertungen und somit ihr Einfluss auf den Nutzwert mitarbeiterabhängig gestaltet werden. Darüber hinaus lassen sich einzelne Funktionsmodule oder Prozesse, die nicht notwendigerweise integrierter Bestandteil eines ERP-/PPS-Systems sein müssen (z. B. Anlagen-, Finanzbuchhaltung), wahlweise in der Auswertung ausklammern. Auf diesem Weg lassen sich auch alternative ERP-Einsatzkonstellationen einer quantitativen Bewertung zuführen.

Die gesammelten Ergebnisse und Dokumentationen aus dem Auswahlprozess sind wesentlicher Bestandteil des Lastenheftes und damit Grundlage für die folgenden Vertragsverhandlungen. Das Lastenheft definiert, welche Funktionalitäten benötigt werden und wie Prozesse gestaltet werden sollen. Es basiert insbesondere auf den Vereinbarungen aus den Systemtests. Durchaus üblich ist es, auf Basis des Lastenheftes einen Vorvertrag mit dem Anbieter abzuschließen, der beispielsweise eine Feinspezifikation von etwa drei bis sechs Monaten Dauer beinhaltet. Ergebnis der Feinspezifikation ist dann das Verpflichtungsheft bzw. Pflichtenheft, das eine detaillierte Definition des gewünschten Leistungs- und Funktionsumfangs sowie der Schnittstellen zu anderen Systemen beinhaltet (Gabler, 1997). Zu diesem Zeitpunkt können dann auch die Projektkosten zuverlässig abgeschätzt werden. Das Verpflichtungsheft definiert somit den Handlungsbedarf des Anbieters und kann als vertragsrechtlich verbindlicher Zusatz in den Kaufvertrag aufgenommen werden. Der Kaufvertrag bezieht sich dabei sowohl auf die anfallenden Lizenzkosten der Software als auch die entsprechenden Implementierungskosten.

3.7.4 Unterstützung der Implementierung

Der Implementierungsprozess von ERP-/PPS-Systemen gestaltet sich zunehmend individuell und wird sehr stark vom ausgewählten System beeinflusst. So haben die einzelnen Anbieter systemspezifische Ansätze und Vorgehensweisen zur Einführung entwickelt, die sich in der Praxis auf unterschiedliche Art und Weise bewährt haben. Die folgenden Abschnitte sollen daher unab-

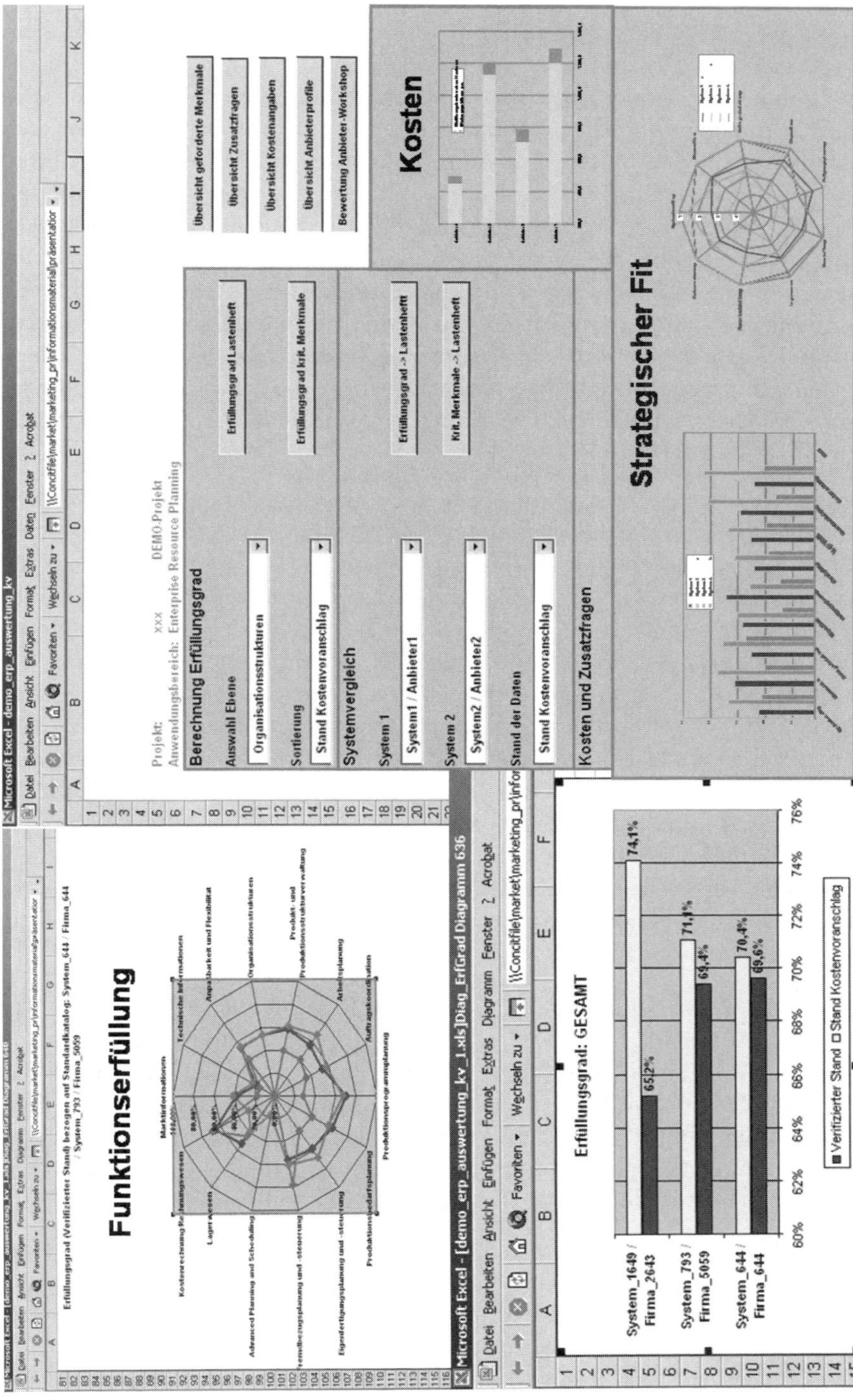

Bild 3-23: Vergleichende Bewertung der Auswahlkriterien

hängig vom ausgewählten System einen kurzen Ausblick auf die grundsätzlichen Besonderheiten der Systemimplementierung geben.

Im Rahmen der Implementierung gilt es, die bereits innerhalb der Prozessanalyse konzipierte Aufbau-, Ablauf- und Arbeitsorganisation informationstechnisch im neuen System anforderungsgerecht abzubilden. Des Weiteren sind bei der Gestaltung des ERP-/PPS-Systems die systemseitigen Datenfelder zu definieren, die vorhandenen Daten aufzubereiten und zu übernehmen, Benutzerschnittstellen zur Erfassung, Steuerung und Ausgabe von Informationen zu konzipieren sowie geeignete Methoden und Verfahren zur Verarbeitung von Transaktionen (z.B. Batch vs. online) auszuwählen bzw. zu entwickeln. Besondere Anstrengungen erfordern jedoch auch die Verbesserung der Arbeitszufriedenheit und Motivation, die Schaffung einer Akzeptanz der Mitarbeiter für den Veränderungsprozess sowie die ausreichende Qualifizierung der Anwender.

Um im Rahmen der Systemanpassung die unternehmensspezifischen Anforderungen zielführend und effizient abbilden zu können, verfügen die Systeme über verschiedene, flexible Anpassungshilfsmittel. Diesen Vorgang bezeichnet man allgemein als Konfiguration oder Customizing. Demgegenüber werden Anpassungen, die lediglich vom Systementwickler vorgenommen werden können und eine Veränderung oder Erweiterung des Quellcodes erfordern, als Anpassprogrammierungen bezeichnet. Zu den wichtigsten Anpassungshilfsmitteln zählen die Modularisierung, Parametrisierung, Listengeneratoren, Maskengeneratoren, Regelwerke und Programmgeneratoren (vgl. Bild 3-24). Die Anpassung durch Parametrisierung findet sich bei nahezu allen Standard-ERP-/PPS-Systemen. Zum Zeitpunkt der Softwareinstallation wird ein Teil der Parameter des ERP-/PPS-Systems vom Systementwickler bereits mit Standardwerten vorbelegt. Diese Parameter müssen auf ihre Zweckmäßigkeit und Abstimmung mit dem Pflichtenheft überprüft werden.

Eine Modularisierung, die nicht nur zur Preisgestaltung dient, sondern zur groben Abstimmung des Systems auf die Anforderungen des Unternehmens geeignet ist, liegt eher selten vor. Einige Anbieter von Standard-ERP-/PPS-Systemen bieten in sich abgeschlossene Module an, die alternativ zum Einsatz kommen können. Manche Anbieter stellen beispielsweise für Unternehmen der Automobilzulieferindustrie oder für Unternehmen der Stahlindustrie andere Einkaufsmodule zur Verfügung als für die übrigen Branchen.

Sollten die zur Verfügung stehenden Anpassungshilfsmittel nicht ausreichen, müssen die Anforderungen entweder durch die Einbindung von Fremdsystemen oder aber Anpassungen des Datenmodells bzw. des Programmcodes im Standard-ERP-/PPS-System realisiert werden. Im Regelfall ist die Releasefähigkeit bei Anpassprogrammierungen allerdings nur noch mit Einschrän-

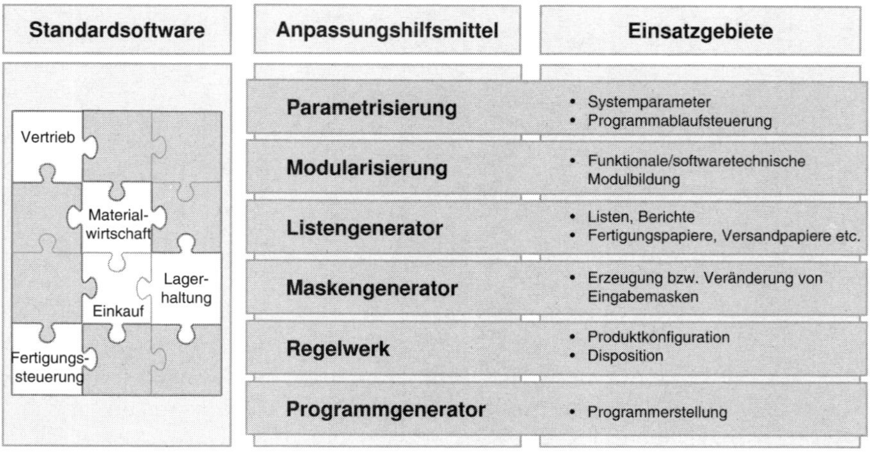

Bild 3-24: Anpassbarkeit von Standard-ERP-/PPS-Systemen

kung gewährleistet. Vor diesem Hintergrund wird noch einmal besonders deutlich, welche entscheidende Rolle einem sorgsam durchgeführten und methodisch unterstützten Auswahlprozedere zukommt. Der anhand des 3PhasenKonzepts beschriebene Auswahlprozess stellt mit Hilfe eines bewährten Vorgehensmodells sicher, dass bereits im Vorfeld der Implementierung die wichtigsten Rahmenbedingungen einbezogen, alle kritischen Anforderungen definiert und die entscheidenden Auswahlkriterien berücksichtigt werden.

Die ERP-Auswahl an einem konkreten Beispiel wird im Kapitel 4 in Form des Schiesser-Falls näher beschrieben.

4 Der Fall Schiesser – Von der Neupositionierung zum ERP-System

Von Thomas Friedli, Maike Rathje
unter Mitarbeit von Winfried Daltrop, David Frink

In diesem Kapitel wird die gesamte bis jetzt vorgestellte Methode entlang der Reorganisation der Schiesser-Gruppe vertieft.

4.1 Das Unternehmen

Schiesser ist ein vertikal integrierter Hersteller von Wäscheprodukten. Die Produktion wird an mehreren Standorten in Europa und Asien durchgeführt. Die Marketing- und Verkaufsaktivitäten sowie Design und Logistik finden am Konzernsitz in Radolfzell am Bodensee, also in Westeuropa statt. Die gesamte Gruppe beschäftigt ca. 3500 Mitarbeiter, wobei ein Großteil davon in den Produktionsstätten beschäftigt ist. In der eigenen Wertschöpfungskette verfügt Schiesser über sämtliche Wertschöpfungsstufen von der Stoffproduktion bis zum Fertigprodukt. Der Eigenfertigungsanteil für Fertigprodukte liegt bei ca. 50%. Der Umsatz von Schiesser wird zu ca. 80% dieses Umsatzes auf dem deutschsprachigen Markt in Europa generiert. Die Eigenmarke ist im mittleren bis oberen Preissegment positioniert und ist dem sich verschärfenden Wettbewerb ausgesetzt.

4.2 Das Umfeld

Die Bekleidungsindustrie in Mitteleuropa

Die Bekleidungsindustrie und im Speziellen der Unterwäschemarkt unterliegen einer Reihe von Herausforderungen, der sich die Hersteller von Bekleidungsartikeln stellen müssen. Im Konkreten lassen sich diese Herausforderungen in folgende Rubriken untergliedern:

- Der Anteil an Ausgaben für Bekleidung sinkt
  Deutschland ist der mit Abstand größte Wäschemarkt Europas und in der Tendenz repräsentativ für die meisten Märkte in Mitteleuropa. Die von der Gesellschaft für Konsum (GFK, 2002) ermittelten Ausgaben des durchschnittlichen Warenkorbs zeigen deutlich einen Rückgang für Bekleidung

(vgl. Bild 4-1). Diese Entwicklung wird auch für die zukünftigen Jahre als sich fortsetzender Trend prognostiziert und zwingt die meisten Wettbewerber, sich mit diesem Phänomen auseinanderzusetzen.

- Die Umsatzentwicklungen sind rückläufig
  Die allgemeine Entwicklung für das gesamte Bekleidungssegment spiegelt sich im hauptsächlichen Marktsegment von Schiesser, dem Wäschemarkt, wider. So war die Umsatzentwicklung in diesem Segment in den vergangenen Jahren rückläufig (vgl. Bild 4-2) und wird auch noch für die kommenden Jahre als rückläufig prognostiziert (GFK, 2002).

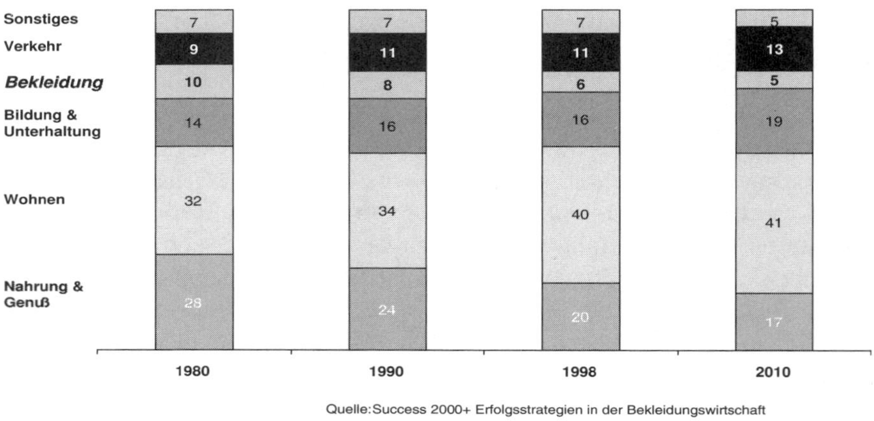

Bild 4-1: Entwicklung der Aufteilung des privaten Verbrauchs (in Prozent)

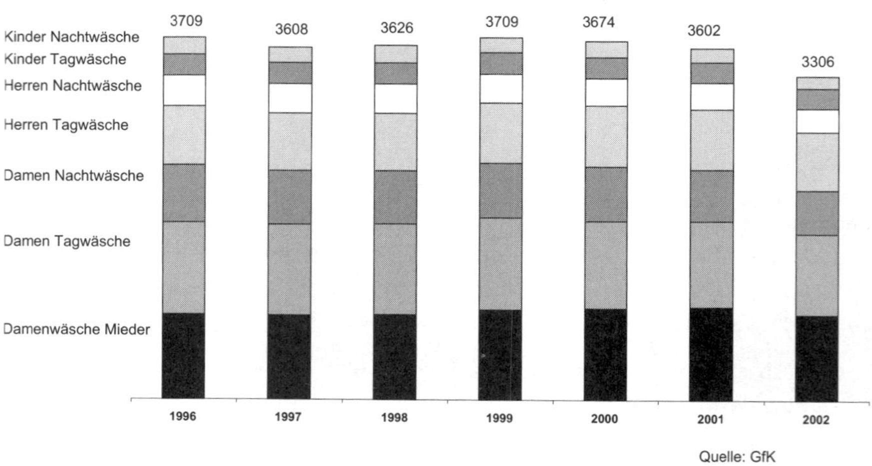

Bild 4-2: Umsatzentwicklung Wäschemarkt Deutschland (Verkaufswerte in Mio. Euro)

- Absatzkanäle ändern sich
  Während traditionell im Wäschesegment der Vertriebskanal Einzelhandel sehr ausgeprägt war, nahm in den vergangenen Jahren die Bedeutung aller anderen Vertriebskanäle zu (vgl. Bild 4-3). Auch hier wird prognostiziert, dass dieser Trend sich in den kommenden Jahren fortsetzen wird (GFK, 2002).

- Die Markenloyalität ändert sich
  Die Markenloyalität für Produkte des Wäschesegments ist nur schwach ausgeprägt. Der größte Anteil der Verbraucher nennt den Preis als zentrales Entscheidungskriterium (vgl. Bild 4-4), wobei die einzige weitere relevante Dimension die Verfügbarkeit der Ware ist.

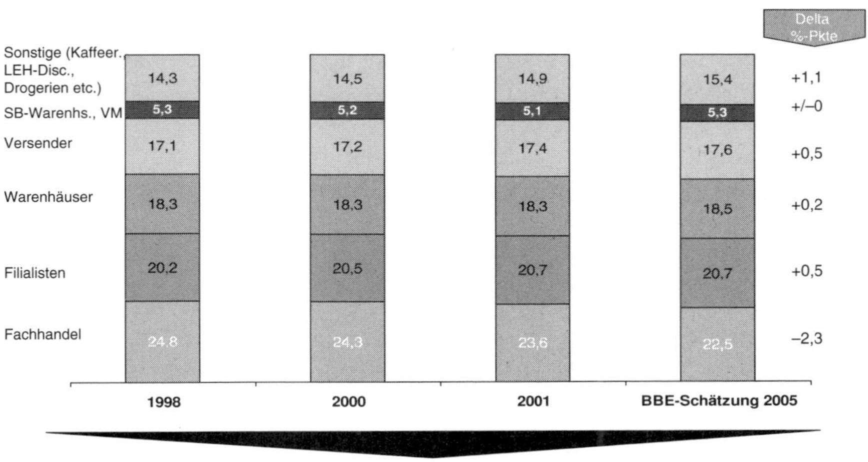

Bild 4-3: Entwicklung der Bedeutung verschiedener Vertriebskanäle (in Prozent)

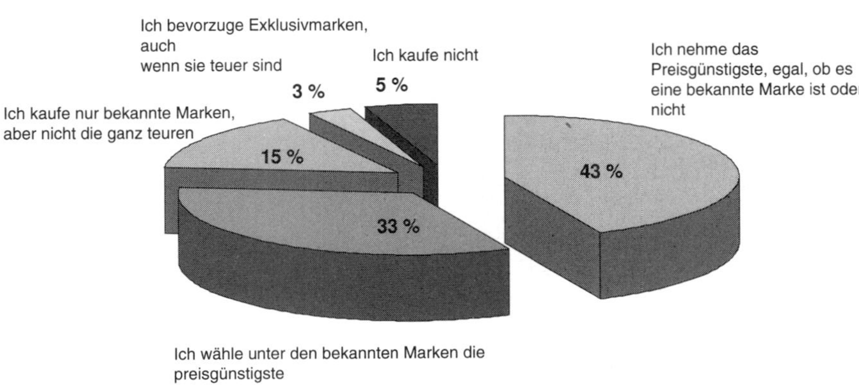

Bild 4-4: Markenloyalität des Verbrauchers

- Handelsmarken gewinnen gegenüber Herstellermarken
  Handelsmarken primär großer Konzerne gewinnen zunehmend an Bedeutung (GFK, 2002). Dies geht primär zu Lasten von Herstellermarken, die in diesem Umfeld Marktanteile verlieren (vgl. Bild 4-5).

Die oben vorgestellten Herausforderungen werden verschärft durch eine Zunahme der Bedeutung von Geschwindigkeit, Flexibilität und Kosten auf allen Wertschöpfungsstufen der Bekleidungsindustrie (Chazen, 1996 und Gereffi, 1999). Für die Hersteller von Bekleidungsprodukten bedeutet dies, dass die bestehenden Beschaffungsnetzwerke permanent optimiert werden müssen, um profitabel am Markt bestehen zu können. Im Markt sehen sich entsprechend viele Wettbewerber der Notwendigkeit ausgesetzt, die bisherigen Geschäftsmodelle grundlegend zu hinterfragen. Verschärft wird diese Situation durch eine kleine Anzahl an Unternehmen, die durch innovative Geschäftsmodelle die gesamte Industrie in Teilbereichen neu definieren. Als Beispiel sind hier ZARA (Ferdows et al., 2004 und Ghemawat/Nueno, 2003), H&M (Deutsche Bank, 2002) oder Benetton (Camuffo et al., 2001) zu nennen.

Die Wertschöpfungsstufen der Bekleidungsindustrie und ihre Charakteristika

Die Bekleidungsindustrie lässt sich nach Gereffi (1999) in vier Wertschöpfungsstufen untergliedern, wobei die ersten beiden Stufen die klassische Produktion beinhalten. Bild 4-6 zeigt diese Stufen und die jeweils abgedeckten Wertschöpfungsaktivitäten. Für die Bekleidungsindustrie spezifisch ist an dieser Stelle die Wertschöpfungsstufe Original Brand Manufacturing (OBM). Diese Stufe lehnt sich an der im Automobilbau verwendeten Bezeichnung Original Equipment Manufacturing (OEM) an. Sie erbringt sämtliche Marketing- und Vertriebsaktivitäten, die notwendig sind, um eine Fertigwaren-Marke am Bekleidungsmarkt zu positionieren. Die Stufe OBM beinhaltet – abgesehen von Logistikaufgaben – keine klassischen Produktionsschritte. Die Wertschöpfungsstufe Retail fasst sämtliche Aktivitäten zusammen, die mit dem direkten Verkauf von Bekleidungsstücken verbunden sind.

Gesamtmarkt (Mio. €)		Handelsmarken		Herstellermarken	
2002	3.306,0	1.333,6	40,3%	1.972,4	59,7%
2001	3.602,3	1.350,5	37,5%	2.251,8	62,5%
2000	3.674,0	1.352,9	36,8%	2.321,1	63,2%

Bild 4-5: Marktanteile von Handels- und Herstellermarken

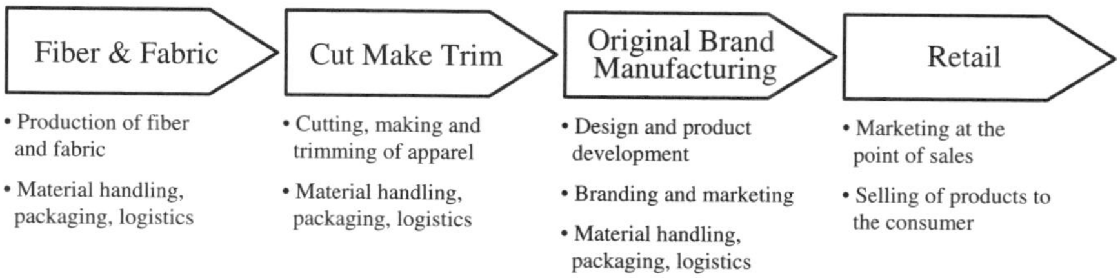

Bild 4-6: Die Wertschöpfungsstufen in der Bekleidungsindustrie (nach Gereffi, 1999)

In der Folge seien vier Besonderheiten der Wertschöpfungsstufen in der Bekleidungsindustrie näher erläutert:

1. Die Bekleidungsindustrie ist stark fragmentiert
   Im Vergleich zu anderen Industrien, z. B. der Automobilindustrie, ist die Bekleidungsindustrie sehr auf das Verhalten des Endkunden konzentriert, was zu einer starken Differenzierung zwischen verschiedenen Produkten führt. Es ergeben sich daraus eine Reihe von Besonderheiten (vgl. Bild 4-7), die zu einer hohen Dynamik des Bekleidungsmarktes führen (Gereffi, 1999).

2. Die Abgrenzung zwischen Wertschöpfungsstufen verschwimmt
   Während die gesamte Bekleidungsindustrie insbesondere in den produzierenden Wertschöpfungsstufen stark fragmentiert ist, wird der Endmarkt von großen Konzernen dominiert. Dies hat zum einen dazu geführt, dass Markenprodukte oftmals durch „Private Labels“ unter Druck gesetzt werden, zum anderen entwickeln sich verschiedene Arten von Original Brand Manufacturer (OBMs), die sich voll auf Marketing und die Positionierung ihrer Marke konzentrieren (Gereffi, 1999). Entsprechend resultiert ein erhöhter Druck auf vertikal integrierte Markenhersteller wie Schiesser. Diese sehen sich auch hier mit der Frage konfrontiert, ob der

	Buyer-Drive Global Chains (e.g. apparel)	Producer-Driven Global Chain (e.g. automobiles)
Upstream Structure	Fragmented, locally owned, dispersed, and often tiered production	Global oligopolies
Downstream Structure	Relatively concentrated intermediaries	Relatively fragmented intermediaries
Key Cross-Border Links	Retailers, branded marketers, and branded manufacturers	Producers
Rent concentration	Downstream	Upstream
Types of Rents	Relational, Trade policy, Brand name	Technology, Organizational
Typical Industries	Labour-intensive consumer products	Capital- and technology-intensive products

Bild 4-7: Vergleich Textil- und Automobilindustrie (Gereffi, 1999)

ursprüngliche Grad an vertikaler Integration im sich ändernden Umfeld Wettbewerbsvorteile generieren kann.

3. Die größte Volatilität der Nachfrage hat die Wertschöpfungsstufe Retail
   Das Verhalten des Endkunden ist insbesondere bei Damenbekleidung, der mit Abstand umsatzstärksten Produktgruppe, Gegenstand großer Volatilität (Richardson, 1996). Dies liegt in den immer kürzer werdenden Innovations- und Produktlebenszyklen begründet, die von Herstellern modischer Ware richtig prognostiziert werden müssen. Es entsteht daraus die Notwendigkeit, insbesondere modische Produkte zum richtigen Zeitpunkt in der richtigen Menge am Point of Sales (POS) präsentieren zu können. Um dies bewerkstelligen zu können, muss auf der einen Seite produktionsseitig eine große Flexibilität hinsichtlich des zu produzierenden Volumens gewährleistet werden. Andererseits gibt es eine Reihe von produzierenden Wertschöpfungsstufen, die nicht von aktuellen Modetrends beeinflusst werden, was zu einer geringeren Volatilität in einer Reihe von Wertschöpfungsstufen der Produktion führt. Als Beispiel ist hier die Wertschöpfungsstufe der Konfektion (Bestandteil von CMT) aufgeführt, die unabhängig von der jeweils aktuellen Trendfarbe nähen kann, was eine Grundlast in der Konfektion ermöglicht.

4. Geschwindigkeit und Flexibilität gewinnen an Bedeutung
   Um mit der Volatilität des Endmarktes besser umgehen zu können, haben Modehersteller eine Reihe von Methoden entwickelt, die es erlauben, schneller am Markt agieren zu können. Als prominentes Beispiel sei hier der Quick-Response-Ansatz erwähnt, mittels dem auf modische Trends (z. B. Farben) schneller und flexibler reagiert werden kann (Hunter/Valentino, 1995).

4.3 Die Ausgangssituation

4.3.1 Schiesser

Für Schiesser zeichnete sich bereits Anfang der 90er Jahre ab, dass die Wettbewerbsfähigkeit der eigenen westeuropäischen Produktion nicht mehr vorhanden war. Als Reaktion darauf begann Anfang der 90er Jahre eine Teilverlagerung der Produktion nach Osteuropa, was zu einer Kostenentlastung führte und zunächst auch als ausreichende Maßnahme wahrgenommen wurde. Ein pensionierter Mitarbeiter formulierte hierzu: „Zunächst dachten wir, dass die Verlagerung der Konfektion ausreichend sein würde und die Stoffproduktion hier bleiben könnte.“ Dies stellte sich allerdings als falsche Annahme heraus, und zunehmend mehr Produktionsschritte wurden mit der

Zeit nach Osteuropa verlagert. Diese Verlagerung war im Jahr 2000 weitgehend abgeschlossen und führte im Resultat zu niedrigeren Produktionskosten. Zusätzlich wurden die Kosten durch einen Abbau von 50% der Belegschaft in der Konzernzentrale, einer Reduktion der Anzahl der verwendeten Materialien um 40%, wodurch eine Reduktion der Lieferanten um 80% umgesetzt werden konnte, sowie einer Bereinigung des diversifizierten Kundenportfolios um 50%, indem nicht profitable Kundenbeziehungen aufgrund ihres mangelnden Umsatzvolumens von Seiten Schiessers aufgelöst wurden, erreicht.

Für die weitere Zukunft wurden jedoch verschiedenste Herausforderungen identifiziert:

- Die existierenden Prozesse beruhten nach wie vor auf der Annahme, dass die Produktion gemeinsam am gleichen Standort wie Design, Beschaffung und Logistik stattfindet. Die Prozesse waren entsprechend nicht für die physische Distanz zwischen Ost- und Westeuropa ausgelegt. Der Manager einer Produktionsstätte formulierte diesen Umstand folgendermaßen: „Ohne eine Reihe von Informationen aus der Konzernzentrale können wir nicht arbeiten!" Es fand daher ein reger Austausch zwischen Konzernzentrale und den Produktionsstandorten statt, der oftmals auch mit intensiven Reiseaktivitäten von Mitarbeitern verbunden war.

- Die osteuropäischen Produktionsstätten waren stark von der Konzernzentrale abhängig und hatten eine limitierte Eigenständigkeit, was zu Unverständnis und teilweisem Misstrauen gegenüber der Konzernzentrale führte. Ein Vertreter des mittleren Managements einer osteuropäischen Produktionsstätte formulierte dies so: „Wären wir selbständig, könnten wir viel besser sein!"

- Aus der Tradition des Unternehmens heraus gab es zudem ein stark ausgeprägtes Hierarchiedenken, das zu einer wenig entscheidungsfreudigen Unternehmenskultur führte. Verschiedene Abteilungsleiter wiesen daher Verantwortung von sich: „Das müssen die da oben entscheiden."

- Die von Schiesser eingesetzten Informationstechnologien beruhten auf einem 30 Jahre alten System, das an seine Grenzen gestoßen war und ersetzt werden musste. Das System war an verschiedenen Stellen zudem von Schlüsselpersonen abhängig.

Zusätzlich war nach verschiedenen auch negativen Erfahrungen eine gewisse Beratermüdigkeit feststellbar.

Im Jahr 2001 waren weitere Veränderungen notwendig, um die Überlebensfähigkeit zu sichern. Dies konnte nicht durch ein Wachstum der eigenen Marke geschehen, da in verschiedenen Marktsegmenten der Marktanteil bereits hoch war und nur mit extremem Mehraufwand hätte gesteigert werden können. Ein Vertreter der Marketingabteilung formulierte dazu: „Den Marktanteil unserer eigenen Marke zu steigern würde sehr viel kosten und wäre zudem mit enormen Risiken verbunden.“ Als Resultat wäre das Nachahmen des industrieweiten Trends mit intensiverem OBM-Fokus auf die eigene Marke bzw. Lizenzmarken keine viel versprechende Option gewesen.

Schiesser entschied sich daher entlang der gesamten Wertschöpfungskette, verschiedene strategische Optionen zu überprüfen, und kam zu dem Schluss, dass Gewinne in verschiedenen Wertschöpfungsstufen generiert werden konnten und auch im traditionellen Geschäftsmodell entlang der gesamten Wertschöpfungskette bereits diverse Zwischenmärkte genutzt wurden (vgl. Bild 4-8). Eine Analyse dieser Aktivitäten ergab allerdings, dass diese Interaktionen weder regelmäßig noch strukturiert mit definierten Prozessen erfolgten, und ihnen keine Geschäftsmodelle und Anreizsysteme zugrunde lagen.

Auch wenn die Umsätze aus Zwischenmärkten keinen signifikanten Anteil am Gesamtumsatz erwirtschafteten, zeigte sich dennoch, dass Opportunitäten entlang der Wertschöpfungskette existierten. Schiesser stellte außerdem in den ersten Analysen fest, dass verhältnismäßig stabile Umsätze in den eigenen produzierenden Wertschöpfungsstufen generiert wurden, die durch den Verkauf der produzierenden Wertschöpfungsstufen weggefallen wären. Ein Outsourcing der Produktion wäre damit mit einer Konzentration auf die relativ volatile Wertschöpfungsstufe OBM einhergegangen. Dies deshalb,

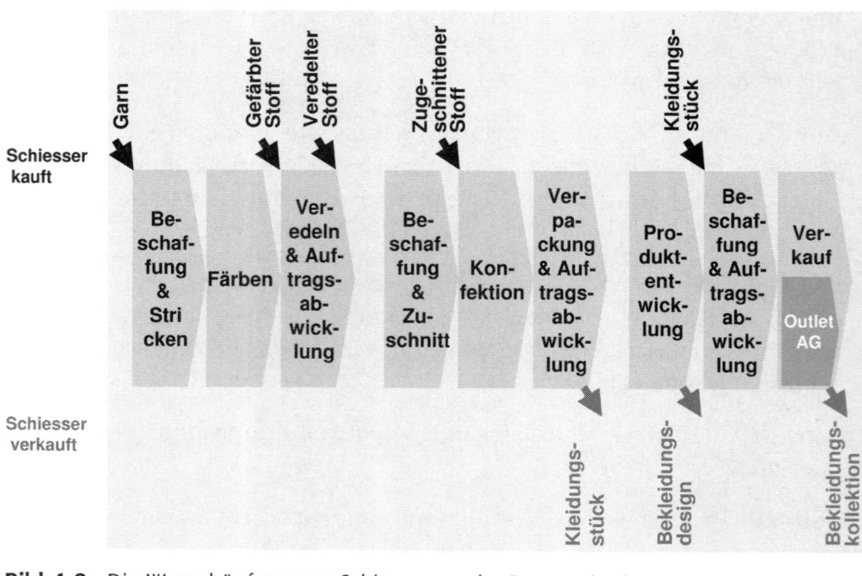

Bild 4-8: Die Wertschöpfung von Schiesser vor der Reorganisation

weil sich verhältnismäßig stabile Umsätze vor allem aus der Tatsache generieren, dass die Mehrzahl von produzierenden Wertschöpfungsstufen im Vergleich zur Stufe OBM nur indirekt Modeschwankungen ausgesetzt sind. Der Manager eines Produktionsstandorts formulierte dies folgendermaßen: „Unsere Produktion läuft gut und wir verdienen Geld!“ Ein weiterer Punkt gegen das Outsourcing von produzierenden Wertschöpfungsstufen war die Möglichkeit, sich den industrieweiten Trend zum Outsourcing als Insourcer zunutze machen zu können, wie ein Manager aus dem Marketing festhielt: „Warum sollen wir den anderen beim Outsourcing nicht helfen?“ Schiesser folgte also der Grundüberlegung, dass ein Teil der eigenen Fähigkeiten von den potentiellen externen Kunden genutzt werden könnte, die ihren zukünftigen Schwerpunkt in Branding und Design sahen.

Als Resultat dieser Überlegungen entschied sich Schiesser im Rahmen einer Strategieklärung dazu, die Optionen entlang der Wertschöpfungskette systematisch zu überprüfen und gleichzeitig die Prozesse zu optimieren und auf das dann festgelegte Geschäftsmodell auszurichten. Folgende Optionen wurden der strategischen Klärung zugrunde gelegt:

1. Die **Stoff AG** beruht auf der Überlegung, die bestehenden Überkapazitäten der Stoffproduktion am freien Markt anzubieten. Dies beinhaltet sämtliche Wertschöpfungsstufen zwischen Garn und fertig gefärbtem und veredeltem Stoff.

2. Die **CMT AG** würde die Wertschöpfungsstufen des Zuschnitts, des Nähens und des Verpackens beibehalten. Die CMT AG bietet Überkapazitäten der Konfektionsbetriebe am freien Markt an. Ein weiterführendes Ziel der CMT AG ist es, neue kostengünstige Produktionsregionen zu identifizieren und zu nutzen.

3. Die **Service AG** ist in der Lage, das bestehende Fachwissen in Design und Logistik extern anzubieten. Ziel ist, das Outsourcing-Paradigma (Linder, 2004) in der Bekleidungsindustrie aufzugreifen und anderen Markenherstellern freie Kapazitäten zur Verfügung zu stellen. Die Service AG ist folglich so aufgestellt, dass sie in der Lage ist, das Niedrig- und Hochpreissegment mittels verschiedener Marken zu adressieren. Sie kann zudem diese Dienstleistungen der Stufe OBM für die eigene Marke nutzen.

4. Das **eigentliche Kerngeschäft**, d.h. die Entwicklung und der Verkauf von Unterwäsche unter eigenem Brand.

Diese Geschäftsmodelle wurden vom Management als zentrale Optionen zur langfristigen Positionierung des Unternehmens gesehen. Der CEO beschrieb dies mit folgenden Worten: „Wenn sich entlang unserer Wertschöpfungskette eine attraktive Opportunität ergibt, müssen wir in der Lage sein, diese zu realisieren!“

Die strategische Frage, die sich in diesem Zusammenhang stellte, war, ob man in der Lage ist, diese doch unterschiedlichen Märkte gleichzeitig wettbewerbsfähig zu adressieren, ohne die Prozesse redundant vorhalten zu müssen.

4.3.2 Die Projektorganisation

Die beteiligten sechs Schiesser-Mitarbeiter des Reengineeringteams waren zu 100% für das Projekt freigestellt. Sie repräsentierten durch ihre frühere organisatorische Zugehörigkeit die zentralen Bereiche des Konzerns. Das Team berichtete direkt an den CEO, der sich selbst dazu verpflichtete, die Teilprojekte im Unternehmen aktiv zu unterstützen und gegebenenfalls auch durchzusetzen.

Unterstützt wurden Sie von drei externen Beratern des Instituts für Technologiemanagement der Universität St. Gallen, einem Projektleiter und zwei Projektmitarbeitern. Im Vordergrund der Anstrengungen des externen Teams stand die Befähigung der Schiesser-Mitarbeiter für eine eigenständige Reorganisation und das Coaching während des Projekts. Die zwei Projektmitarbeiter waren denn auch mit durchschnittlich zwei Tagen pro Woche vor Ort präsent in Radolfzell.

4.4 Das Wandelprojekt

Neben den enormen internen Herausforderungen sah sich Schiesser, wie beschrieben, auch mit einem großen Wandel des Umfeldes konfrontiert. Dies erforderte ein komplettes Durchlaufen der im Kapitel 2 beschriebenen Methodik von der Strategieklärung über die Prozessanalyse und -optimierung bis zur ERP-Einführung. Da in diesem Fall sowieso klar war, dass man für die Ablösung des alten ERP-Systems sämtliche Prozesse dokumentieren musste, entschied man sich, unabhängig von der Strategiediskussion alle Ist-Prozesse zu dokumentieren. Es fand also eine Parallelisierung von Strategieklärung und Prozessanalyse statt.

4.4.1 Die Strategieklärung

Im Rahmen der Strategieklärung wurden folgende Schritte durchlaufen (vgl. Bild 4-9).

Zuerst charakterisierte Schiesser auf Grundlage der PARTS-Analyse (vgl. Kapitel 3.1) die skizzierten Geschäftsmodelle und deren jeweiliges Umfeld.

Darauf basierend wurden die Fähigkeiten identifiziert, die das Unternehmen noch nicht bzw. nicht ausreichend aufweisen konnte (GAP-Analyse). Mittels dieser Grundlage wurden für jedes potentielle Geschäftsmodell die strategischen Erfolgspositionen (SEPs) (Pümpin, 1992) abgeleitet. Um die Verknüpfung der einzelnen Geschäftsmodelle sicherzustellen, wurde zusätzlich für den Gesamtkonzern die SEP „Prozessintegration" definiert. Mit dieser sollte sichergestellt werden, dass die Abwicklung sämtlicher Unternehmensprozesse schnell, fehlerfrei, stabil und aufeinander abgestimmt möglich sein würde.

		Workshops	Ziel
1	**PARTS-Analyse**	Je für Kerngeschäft, Stoff, Service und CMT	Analyse des Umfelds und der Spielregeln
2	**SEP & GAP-Analyse**	Je für Kerngeschäft, Stoff, Service und CMT	Ableitung der SEPs und Identifikation der notwendigen Fähigkeiten
3	**Leistungsbewertung**	Je für Kerngeschäft, Stoff, Service und CMT	Ressourcenabschätzung & Bewertung der Leistungsumfänge & Prozessdesign
4	**Prozessstrategie**	Je für Kerngeschäft, Stoff, Service und CMT	Ableitung der Prozessstrategien und Formulierung von Maßnahmen

Bild 4-9: Die Themenfelder des Strategieaudits von Schiesser

Players	**Added Value**	**Rules**	**Tactics**	**Scope**
Konkurrenten: - Garnhersteller - Hersteller in China und Fernost Komplementoren: - Stoffhersteller - Farb-/Faserlieferant - Strickmaschinenhersteller - Verfahrensspezialist Lieferanten: - Stofflieferanten - Greuter - Strickmaschinenhersteller - Logistikdienstleister - Hersteller in China	Im Vergleich zum Wettbewerb - Geringere Mindestmengenbeschränkungen, Marktnähe und Vollstufigkeit =>Flexibilität - JIT, Übernahme von Prozessen reduziert Working Capital (Kunde) - Gutes Preis-Leistungs-Verhältnis wg. Skaleneffekten und Auslastungsoptimierungen - Kunde profitiert von gutem Qualitätsimage von Schiesser & von Problemlösungskompetenz der Stoff AG	- Zuverlässigkeit selten: klares USP. Schnelligkeit unklar - Standards einhalten - Innovation als SEP unklar (Nachahmung) - Tendenz zum Abnehmen der Losgröße - Unklarheit bezüglich Preiselastizität - Produktion ist auftragsbezogen - Keine entkoppelte Fertigung - Beschaffungsmärkte als Future-Börsen - Lange WBZ - Liefertreue als Voraussetzungen für einen Markteintritt	- Innovationsführerschaft, Schnelligkeit? - Falls Skaleneffekt über SR-Kerngeschäft möglich: wenig restriktive Mindestmengenbeschränkung - Nischenanbieter - Eigene Stoffmarke der Stoff AG - Stoff AG als NOS Lieferant - Taktiken ableiten, falls Wegfall von Lieferanten, abnehmenden Losgrößen	- Keine ausreichende Logistikinfrastruktur - Nicht vorhandenes Vertriebs-Know-how - Kunden-Lieferanten-Verhältnisse aufbauen - Marktbarriere - Fehlende Transparenz in Bezug auf Allokation von Ressourcen - Wenige Anbieter mit Zertifizierung - Restriktion aus Lieferanten-Wettbewerb möglich - Fehlende Maschinenkapazitäten - Innovation - Produktionsverfahren - Lieferantenkonzentration macht den Eintritt schwieriger - DLZ lang - Knappe Kapitalbasis vieler kleiner Anbieter

Bild 4-10: PARTS

SEP „Auftragsabwicklung“

1 *„Wir haben die Fähigkeit, für ein modulares Leistungsangebot Kundenaufträge vollständig, in kundenindividuellen Mengen, schneller als der Wettbewerb abzuwickeln.“*

SEP „Vertriebsintegration“

2 *„Wir haben die Fähigkeit, Vertrieb und Verkauf durch Markt- und Ressourcenkenntnis so zu koordinieren, dass Skaleneffekte zum Tragen kommen.“*

SEP „Qualität“

3 *„Wir haben die Fähigkeit, qualitativ hochwertige Produkte anzubieten, so dass der Kunde diese direkt mit minimalem Ausschuss weiterverarbeiten kann.“*

Bild 4-11: SEPs

SEP	Notwendige Fähigkeiten	Bestehende Fähigkeiten	Schiesser-Gap
Auftrags-abwicklung *„Wir haben die Fähigkeit, für ein modulares Leistungsangebot Kundenaufträge vollständig, in kunden-individuellen Mengen, schneller als der Wettbewerb abzuwickeln.“*	• Modulare Prozessfähigkeit (standardisierte Abläufe, Prozessvariantenbaum) • Fähigkeit, nicht-standardisierte Aufträge durch interne Standards abzubilden. • Ressourcenmanagement (Simulation etc.) • Kleinmengen • NOS-Management (entkoppelte Fertigung etc.) • Flexible PPS (Planungssysteme für unterschiedl. Stufen) • Kundensegmentierung • Kundenbezogene Aufträge • Lagerhaltung (Muster, NOS etc.) • Kooperationsfähigkeit (Logistik, Garnlieferant etc.) • Prozesskostenrechnung • Stoff-Organisation	• Ressourcenmanagement (nicht professionell) • Kleinmengen • Kundensegmentierung • Lagerhaltung (Muster, NOS etc.) • Kooperationsfähigkeit (Logistik, Garnlieferant, etc.) – zum Teil gegeben	• Modulare Prozessfähigkeit (standardisierte Abläufe, Prozessvariantenbaum) • Fähigkeit, nicht-standardisierte Aufträge durch interne Standards abzubilden. • NOS-Management (entkoppelte Fertigung etc.) • Flexible PPS (Planungssysteme für unterschiedl. Stufen) • Kundenbezogene Aufträge • Prozesskostenrechnung • Fehlende Organisation

Bild 4-12: GAPs

Abschließend wurden Prozessstrategien für die einzelnen Prozesse identifiziert. Es wurde hierbei festgestellt, wie die bestehenden Hauptprozesse hinsichtlich Effektivität (die richtigen Dinge tun) und Effizienz (die Dinge richtig tun) im Vergleich zur Konkurrenz stehen und ob ein konkreter Prozess hinsichtlich Effizienz oder Effektivität verbessert werden musste.

Die folgenden Abbildungen zeigen auszugsweise die wesentlichen Ergebnisse der einzelnen Schritte am Beispiel des Geschäftsfelds Stoff AG auf. Auf die Darstellung sämtlicher Dokumente wird an dieser Stelle zu Gunsten der Übersichtlichkeit verzichtet.

Nachdem für sämtliche Geschäftsmodelle die verschiedenen Analysen durchgeführt waren und im Managementteam Commitment darüber bestand, wurde in einem weiteren Workshop die eigentliche strategisch relevante Fragestellung diskutiert, nämlich welche Märkte gleichzeitig adressiert werden sollten. Dazu wurde eine Bewertungstabelle mit internen und externen

			interne Sicht	externe Sicht	Gew.	Bewertung			
						1	2	3	4
Marktbezug	1	Kundensegmentierung		x		heterogen	eher heterogen	eher homogen	homogen
	2	Strategische Flexibilität		x		gering	eher gering	eher hoch	hoch
	3	Kommunikationsaufwand		x		sehr hoch	hoch	mittel	gering
	4	Umsatzplus (im Vergleich zum Status quo)		x		niedriger	gleich	höher	viel höher
	5	Wettbewerbssituation		x		Wettbewerbsnachteil	intensiver Wettbewerb	Wettbewerbsvorteil	nachhaltige Differenzierung
	6	Konformität mit Abnehmerstrategie		x		keine Konformität	geringe Konformität	hohe Konformität	umfassende Konformität mit allen Abnehmern
	7	Renditeerwartung im Vergleich zur bestehenden UR		x		niedriger	gleich	höher	viel höher

			interne Sicht	externe Sicht	Gew.	Bewertung			
						1	2	3	4
Organisationsbezug	18	Eignung bestehender Organisation	x			ungeeignet	bedingt geeignet	mit Modifikationen geeignet	gut geeignet
	19	IT-Anforderungen	x			viel komplexer	komplexer	unverändert	einfacher
Rahmenbezug	20	Einfluss auf Image & Brand	x			wirkt entgegen	neutral	unterstützt	unterstützt stark
	21	angemessene UR	x			wirkt entgegen	neutral	unterstützt	unterstützt stark
	22	Identifikationspotential der MA	x			wirkt entgegen	neutral	unterstützt	unterstützt stark

Service AG (Dreieck) Stoff AG (Kreis) Kerngeschäft (Quadrat)

Kerngeschäft	Kerngeschäft & Stoff AG	Kerngeschäft & Service AG	Kerngeschäft & Service & Stoff AG
69 Punkte	75 Punkte	74,5 Punkte	78,5 Punkte

Bild 4-13: Bewertungstabellen der Geschäftsmodelle

Kriterien verwendet. Bewertet wurden sowohl einzelne Geschäftsfelder wie auch Kombinationen davon bis hin zu der Verfolgung aller vier skizzierten Modelle gleichzeitig (vgl. die Bewertungstabellen Bild 4-13).

Als Ergebnis resultierte als strategisch zu priorisierende Option die Verfolgung aller skizzierten Geschäftsmodelle gleichzeitig. Eine Diskussion zeigte, dass dies auch dem „Bauchgefühl" des Managements entsprach. Diese Variante war nicht zuletzt auch dazu geeignet, die Vision des CEOs, in Zukunft an allen in Europa verkauften Unterwäschestücken mit einer Wertschöpfung zu partizipieren, zu unterstützen.

Um diesen Grundsatzentscheid für die spätere Ableitung von Prozessstrategien nutzen zu können, stellte sich direkt die Frage nach einer darstell- und diskutierbaren Prozessarchitektur. Zuerst wurden die bestehenden Prozesse von Schiesser aufgelistet, um eine vollständige Betrachtung zu gewährleisten (vgl. Bild 4-14).

Es ist dazu anzumerken, dass der Qualitätssicherungsprozess und der Quick-Response-Prozess erst aus der Strategiediskussion heraus entwickelt und in dieser Form noch nicht existent waren.

Um eine systematische Diskussion über Prozessstrategien zu ermöglichen, war dies noch nicht ausreichend. Es musste eine Darstellung gefunden werden, die insbesondere auch die Schnittstellen zwischen den zu verfolgenden Geschäftsmodellen transparent machte.

Nach verschiedenen Anläufen kam man zur unten dargestellten Abbildung (vgl. Bild 4-15).

Bevor die Potentialworkshops durchgeführt werden konnten, musste geklärt werden, in welche Richtung die Prozesse denn überhaupt verbessert werden sollten. Es mussten also für alle Prozesse die Prozessstrategien festgelegt werden. Im Falle von Schiesser fand diese Diskussion im Managementteam

Bild 4-14: Prozessübersicht von Schiesser

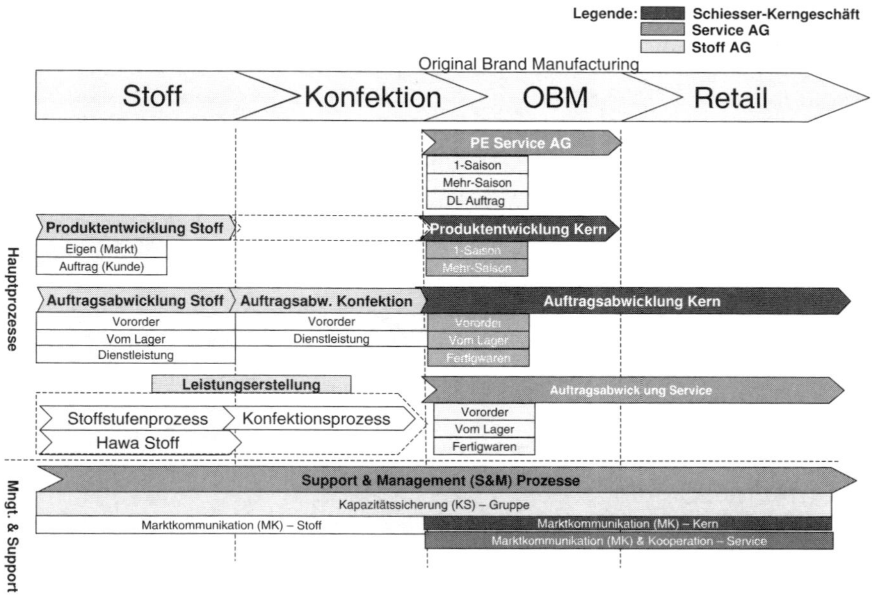

Bild 4-15: Wertschöpfungsstufen bei Schiesser

parallel zu den Prozessaufnahmeaktivitäten statt. Im Gegensatz zu dem im Kapitel 3 beschriebenen Vorgehen war hier eine größere Komplexität zu bewältigen. Es konnte sich nicht auf ein Geschäftsfeld mit zwei bis drei strategischen Erfolgspositionen konzentriert werden, sondern es musste auch jeweils festgestellt werden, ob z.B. die Ausrichtung eines Prozesses auf die SEPs der Stoff AG nicht eventuell negative Implikationen für das Kerngeschäft haben könnte etc. Methodisch wurde dies gelöst, indem die Beziehungen der Prozesse zu allen SEPs diskutiert wurden, auch wenn diese z.B. nur in der Stoff AG angesiedelt waren. Für die drei untersuchten Geschäftsfelder Stoff, Service und Kernbereich sind die diskutieren Prozessportfolios in den unten stehenden Abbildungen gezeigt (Bild 4-16, Bild 4-17, Bild 4-18). Es seien an dieser Stelle einige Anmerkungen dazu gemacht. Da die unterschiedlichen Geschäftsmodelle unterschiedliche Charakteristiken aufweisen, ist die Einordnung der existierenden Prozesse jeweils nicht identisch. So war es z.B. so, dass der existierende Auftragsabwicklungsprozess zwar für das Kerngeschäft nicht weit weg von den besten Konkurrenten lag, aber für das Service und das Stoffgeschäft suboptimal strukturiert war. Die Prozesse Qualitätssicherung und Quick Response, die, wie erwähnt, noch nicht existierten, wurden in der Ist-Einordnung unten links neben das Raster gestellt, weil sie noch nicht mit Konkurrenzprozessen vergleichbar waren.

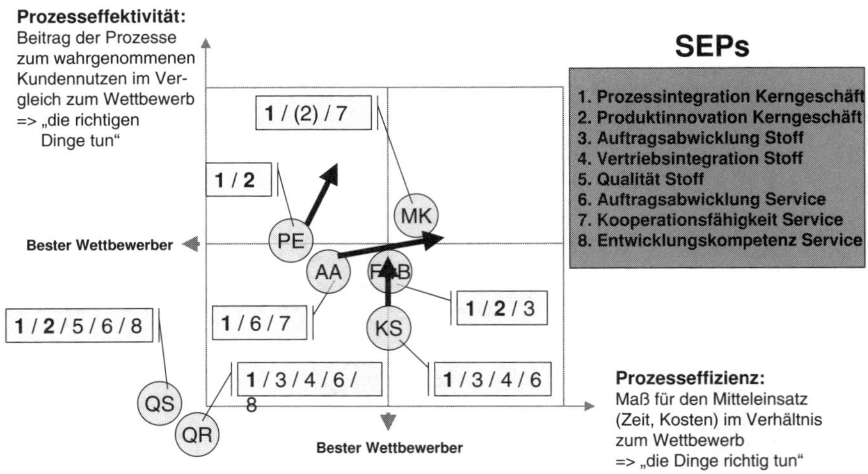

Bild 4-16: Prozessportfolio Kerngeschäft – konsolidiert

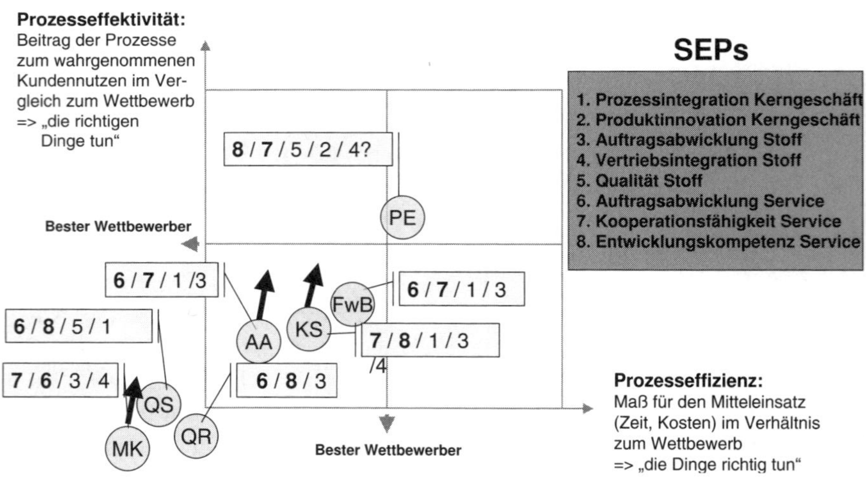

Bild 4-17: Prozessportfolio Service AG – konsolidiert

Bei den einzelnen Prozessen ist nun überall eingetragen, welche zu adressierenden SEPs durch die Prozesse beeinflusst werden. Dies gibt zusätzliche Hinweise zur Priorisierung.

Aus den Diskussionen wurde im Folgenden für jeden Prozess die Veränderungsrichtung mit Kennzahlen zur Überprüfung des Veränderungserfolgs abgeleitet. Die zu erreichenden Kennzahlenziele wurden von Schiesser auch in die allgemeine Führungspyramide des Unternehmens integriert. Damit wurde die Umsetzung zu einem integralen Bestandteil aller Aktivitäten im Unternehmen.

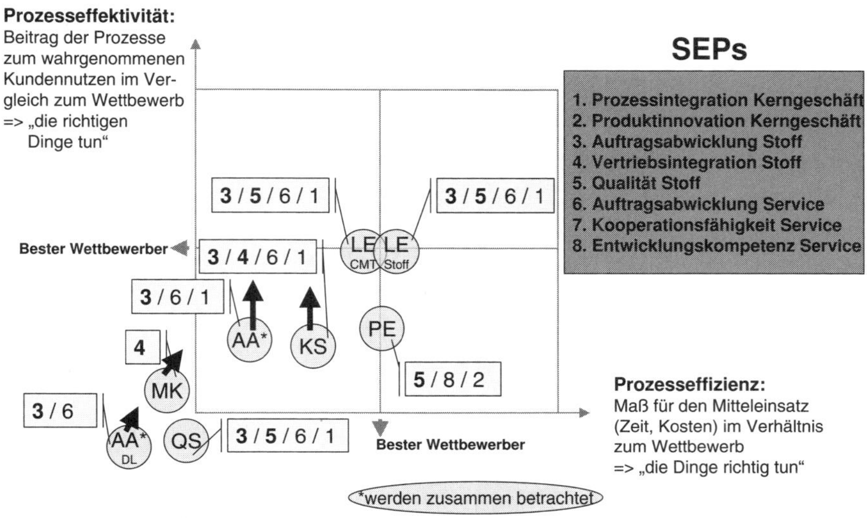

Bild 4-18: Prozessportfolio Stoff & CMT AG – konsolidiert

Als neue Erkenntnisse aus der strategischen Klärung, die in umfassendere Maßnahmen umgesetzt werden mussten, ergab sich insbesondere, wie erwähnt, die Notwendigkeit eines Quick-Response-Prozesses im Kernbereich von Schiesser. Dieser wurde so ausgerichtet, dass es für ausgewählte Unterwäschestücke möglich war, eine schnelle Nachlieferung sicherzustellen, falls sich der Absatz positiv entwickelte. Außerdem wurde bei der Betrachtung der SEPs für die Stoff AG klar, dass es, um erfolgreich zu sein, unumgänglich sein würde, eine hohe Innovationsfähigkeit im Stoffbereich sicherstellen zu können. Aus diesem Grunde wurde im Laufe des Projekts die Greuter Jersey AG in Sulgen, Schweiz übernommen – ein traditioneller Stoffhersteller mit genau dieser Kompetenz. Greuter Jersey wurde in das ERP-/Integrationsprojekt in der Folge involviert.

4.4.2 Prozessanalysen und -optimierungen

Da das Reorganisationsprojekt bei Schiesser sämtliche Prozesse über alle Standorte umfasste, würde eine vollständige Darstellung der Prozessanalysen den Umfang dieses Buches sprengen. Aus diesem Grund wird in der Folge die Vorgehensweise an ausgewählten Beispielen exemplarisch verdeutlicht.

Die Prozessoptimierungen erforderten im Rahmen des Projekts den größten Aufwand. Dies insbesondere durch die Tatsache, dass die über Jahrzehnte stattgefundene Produktionsverlagerung auf der Prozessebene bis dahin nicht vollständig reflektiert wurde. Nicht alle nahe liegenden respektive notwendigen Anpassungen wurden durchgeführt. Dies führte zu vielen nicht geklärten Schnittstellen innerhalb der Gruppe und zu einer organisatorischen Überfrachtung, die eine komplette Neudefinition der Prozesse und verbindliche Spielregeln erforderte.

Als erstes Teilprojekt wurden vom Reengineeringteam die bestehenden Prozesse nach der im Kapitel 2 beschriebenen Methode aufgenommen, visualisiert und analysiert. Speziell in diesem Projekt war die Variante, das interne Reengineeringteam nur bei den ersten Interviews zu coachen und ihnen danach Interviewaufnahme und -dokumentation selbständig zu überlassen. Es erwies sich dabei als Vorteil, dass die befragten Mitarbeiter davon ausgehen konnten, dass die Interviewer die Abläufe im Groben bereits kannten.

In den anschließenden Potentialworkshops wurde so vorgegangen, dass die im Großformat ausgeplotteten Prozesspläne jederzeit einen Überblick über den Gesamtprozess boten. Diese Gesamtpläne wurden für alle gut sichtbar an der Wand befestigt. Zum Teil waren die Pläne gegen 15 Meter lang und drei Meter hoch. Der eigentlich zu diskutierende Prozessplanabschnitt wurde jeweils direkt groß an die Wand projiziert. Mit einem zweiten Beamer wurde außerdem die Dokumentation der identifizierten Schwachstellen ebenfalls an die Wand projiziert. Dies machte es möglich, dass Missverständnisse direkt beseitigt werden konnten. Die Potentialworkshops in den zentralen Prozessen Auftragsabwicklung, Produktentwicklung und Beschaffung sowie Produktion involvierten sowohl in der Konzernzentrale als auch bei den Produktionsstätten ca. 150 Personen. Zur Konsolidierung wurden die beteiligten Mitarbeiter aufgefordert, die identifizierten über 700 Verbesserungspotentiale und Schwachstellen zu priorisieren. Es ergaben sich so fünf Cluster mit den folgenden zentralen Handlungsfeldern:

IT

Das Handlungsfeld IT betraf alle Potentiale, die sich durch eine Verbesserung der IT-Unterstützung der bestehenden Prozesse ergeben würden. Ein weiteres Handlungsfeld ergab sich durch zusätzliche Möglichkeiten, die sich durch den Einsatz neuer IT-Systeme ergeben würden.

Komplexität

Das Handlungsfeld Komplexität deckte Verbesserungspotentiale ab, die sich durch eine Reduzierung der Produkt- bzw. Organisationskomplexität ergaben.

Kommunikation/Transparenz

Das Handlungsfeld Kommunikation/Transparenz betraf alle Verbesserungspotentiale, die sich durch einen verbesserten abteilungs- bzw. hierarchieübergreifenden Informationsfluss realisieren ließen.

Organisation/Prozessqualität

Das Handlungsfeld Organisation und Prozessqualität bezeichnete alle Verbesserungspotentiale, die sich aufgrund unzureichender organisatorischer Zuständigkeiten bzw. Prozessdefinitionen sowie fehlerhaft bzw. unsorgfältig durchgeführter Prozesse ergaben.

Beschaffungsmanagement

Das Handlungsfeld Beschaffungsmanagement adressierte sowohl Verbesserungspotentiale, die sich durch ein verbessertes Management der Lieferanten, als auch Potentiale, die sich durch verbesserte interne Beschaffungsprozesse realisieren ließen.

Um die Wirkungszusammenhänge zwischen den einzelnen Handlungsfeldern aufzuzeigen, wurde mittels der Darstellung starker und schwacher Zusammenhänge ein Ursache-Wirkungs-Zusammenhang zwischen den einzelnen Handlungsfeldern hergestellt (vgl. Bild 4-19).

Mit Hilfe des Softwaretools GAMMA, welches die Darstellung und Simulation von Ursache-Wirkungs-Zusammenhängen auf Grundlage der Theorie

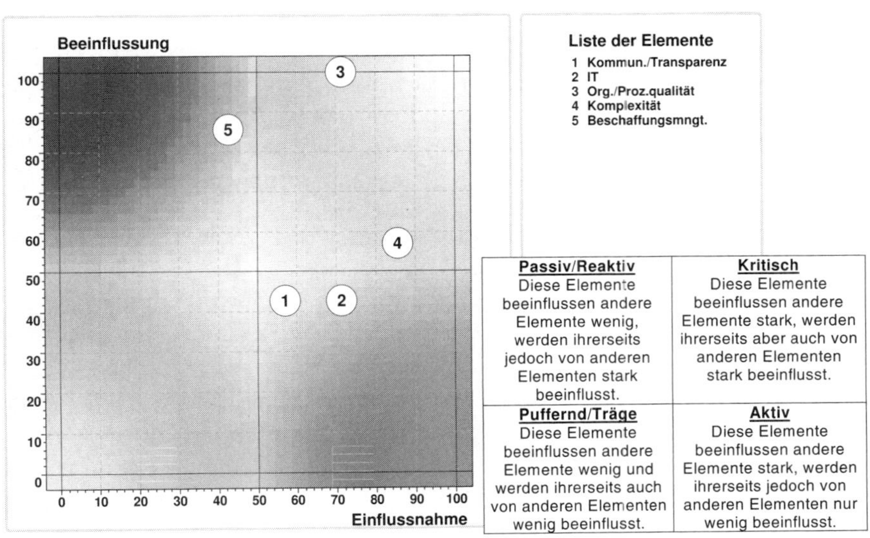

Bild 4-19: Einflussmatrix der zentralen Themen

zu vernetztem Denken unterstützt, konnte in einem nächsten Schritt die Relevanz der einzelnen Themen dargestellt werden. Diese erlaubte die Kategorisierung in kritische, aktive und passive Handlungsfelder, die im Weiteren eine Priorisierung abzuarbeitender Teilprojekte ermöglichte.

Als kritische Handlungsfelder wurden Organisation/Prozessqualität sowie Komplexität identifiziert. Diese wurden im folgenden Teilprojekt „Soll-Prozessdesign“ direkt adressiert. Es wurden Soll-Prozesse für die einzelnen Geschäftsfelder abgeleitet, welche die Schwachstellen beseitigten und zusätzlich geeignet waren, die definierten Prozessstrategien aus der strategischen Klärung zu unterstützen. Weiteres Ziel war, modulare Schnittstellen zwischen den Geschäftsfeldern zu schaffen (Christensen et al., 2002 und Sanchez/Mahoney, 1996), was insbesondere durch einheitliche Beschaffungs- und Auftragsabwicklungsprozesse bewerkstelligt wurde. Zusätzlich arbeitete man an der Standardisierung von Informationen (Jacobides, 2005) und einem modularen Produkt- und Dienstleistungsdesign (Baldwin/Clark, 2000).

Obwohl die Herausforderungen für den Gesamtkonzern enorm waren, entschied der CEO, gleichzeitig Schwachstellen der alten Organisation zu beseitigen und die neuen Geschäftsfelder zu implementieren: „Wir haben nicht die Zeit, zuerst unsere alten Probleme zu lösen und dann die neuen Geschäftsfelder zu implementieren. Wir müssen beides parallel durchführen und von neuem beginnen.“ Für die Umsetzung dieser Aufgabe wurde für jeden Hauptprozess ein Prozessteam eingerichtet, das sich aus Spezialisten der Fachbereiche und einem Koordinator aus dem Reengineeringteam zusammensetzte. Während des Redesigns wurden bereits erste Quick Wins umgesetzt und im gesamten Unternehmen entstand eine breite Diskussion bezüglich der Schnittstellen zwischen Prozessen bzw. notwendigen Produktinformationen zur Unterstützung der Prozesse. Auch die internationale Beteiligung der Produktionsstätten bewirkte an dieser Stelle positive Effekte bezüglich der Akzeptanz der angestrebten Veränderungen.

Um die Neudefinition der Prozesse exemplarisch zu verdeutlichen, wird an dieser Stelle die Veränderung eines Teilprozesses aus dem Auftragsabwicklungsprozess beschrieben. Dieser diente zur Aufnahme von Standardaufträgen von Schlüsselkunden, den so genannten Key Accounts. Im ursprünglichen Prozess wurden dazu vom Key Account Manager Vorverhandlungen mit dem Kunden geführt. In diesen wurden mit Rahmenverträgen Sortimente und grobe Stückzahlen für einen definierten Zeitraum (z. B. Halbjahr) festgelegt. Auf dieser Basis konnte der Kunde dann in bestimmten Zeiträumen die vordefinierten Mengen abrufen. Dieser Abruf erfolgte über den Customer Service, der des Öfteren feststellte, dass die Verfügbarkeit im alten IT-System nicht gegeben war. Zur Überprüfung fragte deshalb der Customer Service beim Produktmanagement und der Produktionsplanung an. Sofern diese keinen positiven Bescheid geben konnten, wurde die Kundenanfrage vom Key Account Manager weitergeführt (vgl. Bild 4-20). Dieser fragte in der Logistik und zuletzt im Lager an, ob eine Verfügbarkeit doch möglich ist. Bei negativem Bescheid setzte sich der Key Account Manager dann wieder mit dem Kunden in Verbindung. Dieser Prozess beschäftigte sechs Personen aus ver-

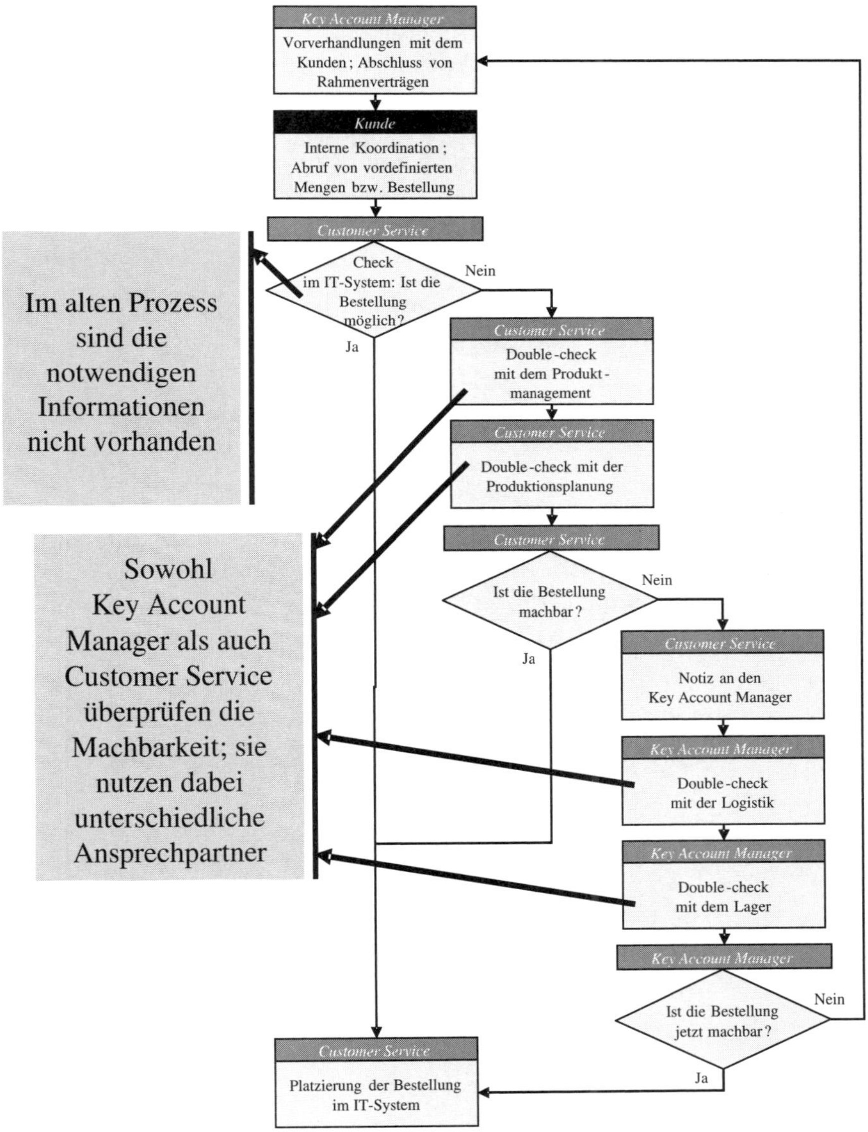

Bild 4-20: Fertigartikel-Bestellanfrage eines Key Account (alter Prozess)

schiedenen Abteilungen und erzeugte erheblichen Zeitaufwand, der teilweise zu nicht unerheblicher Unzufriedenheit und Verstimmungen zwischen Kunden, Mitarbeitern und Abteilungen führte.

Vergleichbar zum oben beschriebenen Prozess war der alte Prozess für potentielle Kunden der CMT oder Stoff AG. Zeitweise wurden die Produktionsstätten von externen Kunden angefragt, ob freie Produktionskapazitäten vorhanden sein würden. Diese Anfragen wurden über uneinheitliche Ansprechpartner in das Unternehmen übermittelt. Bei Schiesser wurden dann mit großem Aufwand die Machbarkeit und der Preis ermittelt. Die abschließende Beurteilung wurde vom Management vorgenommen (vgl. Bild 4-21). In diesem Prozess wurde der potentielle Kunde nicht als solcher wahrgenommen. Vielmehr war die Anfrage ein Mehraufwand, der in der bestehenden Struktur nicht vorgesehen war und von den betroffenen Mitarbeitern entsprechend nicht als Opportunität, sondern eher als Last wahrgenommen wurde.

Die oben erläuterten Teilprozesse zeigen, wie die unzureichende Definition von Prozessschnittstellen zu einer organisatorischen Überfrachtung der Pro-

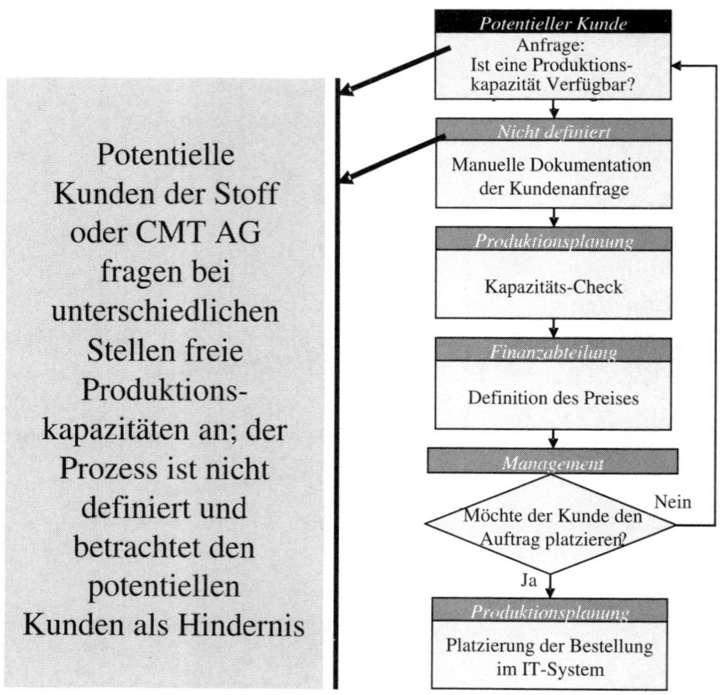

Bild 4-21: Anfrage eines potentiellen Kunden bezüglich freier Produktionskapazitäten (alter Prozess)

zesse führte. In diesem Beispiel sah die Lösung dieser Probleme vor, dass im Soll-Prozess von einer verantwortlichen Stelle, dem Customer Service, im IT-System überprüft werden kann, ob freie Kapazitäten vorhanden sind. Diese schließen sowohl verfügbare Fertigwaren als auch freie Produktionskapazitäten ein (vgl. Bild 4-22).

Ziel der neuen Prozessstruktur war ein Prozessmodell, das sich innerhalb der vertikalen Architektur replizieren lässt. Die im vorigen Beispiel aufgezeigte Standardisierung des Prozesses war Grundlage, Schnittstellen zwischen Prozessen eindeutig zu definieren. Es wurde so sichergestellt, dass Kundenanfragen in jedem Geschäftsmodell vom Customer Service entgegengenommen wurden. Dieser musste im neuen IT-System die Machbarkeit überprüfen und brauchte nicht zusätzliche Rückfragen im Unternehmen zu starten. Der so generisch definierte modulare Prozess ist multipel einsetzbar und stellte eine zentrale Voraussetzung für die angestrebte Erhöhung der Flexibilität von Schiesser dar.

Die Prozessarchitektur, die weiter oben dargestellt und beschrieben wurde, umfasst für Schiesser einen generischen Auftragsabwicklungsprozess für kundenseitige Schnittstellen und einen generischen Beschaffungsprozess für lieferantenseitige Schnittstellen. Diese beiden Prozesse stellten somit sicher, dass kapazitäts- und kostenabhängig auch von Schiesser unabhängige Unter-

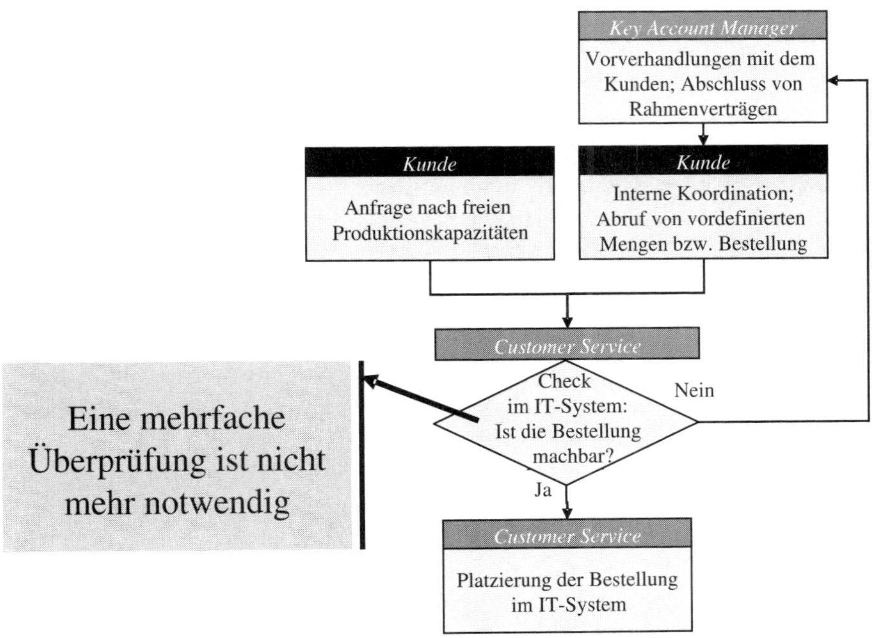

Bild 4-22: Kundenanfragen mit neuem IT-System (neuer Prozess)

nehmen in die Wertschöpfungskette eingebettet werden können. Leistungserstellungs- und produktentwicklungsprozessseitig konnten teilweise auch konzernweite vergleichbare Teilprozesse identifiziert werden, die allerdings nur in Ansätzen als generisch betrachtet werden können.

Die Neudefinition der Kernprozesse und deren Schnittstellen wurden in detaillierter Form in Prozesshandbüchern festgehalten. Zur Implementierung der Prozesse im Tagesgeschäft wurden dann Rollendefinitionen bzw. Aufgabenpakete definiert, die jeweils aus einer Kombination von verschiedenen Teilprozessen bestanden. Ein Beispiel ist das Aufgabenpaket Farbentwicklung (Entwicklung einer neuen Farbe), das aus den Teilprozessen Trendresearch, Entwicklungsworkshop, Farbentwicklung, Lieferantenvorlagen und Poolaufnahme bestand. In Workshops wurden für diese Aufgabenpakete die Mitarbeiter identifiziert, die für die Umsetzung der Teilprozesse jeweils verantwortlich, beteiligt, Input-Lieferant oder durchführend sind.

4.4.3 Prozess und Organisation

Die organisatorische Dimension war für Schiesser bereits ein Thema, das während der Produktionsverlagerungen diskutiert wurde und das zur Folge hatte, dass bereits 1997 die Anzahl der Hierarchiestufen von fünf auf vier reduziert wurde.

Die beobachteten Veränderungen der organisatorischen Struktur waren vor allem dadurch gekennzeichnet, dass die organisatorischen Zuordnungen von Mitarbeitern oder Managern auch immer individuelle Kompetenzen und persönliche Präferenzen berücksichtigten (vgl. Bild 4-23).

Im Rahmen der strategischen Neuausrichtung und während der Neudefinition der Prozesse war die bestehende Organisation kein Kriterium. In einem viel zitierten Kommentar stellte dies der CEO persönlich klar: „Während wir unsere Prozesse neu definieren, konzentrieren wir uns darauf, die Prozesse bestmöglich aufzustellen; die bestehende Organisation spielt dabei keine Rolle!“ Nach Abschluss der Neudefinition der Prozesse wurde dann die Organisation auf Basis der neuen Prozesse neu definiert. Diese Neustrukturierung fand im Unternehmen natürlich Beachtung und konzentrierte sich primär auf die offene Frage einiger Mitarbeiter: „Wer wird mein Chef?“ Im Vergleich zu den Diskussionen zur Neudefinition der Prozesse und der damit verbundenen Änderungen des Tagesgeschäfts waren die organisatorischen Anpassungen allerdings unbedeutend. Es erwies sich als Erfolgsfaktor, die aufbauorganisatorische Diskussion vom Projekt hart zu trennen. In vielen

Jahr	Vorsitzender	Vertrieb	Produktion	Verwaltung/ Finanzen	Logistik	Marketing/ Produkt
1990	A	B	C	D	E	
1991	A	B	C	D	E	
1992	A	B	C	D	E	
1993	A	B	C	D	E	
1994	A	G	C	D	E	
1995	A	G	C	D	E	
1996	F	G	C	J	E	
1997	F		C	J	E	
1998	F	H	I	J		
1999	F	H	I	J		
2000	F	H	I	M		
2001	M	H	I	M		L
2002	M	N	I	M		
2002	N		I	N		
2003	N		I	N		
2004	N		I	N		
2005	N			O		

Die Buchstaben verstehen sich als anonyme Platzhalter und beziehen sich auf jeweils eine Person

Bild 4-23: Managementstruktur von Schiesser

Projekten lähmen diese oft politisch gefärbten Diskussionen den Fortgang des Projekts.

Als zentrales Merkmal der organisatorischen Dimension ist an dieser Stelle festzuhalten, dass sie sich an der Prozessdimension orientieren sollte respektive muss und rein sachrational eine untergeordnete Rolle spielt.

4.4.4 Auswahl und Einführung des ERP-Systems

Mit den dokumentierten neuen Prozessen wurde parallel ein neues IT-System für den Gesamtkonzern ausgewählt. In einem mehrstufigen Auswahlprozess, wie im Kapitel 3.7 beschrieben, wurden dazu Anforderungen an ein zukünftiges ERP-System aus den Prozessen und in Zusammenarbeit mit Spezialisten aus den verschiedenen Abteilungen definiert. Diese Anforderungen bzw. Funktionalitäten wurden anschließend mit den Möglichkeiten von existierenden Softwaresystemen verglichen. Für dieses Teilprojekt involvierten wir zusätzlich drei Kollegen vom Forschungsinstitut für Rationalisierung der RWTH Aachen.

Bild 4-24 zeigt auf, wie sich im Rahmen der Evaluation die Zahl der möglichen Kandidaten immer weiter reduziert.

Von zu Beginn 123 relevanten Systemen blieben nach der ersten Phase der Evaluation noch zehn potentielle Kandidaten übrig. In einer ersten Selektion konnten die 123 Systeme durch die Anwendung der Kriterien „Branchen-

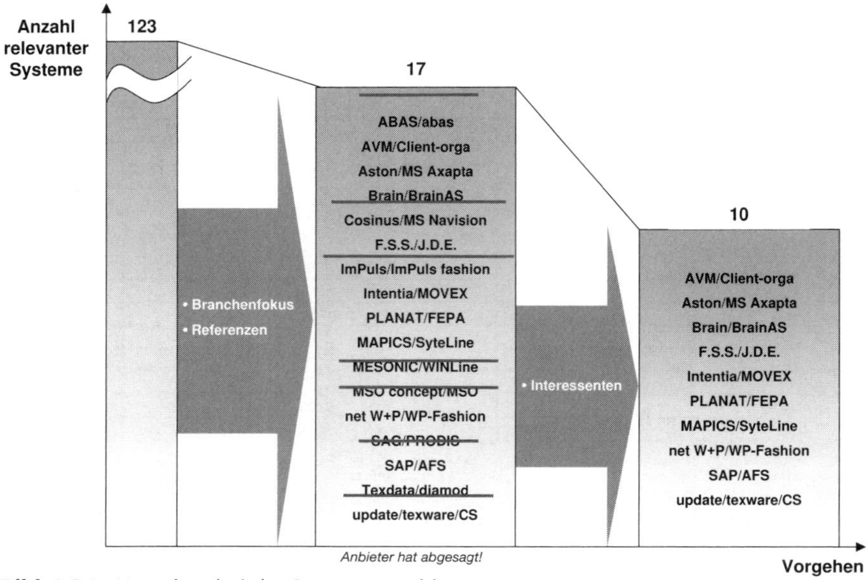

Bild 4-24: Vorgehen bei der Systemauswahl

fokus“ und „Referenzinstallationen“ auf noch 17 reduziert werden. Die zweite Reduktion erfolgte dadurch, dass einige der Anbieter bei der Schilderung der Anforderungen von sich aus auf eine weitere Teilnahme verzichteten. Durch weitere auf die spezifizierten Schiesser-Anforderungen bezogenen Abklärungen standen am Ende der Vorauswahl dann drei Anbieter zur Wahl. Zur Eingrenzung der möglichen Lösungen mussten auch gewisse Rahmenbedingungen bei Schiesser diskutiert werden, so war z. B. im Bereich Finanzen und Controlling bereits SAP im Einsatz. Die Frage war, ob man daran auf jeden Fall festhalten wollte, oder ob das Ziel einer integrierten Lösung über alle Module hinweg Vorrang haben sollte. Man entschied sich nach einigen Diskussionen dafür, vorrangig eine integrierte Lösung anzustreben und außerdem das System an den konsolidierten Anforderungen von Schiesser Radolfzell und den Produktionsstätten zu messen. Es wurde als zusätzliches Kriterium auch noch die wirtschaftliche Potenz des Bewerbers mit in die Betrachtung einbezogen, da man verhindern wollte, in Gefahr zu laufen, nach kurzer Zeit ohne Provider dazustehen. Bild 4-25 zeigt beispielhaft eine Übersicht über den Erfüllungsgrad kritischer Merkmale durch zehn verschiedene Anbieter.

Für die eigentliche Endauswahl wurden dann SAP und Intentia Movex ausgewählt. In einem Systemtest wurden die zwei Systeme einander gegenübergestellt. Bild 4-26 zeigt den Zeitplan für die Durchführung der Endauswahl auf.

Legende:
● erfüllt
○ nicht erfüllt
◑ nachgebessert

	Sprachunterstützung deutsch	Sprachunterstützung englisch	Sprachunterstützung tschechisch	produktionsstättenübergreifende Materialbedarfsplanung	parallele Mengeneinheiten ohne linearen Zusammenhang möglich	Stückzahl in Längenangaben und umgekehrt	Überführung der Stammdaten mit Workflow	Speicherung der Stücklisten in Strukturstückliste	Automatische Kreditlimitprüfung bei Kundenauftragsannahme	Absatzabschätzung/-prognose für die Absatzplanung	Periodenbezogener Verkaufsplan für die Absatzplanung	Arbeitsvorgänge e. Terminbereichs f. Fertigungsauftragsfreig.	Anzeige der aktiven Arbeitsvorgänge für Auftragsübersicht	Automatische Generierung von Lieferabrufen f. Bestellmengenr.	Lieferabrufe schicken als integrierte EDI-Funktionen	Einzelplätze (Aufbau der Lagerplätze)	Automatische Vorgabe von Entnahmeplätzen nach Menge	gesperrter Bestand (dispositionsrelevante Bestandsarten)	Produktionsdaten (Informationen zu einer Charge)	
AVM	●	●	●	●	○	◑	○	●	●	●	●	○	●	●	○	●	●	●	●	14+1
Aston	●	●	●	○	●	●	○	●	●	◑	●	●	●	○	◑	●	●	●	●	14+2
Brain	●	●	●	●	●	●	◑	●	●	●	●	●	●	●	●	●	●	●	●	18+1
Full S. S.	●	●	◑	●	●	●	●	●	●	●	●	●	●	●	●	●	●	●	●	18+1
Intentia	●	●	●	●	●	●	●	●	●	●	●	●	●	●	●	●	●	●	●	19
PLANAT	●	●	●	●	●	●	●	●	●	●	●	●	●	●	●	●	●	●	●	19
MAPICS	●	●	●	●	●	●	●	●	●	●	●	●	●	●	●	●	●	●	●	19
net W+P	●	●	◑	●	○	○	○	●	●	●	●	●	○	◑	●	●	○	●	○	11+2
SAP	●	●	◑	●	●	●	●	●	●	●	●	●	●	●	●	●	●	●	●	18+1
update	●	●	◑	●	●	●	●	●	●	◑	◑	●	●	●	●	●	◑	◑	●	14+5
	10	10	6 +4	9	8	8 +1	6 +1	10	10	8 +2	9 +1	9	9	8 +1	8 +1	10	8 +1	9 +1	9	

Legende: 14+1: 14 Merkmale erfüllt, 1 kann nachgebessert werden

Bild 4-25: Übersicht kritischer Merkmale

Erstellung der Testfahrpläne	KW 27/28
Evtl. Referenzkundenbesuch(e)	bis KW 31
2-tägiger Systemtest bei Systemanbieter 1	KW 31
2-tägiger Systemtest bei Systemanbieter 2	KW 32
Sichtung und Klärung der Angebote	KW 34-36
Vorgesehen für Referenzkundenbesuch(e)	KW 36
Präsentation der Endauswahl	KW 37

Bild 4-26: Zeitplan für die Endauswahl

Nach Auswertung aller Erkenntnisse fiel die Wahl schließlich auf Intentia Movex. Zusätzlich erleichtert wurde diese Auswahl dadurch, dass der Hauptauftragnehmer für das Projekt nicht Intentia direkt, sondern IBM war. Damit wurde eines der Bedenken, nämlich dass der unbekanntere Provider eventuell keine lange Zukunft haben könnte, zerstreut. Mit IBM stand ein finanzstarker, etablierter Konzern als Garant für die Abwicklung des Projekts ein.

Als Grundlage für die Einführung wurde zusammen mit dem Provider ein detailliertes Pflichtenheft erarbeitet, das am Ende über 300 Seiten umfasste.

Unter anderem wurden darin die Projektorganisation, die Projektziele, die Abläufe, die zur Einführung vorgesehene Methode und die Verantwortlichkeiten geregelt. Außerdem waren bereits auf einer detaillierten Ebene pro Prozess die Anforderungen an das System beschrieben. Im August 2004 lag das Pflichtenheft vor, die Einführung dauerte in der Folge bis zum Ostermontag 2006. Um die Komplexität eines solchen Vorhabens erahnen zu lassen, ist in unten stehender Abbildung die Projektorganisation abgebildet (vgl. Bild 4-27).

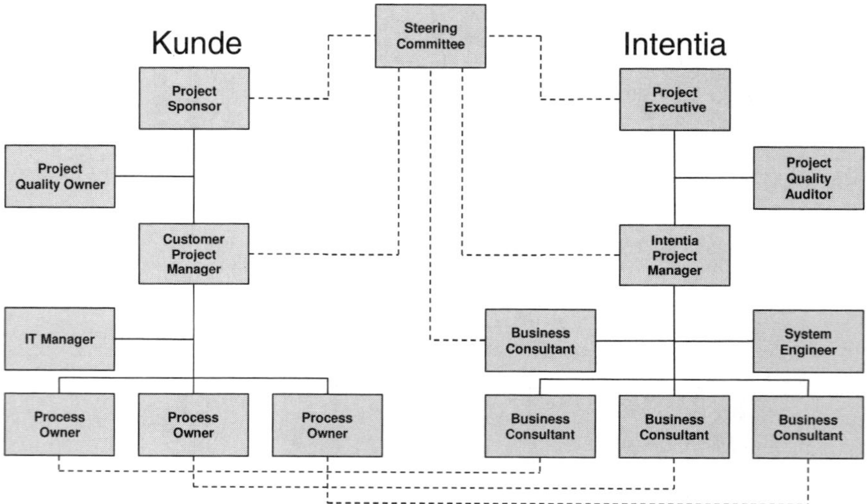

Bild 4-27: Aufbau des Steering Committee

Diese zeichnete sich dadurch aus, dass auf Kunden-, also Schiesser, wie auf Provider-Seite jeweils klare Ansprechpartner für die anstehenden Aufgaben bestehen. Die Organisation ist quasi auf Kunden- und auf Provider-Seite gespiegelt. Was sich im vorliegenden Projekt als Vorteil herausstellte, war insbesondere die partnerschaftliche Zusammenarbeit, die sich zwischen dem Intentia- und dem Schiesser-Projektleiter herauskristallisierte. Außerdem bewährte sich der Einsatz von einem IBM-Vertreter im Lenkungsausschuss, da dieser tendenziell die Kundenperspektive vertrat und auch das Haftungsrisiko im Misserfolgsfall getragen hätte.

Als weiterer Eindruck insbesondere zum vorliegenden Detaillierungsgrad sind auf den folgenden Seiten auszugsweise Anforderungen an die Produktionsplanung wiedergegeben:

Leistungserstellung – Produktionsplanung

In dem Pflichtenheft sind folgende Ebenen der Planung beschrieben:

- Strategische Planung
- Taktische Planung
- Operative Planung
- Fertigungsüberwachung

Die strategische Planung ist im Pflichtenheft Kapazitätssicherung/Planung beschrieben.

Die Produktionsplanung beinhaltet taktische und operative Planung und geht von einem bereits fixierten Primärbedarfsplan aus. Die Basis für die Materialbedarfsrechnung ist der Artikel (SKU). Der Artikel entspricht der Ebene Modell, Farbe, Größe und Cup in Abhängigkeit der Definition von x-, y- und z-Achse. Bei Stoffen: Farbe und Breite.

Die Materialbedarfsrechnung auf einer aggregierten Stufe (Modell bzw. Modellfarbe) wird über Planungsartikel bzw. Familienartikel gerechnet. Damit ist es möglich, eine Vorproduktion auf Basis von Hochrechnungen einzulasten (ohne die tatsächliche Farb-/Größenverteilung zu kennen).

Grundlage für die Produktionsplanung ist die Materialbedarfsrechnung, welche entweder in einem frei definierbaren Zeitraum, kontinuierlich oder manuell aufgerufen werden kann. Diese Definitionen sind auf der Artikel- oder Gruppenebene frei wählbar und können auch kombiniert werden. Grundlage für die Produktionsplanung in der Konfektion sind die Kapazitätsbedarfe in Coupon-Minuten pro Block und AT. Im Zuschneidesaal sind die Kapazitätsbedarfe in Coupon-Minuten pro Maschinengruppe und AT berechnet, in der Produktverpackung Coupon-Minuten gesamt pro AT (inklusive Lot-Verpackung).

Planungseinheiten

Die Produktionen der Schiesser Group werden in folgende Planungseinheiten eingeteilt:

- Strickerei Pleas inklusive Lohnstricker und Strickerei Sulgen (Letztere ab 01.04. 2006),
- Ausrüstung Pleas und Ausrüstung Niederfrohna und Lohnausrüster,
- Pleas Zuschnitt und Konfektion und PV plus Konfektionsfilialen und Kooperationen (PLV),
- Gemtex Dessous – mit Zuschnitt, Näherei und PV plus Konfektionskooperationen (PLV).

Taktische Planung

Die taktische Planung findet auf den oben genannten Planungseinheiten statt. Die taktische Planung hat das Ziel, einen Kapazitätsabgleich durchzuführen und längerfristige Materialengpässe und Kapazitätsengpässe aufzuzeigen. Zeitpunkt der Planung ist nach dem Einspielen eines Primärbedarfs und/oder eine zeitpunktbasierende Planungsrunde. Der Zeitraum der taktischen Planung richtet sich nach Meilensteinen der strategischen Planung wie z. B.: Abschluss Kollektionserstellung. Die Reihenfolge und Zeitpunkte der

▶

Planung für die verschiedenen Planungseinheiten sind zu definieren. Die Planung für die Ausrüstung muss mit MSP stattfinden, da sich die beiden Ausrüstungen bei zwei verschiedenen Mandanten befinden. Es ist zu klären, ob mit MSP auch die Strickerei (Pleas + Sulgen; Letztere ab 01.04.2006) und Konfektion (Pleas + Bodytex + Kooperationen, Gemtex + Kooperationen) beplant werden sollen.

Input für die taktische Planung ist der primäre Bedarf aus Forecast und Vertriebsplanung, der sekundäre Bedarf resultierend aus der Stücklisten- und AP-Auflösung (in der Konfektion: Coupon-Minuten pro Block, Zuschnitt: Coupon-Minuten pro Maschinengruppe, Produktverpackung: Coupon-Minuten gesamt). Konfektion: In der taktischen Planung werden Aufträge anhand der Block-Matrix in Filialen/Kooperationen verteilt. Es muss im Projekt definiert werden, wie die Blockstruktur im Movex abgebildet wird.

Output der taktischen Planung ist eine Glättung der Planung nach begrenzter Kapazität, basierend auf Kapazitätsressourcen, sowie Berichte betreffend Materialfluss und Lagerbestand.

Der Output erfolgt periodisch, wobei die Perioden im Projekt zu definieren sind. Hierbei muss es möglich sein, sowohl in unterschiedlichen Perioden pro Kunde, wie auch in Perioden pro Produkt zu planen. Dieses Vorgehen unterstützt die Beantwortung folgender Frage: Kann dieser Primärbedarf, Sekundärbedarf bzw. Bedarf, resultierend aus Planungsparametern, erfüllt werden?

Das Ergebnis kann validiert werden mit Funktionen des MSP/APP, basierend auf den Stücklisten und Arbeitsplänen. Informationen, welche unterstützend zur Entscheidungsfindung beitragen, werden auf einer Ergebnistafel oder einem Ausdruck dem Benutzer zur Verfügung gestellt. Diese Ergebnistafeln oder Ausdrucke müssen inhaltlich im Projekt definiert werden.

Operative Planung

Die operative Planung stellt die definitive Einlastung der Fertigungsaufträge auf einem Arbeitsplatz dar (Arbeitsplätze werden pro Produktionsstufe definiert). Ebenso wird in dieser Planungsphase eine Reihenfolgeplanung durchgeführt. Die Ausrüstung wird hier nicht betrachtet, da die Fertigungsaufträge per Schnittstelle an Datacolor gesendet werden und von dort an den Leitstand weitergereicht werden. Die operative Planung umfasst eine Planungseinheit oder einen Teil davon. Die Einteilung wird in der Phase Design festgelegt. Movex muss das führende System auch für die Ausrüstung sein – die operative Planung der Ausrüstung muss also auch abgebildet werden.

Der Zeitraum, für den die operative Planung mit APP durchgeführt wird, ist festzulegen und beeinflusst maßgeblich die Reihenfolgeplanung und Durchlaufzeit. Das planerische, operative Ziel jeder Abteilung ist, den Liefertermin des übergeordneten Bedarfes zu erfüllen und an zweiter Stelle die optimale Reihenfolge zu bilden. Die optimale Anzahl an Tagen zu ermitteln, wobei jede Abteilung für sich selbst die Reihenfolge bestimmen kann, ist Bestandteil des Projekts.

Output der operativen Planung ist eine Einlastung und Reihenfolgenplanung der Produktionsaufträge sowie Berichte, betreffend Material und Lagerbestand. Dieser Output ist für jeden Planungszeitraum zu analysieren und mit den Abteilungen Einkauf, Distribution und Verkauf sind die entsprechenden Maßnahmen einzuleiten und zu fixieren.

Während der Einführung zeigte sich, dass es absolut richtig war, als Grundlage für das System die optimierten Prozesse zugrunde zu legen, da es vor allem gegen den Einführungszeitpunkt hin nicht mehr möglich war, vertieft über einzelne Optimierungsmöglichkeiten zu diskutieren. Das beherrschende Thema war: „Was könnte die zeitgerechte Einführung noch verzögern und wie können wir eine solche Verzögerung verhindern?" Als erfolgskritisch erwies sich hier auch die Person des Projektleiters. Einerseits musste dieser die Sprache des Providers sprechen, andererseits aber auch die komplexe Geschäftslogik von Schiesser im Detail verstehen und weiterkommunizieren können. Im Falle von Schiesser gelang es, eine solche Person zu identifizieren, die nicht nur die erwähnten Eigenschaften mit sich brachte, sondern sich schnell eine hohe Akzeptanz bei Management und Belegschaft von Schiesser erarbeitete. Damit ist auch bereits gesagt, dass keine interne Lösung für die Projektleitung gewählt wurde. Der Projektleiter wurde direkt vom FIR übernommen, kannte damit natürlich die Anforderungen bereits im Detail und brachte auch die Erfahrung aus ähnlichen Projekten mit.

4.5 Zusammenfassung

Es ist festzuhalten, dass die Prozesse für Schiesser die zentrale Grundlage der vertikalen Architektur sind. Das Prozess-Redesign ermöglicht durch die Identifikation von generischen Prozessen eine einheitliche Definition von externen Schnittstellen, die sowohl kunden- als auch lieferantenseitig implementiert werden können. Diese Replizierbarkeit der Prozesse ist vor allem entscheidend, wenn zukünftig weitere potentielle Zwischenmärkte entlang der Wertschöpfungskette von Schiesser identifiziert und adressiert werden sollen. Abschließend kann festgehalten werden, dass die operative Umsetzung der Erhöhung der Flexibilität des Unternehmens insbesondere auf der Prozessdimension beruht.

Zentral bei der Neuausrichtung war außerdem der Aufbau einer Profit & Loss(P&L)-Struktur, welche das Ganze unterstützte.

An externer Unterstützung, sprich ITEM-HSG und FIR flossen in den vier Jahren gegen 1.500 Manntage ein. Über die vier Jahre hinweg waren im Durchschnitt vier Personen zu 100% mit dem Projekt beschäftigt. Die Belastung für das Management und die Belegschaft neben dem Tagesgeschäft war ebenfalls beträchtlich. Dies alles zeigt, dass man Reorganisationsprojekte nicht unterschätzen darf und insbesondere einer genügenden Ressourcenbereitstellung rechtzeitig Beachtung schenken muss!

5 Der Fall Alu Menziken Extrusion – Eine Vision in der Sanierung

Von Patricia Deflorin, Thomas Friedli
unter Mitarbeit von Josef Eugster, Markus P. Stainer

Die Alu Menziken Extrusion AG ist ein weltweit tätiges Unternehmen, mit Sitz in Menziken/Schweiz und ist spezialisiert auf die Herstellung von innovativen, anwendungsspezifischen Aluminiumhalbfabrikaten und -komponenten. Ein breites Know-how in den Kernkompetenzen ermöglicht es Alu Menziken, kundenspezifische Lösungen auf der Basis von stranggepresstem Aluminium schnell, flexibel und wirtschaftlich umzusetzen. 2005 beschäftigte die Alu Menziken Extrusion AG 300 Mitarbeiter und erwirtschaftete einen Umsatz von ca. 52,2 Mio. Euro (82 Mio. CHF).

Die Alu Menziken Extrusion AG betreibt eine der modernsten Aluminiumstrangpresslinien weltweit. Diese garantiert die von Kunden gewünschte Flexibilität und gleichbleibend hohe Qualität beim Strangpressen von hochwertigen und komplexen Profilen und Rohren. Außerdem ermöglichen präzise Hochleistungssägen und ein moderner CNC-Maschinenpark eine rationelle Bearbeitung des Halbzeugs. Vielfältigste Behandlungsmöglichkeiten der Oberflächen erhöhen die Wertbeständigkeit der Leichtbauteile oder verleihen ihnen ein attraktives edles Aussehen.

Alu Menziken bietet ihren Kunden folgende Leistungen an: Engineering, Werkstofftechnik, Strangpressen, Bearbeiten, Oberflächentechnik, Verbindungstechnik, Logistik, Recycling. Die von Alu Menziken hergestellten Aluminiumhalbzeuge und -fertigfabrikate finden in den Segmenten Maschinenbau, Elektrotechnik, Pneumatik, Wärmetechnik und Design Anwendung.

Im vorliegenden Fall wird insbesondere die strategische Klärung als Voraussetzung für eine erfolgreiche prozessorientierte Reorganisation näher beschrieben. Es sei an dieser Stelle insbesondere auch auf das hier verwendete weiterentwickelte Prozessportfolio hingewiesen, das über die Beschreibung im Kapitel 3 deutlich hinausgeht.

5.1 Ausgangssituation

5.1.1 Ausgangssituation

Der Extrusionsbereich der Alu-Menziken-Gruppe (in der Folge als E bezeichnet) befand sich Ende 2003 in einer äußerst schwierigen Situation. Neben der schwachen Marktentwicklung im Bereich von Aluminiumstrangpressprofilen war auch die finanzielle Situation schwierig. Das Jahr 2004 stand deshalb im Zeichen von mehreren Sanierungsschritten, um das Unternehmen wieder in die Gewinnzone zu bringen, was auch gelang. Es stellt sich nun aber die Frage nach der langfristigen Ausrichtung des Unternehmens.

Die nachfolgend aufgeführten Aussagen skizzieren die Ausgangslage bei Projektbeginn:

- Der Turnaround verläuft finanziell plangemäß.
- Operativ „ächzt es in allen Ecken“: E hat gewisse Leistungsdefizite gegenüber den Wettbewerbern.
- Die Marktnachfrage liegt über der des Vorjahrs.
- E hat eine verschwommene Positionierung im Markt („stuck in the middle“ ⇨ blockiert Wachstum).
- Die vorgesehene Wachstumsstrategie in anspruchsvollen, technologieintensiven Segmenten kann nur in einem mehrjährigen Aufbauprozess erfolgen.
- Es besteht ein gewisser Investitions(nachhol)bedarf während der nächsten fünf Jahre.
- Das Managementteam befindet sich im Aufbau (GL-Team); das Führungsteam ist derzeit noch unvollständig und instabil; eine nachhaltige Personal- und Teamentwicklung ist notwendig.
- Eine strategische Klärung, zur zielgerichteten Unternehmensentwicklung und als Ausgangspunkt für eine Optimierung der wettbewerbskritischen Prozesse ist dringlich.

5.1.2 Ziele des Projekts

Die oben geschilderte Ausgangssituation hat das Projekt „Strategie E“ hervorgerufen mit dem Ziel, die folgenden Ergebnisse zu erarbeiten:

- Strategie mit geklärtem Geschäftsmodell.
- Strategische Zielsegmente (Zukunftsportfolio) sind definiert.
- Strategische Erfolgspositionen, Messgrößen und Ziele sind definiert.
- Unternehmensstrategie E ist formuliert und konkretisiert.
- Funktionale Strategien sind festgelegt.
- Soll-Prozessarchitektur und Organisationsrahmen sind definiert.
- Konzept für Masterplan (Make or Buy, Werksplanung, Layout etc.).
- Ressourcenplanung (Investitionen, Personal, „Know-how“).
- Planbilanzen und Planerfolgsrechnung; Liquiditätsplan für Umsetzung Masterplan.
- Umsetzungsplan.

5.1.3 Rahmenbedingungen und Annahmen

Das Projekt Strategie E hat zum Ziel, den strategischen Weg von E aufzuzeigen. Absolute Priorität besitzt jedoch weiterhin der Turnaround.

Das grundsätzliche Businessmodell wird vorgegeben (vgl. Bild 5-1), ist aber zu überprüfen und mit allen Konsequenzen zu konkretisieren.

5.2 Projektorganisation

An dieser Stelle soll ein Eindruck über die Organisation und den Ressourcenbedarf für ein solches Projekt in einem mittelständischen Unternehmen vermittelt werden.

Projekttitel:	Strategie E
Projektidee:	klare strategische Ausrichtung E
Auftraggeber:	Verwaltungsrat der Alu Menziken Holding AG
Projektstart:	23.08.2004
Projektende:	Ziel: 30.06.2005, Ist: 15.08.2005
Projektleiter	CEO
Projektmitglieder:	Oberste Führungsebene + zeitweise Stabsstellen
Projektbegleitung:	Universität St. Gallen (ab 03/05)
Kunde/Nutzer:	Alu Menziken Holding, GL und FT E

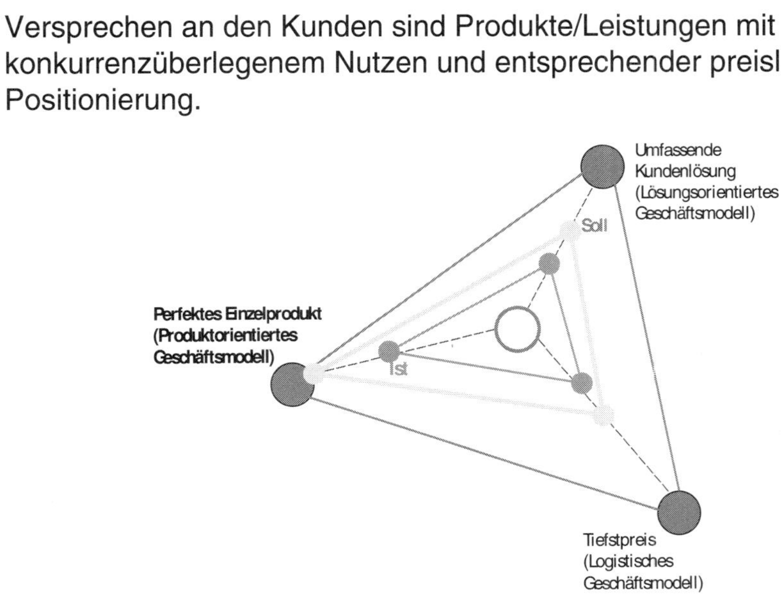

Bild 5-1: Geschäftsmodell

Der interne Projektaufwand, bzw. die benötigten Ressourcen der Mitarbeiter umfassten die folgenden Aufwände (Manntage):

Projektvorbereitung, Briefing, Schulung:	12
Geschäftsmodell, Analyse:	24
Segmentierung:	12
Kompetenzportfolio, Strategie und strategische Ziele:	18
Value-Chain, funktionale Politiken, Organisation:	24
Masterplan und Umsetzungsplanung:	30
Projektleitung und Dokumentation:	10
Summe:	136
Die externen Aufwände (Universität St. Gallen):	
Projektcoach extern:	12
Projektmitarbeiter extern:	34

5.3 Vorgehen

Im Folgenden wird der Projektablauf inklusive Terminplanung aufgezeigt sowie auf die wichtigsten methodischen Schritte eingegangen.

5.3.1 Projektablauf und Terminplanung

Bild 5-2 zeigt den vereinbarten Projektablauf und die geplante Terminierung.

5.3.2 Konkretisierung des Betrachtungsobjekts

Analyse der strategischen Ausgangslage (Ist-Situation)

Um eine fundierte strategische Neuausrichtung zu generieren, muss in einem ersten Schritt ein gemeinsames Verständnis der Ist-Situation erarbeitet werden. Die Analyse erfolgt aus Sicht der Funktionen Produktion, Verkauf/Marketing, Finanzen und IT und dient als Grundlage für die weiteren Ausführungen.

Grundsätze zur Segmentierung

Die Segmentierung der Kunden erfolgt entlang von zwei Grundsätzen. Einerseits sind die Segmente so zu gestalten, dass eine möglichst überschneidungsarme Zuteilung der Aufträge erfolgen kann, andererseits sind jene Aufträge in Segmente zusammenzufassen, welche Prozesse selber Qualität/Intensität in der Unternehmung beanspruchen.

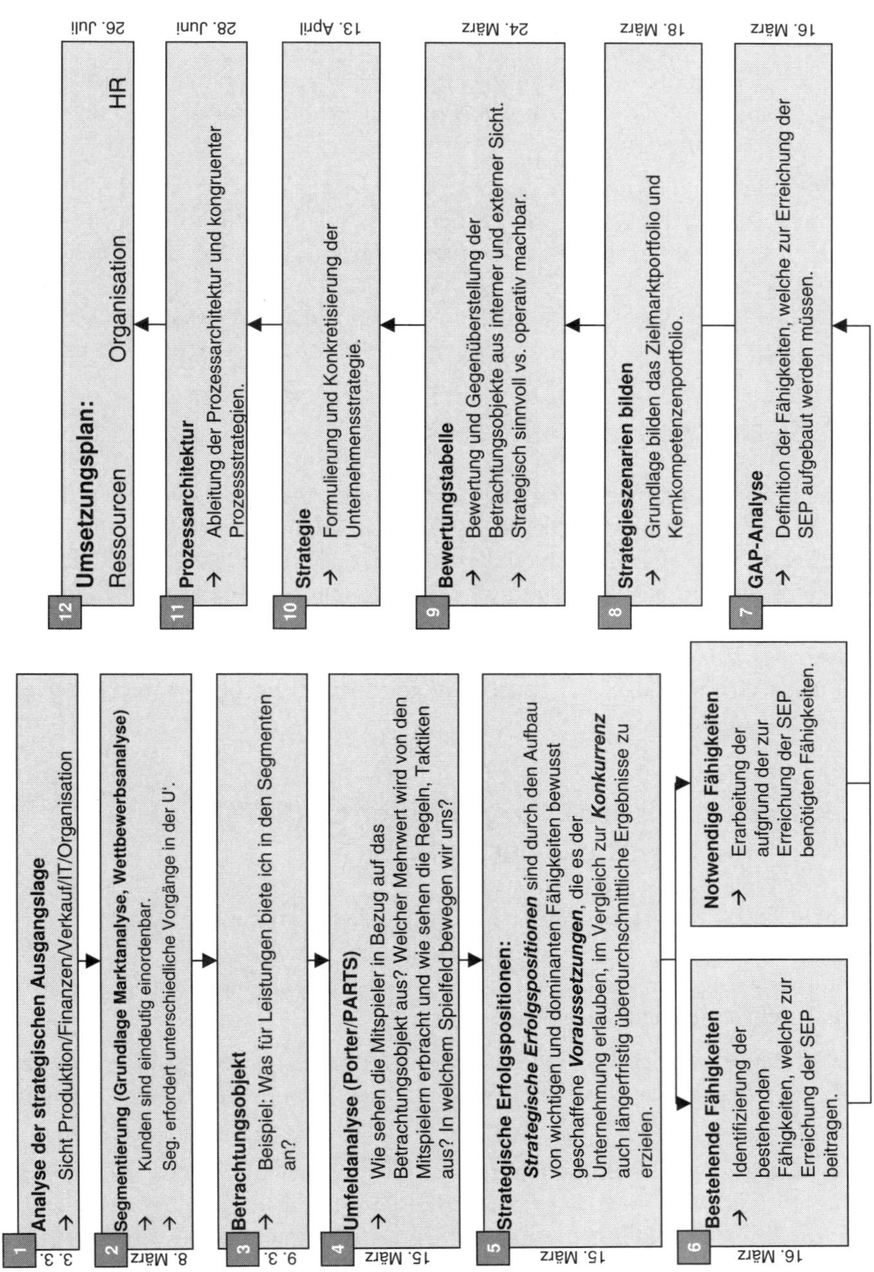

Bild 5-2: Projektablauf und Terminplanung

Beschreibung der Betrachtungsobjekte

Die Beschreibung der Betrachtungsobjekte hat zum Ziel, ein gemeinsames Verständnis der Segmente zu erlangen. Die Konkretisierung der Segmente erfolgt anhand der folgenden Fragen:

- Wie können die Kunden eines Segmentes beschrieben werden?
- Was erwartet der Kunde im Segment X von E bezüglich der Produktherstellung sowie bezüglich des Leistungsangebotes entlang der Wertschöpfungskette?
- Was bedeutet das Segment für die Alu Menziken bzw. was muss E in diesem Segment bei der Leistungserbringung besonders beachten?

5.3.3 Umfeldanalyse (PARTS)

Anschließend an die Beschreibung der Betrachtungsobjekte wird das Umfeld pro Betrachtungsobjekt untersucht. Die Umfeldanalyse erfolgt anhand der PARTS-Analyse (Player, Added Value, Rules, Tactics and Scope) mit dem Ziel, das Umfeld des Betrachtungsobjekts genauer zu analysieren sowie das Verhalten der Mitspieler abschätzen zu können. Die Analyse ermöglicht, den Markt der Kunden bezüglich der neu gebildeten Segmente zu verstehen und dient als Grundlage für die anschließende Ableitung der strategischen Erfolgspositionen.

5.3.4 Strategische Erfolgspositionen (SEPs) und Ableitung der Defizite

Strategische Erfolgspositionen sind durch den Aufbau von wichtigen und dominanten Fähigkeiten bewusst geschaffene Voraussetzungen, die es der Unternehmung erlauben, im Vergleich zur Konkurrenz auch längerfristig überdurchschnittliche Ergebnisse zu erzielen.

Die strategischen Erfolgspositionen werden pro Betrachtungsobjekt und mit Hilfe der Ergebnisse aus den Umfeldanalysen erarbeitet und anschließend priorisiert.

Die strategischen Erfolgspositionen zeigen auf, welche Voraussetzungen zu schaffen sind, um langfristig überdurchschnittliche Ergebnisse zu erzielen. Um die SEPs einzunehmen, muss die Unternehmung über bestimmte Fähigkeiten verfügen. Ziel dieses Schrittes ist es, die notwendigen Fähigkeiten zu identifizieren und diese anschließend den bestehenden Fähigkeiten gegenüberzustellen. Der Abgleich zwischen bestehenden und notwendigen Fähigkeiten wird als Gap beschrieben. Um die SEPs der einzelnen Betrachtungsobjekte erreichen zu können, sind die Gaps zu schließen.

5.3.5 Ableiten und Bewerten von Strategievarianten

Anhand der erarbeiteten Segmentierung und aufgrund der Kenntnisse aus der Umfeldanalyse werden verschiedene Strategievarianten skizziert. Diese Strategievarianten werden anhand einer Bewertungstabelle bewertet und auf ihre Eignung zur Sicherung der langfristigen Überlebensfähigkeit überprüft.

Die Auswahl der Strategie erfolgt aufgrund einer Bewertung, welche die internen und externen Kriterien beinhaltet und für die Auswahl der Strategie entscheidend sind.

Die Diskussion, welche sich während der Bewertung der Strategievarianten ergibt, ist für die Auswahl der Strategie ebenso relevant wie die aufgrund der bewerteten und gewichteten Kriterien errechnete Punktzahl. Aufgrund der Diskussion und der Punktzahl kann eine geeignete Strategie ausgewählt werden.

Die einzelnen Schritte, welche die Grundlage für die Auswahl der Strategie bilden, werden im folgenden Abschnitt zusammen mit den Ergebnissen vertieft.

5.3.6 Prozessarchitektur

Der folgende Schritt beinhaltet die Übersetzung der Strategie in die Prozesslandschaft bzw. die Ableitung der zukünftigen Prozessarchitektur. Eine erfolgreiche Strategieumsetzung erfordert eine darauf ausgerichtete Prozessarchitektur, die diese maximal unterstützt und sicherstellt, dass die strategischen Prioritäten konsequent durchgesetzt und die definierten SEPs systematisch unterstützt werden können.

Um einen Überblick über die Prozesslandschaft zu erhalten, sind die bestehenden Leistungs- und Supportprozesse der Extrusion zu identifizieren und abzubilden (Ist-Analyse). Ziel der anschließenden Analyse, welche in drei Schritten erfolgt, ist die Festlegung, welche Prozesse bezogen auf die strategischen Erfolgspositionen wie zu verändern sind (Erhöhung der Effektivität und/oder Effizienz) und die Ableitung eines Maßnahmenplans.

Schritt 1: Einordnung der Prozesse

Anhand des Prozessportfolios werden die identifizierten Ist-Prozesse einer dualen Bewertung bezüglich Prozesseffektivität und -effizienz unterzogen. Die Prozesseffektivität beschreibt den relativen Beitrag zum wahrgenommenen Kundennutzen. Die Prozesseffizienz beschreibt das Maß für den Mitteleinsatz (Zeit, Kosten) im Verhältnis zum Wettbewerb. Diese Einordnung ergibt eine Übersicht über die Effizienz und Effektivität der Prozesse im Vergleich zum besten Wettbewerber.

Anschließend ist zu definieren, welche Prozesse geeignet sind, welche SEPs zu unterstützen, d. h., es erfolgt eine Verknüpfung von Strategie (SEPs) und Prozess (operative Abläufe).

Schritt 2: Priorisierung der Prozesse

Der Schritt Priorisierung der Prozesse dient der Abgrenzung der zur Umsetzung der Strategie zentralen Prozesse. Die Relevanz der Prozesse ergibt sich aus der Überlegung, ob der Prozess die Erreichung der SEPs unterstützen kann.

Schritt 3: Projektion der Prozesse

Die Projektion der Prozesse erfolgt anhand des Kompetenzportfolios (Bild 5-3). Das Kompetenzportfolio bildet den Zusammenhang der im Schritt 2 identifizierten zentralen Prozesse und deren Wettbewerbsposition ab. Ziel des Kompetenzportfolios ist die Überprüfung, ob die strategisch bedeutsamen Prozesse eine genügende Wettbewerbsposition aufweisen oder ob diese bezüglich Effizienz und Effektivität verbessert werden müssen.

Jene Schlüsselprozesse, welche sich im Quadranten des Kompetenz-Gaps befinden, sind in Richtung Kernkompetenzen zu verbessern und werden mit höchster Priorität in der Maßnahmenplanung berücksichtigt. Diese Prozesse sind für die Umsetzung der Strategie entscheidend und bilden somit die Schlüsselprozesse für die erfolgreiche Implementierung der strategischen Ziele.

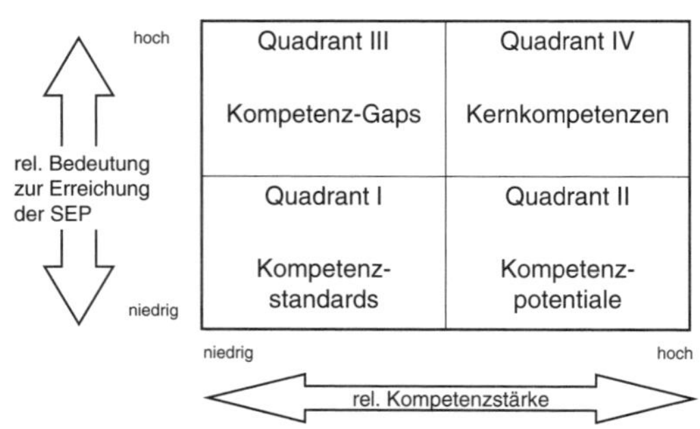

Bild 5-3: Beispiel eines Kompetenzportfolios

5.3.7 Funktionale Strategien

Die Verbindung von Strategie und Ausführung erfolgt durch die funktionalen Strategien. Die Unternehmensleitung und die Leiter der Funktionsbereiche geben diese als allgemeine Richtung des Handelns vor. Sie dienen den folgenden Zwecken:

- Sie stellen sicher, dass alle Mitarbeiter der verschiedenen Funktionsbereiche die verabschiedete Strategie im Sinne der Unternehmensleitung interpretieren.
- Sie lösen spezifische Maßnahmenplanungen in den einzelnen Funktionsbereichen aus.
- Sie lösen auf eine für alle Mitarbeiter verbindliche Weise bestimmte Probleme und vereinfachen und vereinheitlichen dadurch den Entscheidungsprozess.
- Sie dienen der Koordination der einzelnen Funktionsbereiche im Hinblick auf die verabschiedete Strategie.

5.3.8 Umsetzungsplan

Die erarbeiteten Resultate aus den Fähigkeitenanalysen und der Maßnahmenplanung der Prozesse bilden die Grundlage für den Umsetzungsplan. Der Umsetzungsplan umfasst den Handlungsbedarf bezogen auf:

- Produktion/Technologie (Investitionen bezüglich Anlagen [Gießen, Werkzeuge, Pressen, Richten und Oberflächentechnik], Änderungen des Produktionslayouts und der Werksplanung etc.),
- Leistungsumfang (Konsequenzen der Kundenstruktur bzw. des Zielmarktportfolios, Make-or-Buy-Entscheide etc.),
- Mitarbeiter (Weiterbildung, Neueinstellung etc.),
- Organisation (funktionale Politiken, interne Struktur [Prozesslandschaft] und externe Struktur [Kooperationen, Zusammenarbeit etc.]).

Ziel des Umsetzungsplans ist zudem die Ableitung der Strategie in die bestehenden Methoden von E (z.B. Umsetzung der Strategie in das Zielmarktportfolio, welches für die Marktbearbeitung notwendig ist).

Zusätzlich werden Daten für die Erstellung des Finanzierungsplans der Umsetzung erarbeitet sowie Planbilanzen und eine Planerfolgsrechnung erstellt.

5.4 Ergebnisse

5.4.1 Analyse der strategischen Ausgangslage (Ist-Situation)

Ausgangspunkt des Projekts Strategie E bildet die Analyse der strategischen Ausgangslage, welche aus Sicht der Funktionen Finanzen, Vertrieb, Produktion, Organisation und IT erstellt wurde. Aus den verschiedenen Analysen lassen sich die folgend aufgeführten Schlussfolgerungen ableiten:

- Aus Finanzsicht ist festzuhalten, dass seit 1999 ein starker Margenzerfall stattgefunden hat bzw. trotz mehr Outputs weniger absolute Wertschöpfung erzielt wurde. Gründe dafür lassen sich sowohl seitens des suboptimalen Produktmix (unklare Positionierung/Reduktion von Wertschöpfungsschritten) als auch beim Marktdruck feststellen.
- Der europäische Gesamtverbrauch der Aluminiumstrangpressprodukte ist seit 1995 steigend, wobei die Wachstumsraten seit 2000 abnehmen. Die Top Ten der europäischen Extruder besitzen ca. 51 % des Marktanteils.
- Der Aluminiummarkt lässt sich grob in drei Bereiche einteilen: Commodities, Kundenzeichnungsprofile und Nischenanwendungen. E besitzt am relevanten Gesamtmarkt (Kundenzeichnungsprofile) 0,5 % Marktanteil.
- Die strategische Ausgangslage aus Sicht der Produktion umfasst die Bereiche Gießen, Werkzeuge, Pressen, Richten, Oberflächentechnik und Weiterverarbeitung. Beim Richten sind alte, stabile Anlagen, welche sich in gutem technischem Zustand befinden und sehr präzise sind, vorhanden. Ebenfalls vorhanden ist gutes Know-how der Mitarbeiter. Beim Gießen ist E bezogen auf die Chargengröße bei den Commodities nur bedingt wettbewerbsfähig. Bei den Sonderlegierungen kann jedoch zu wettbewerbsfähigen Kosten produziert werden und die Qualität befindet sich im oberen Bereich. Bezüglich der Oberflächentechnik ist die Anodisieranlage, sowohl bezogen auf Ausrüstung als auch Know-how, als gut bis sehr gut einzustufen. Die Anlage zur Pulverbeschichtung ist in einem guten Zustand, verfügt aber über eine alte Ausrüstung. Das Know-how kann als gut bis sehr gut eingestuft werden. Die Weiterverarbeitung umfasst die Arbeitsschritte der Wärmebehandlungen, des Sägens, Richtens und Verpackens am Standort Reinach sowie Weiterbearbeitungsschritte, welche von einer Schwester erbracht werden. Im Bereich mechanische Weiterbearbeitung sind strategische Entscheidungen bezüglich der organisatorischen Zuständigkeit, Make or Buy und bezüglich der Standorte notwendig.

- Die Schlussfolgerung aus der aus Organisationssicht durchgeführten SWOT-Analyse (Strengths, Weaknesses, Opportunities and Threats) zeigt auf, dass sich die Führung sowie der operative Handlungsspielraum positiv auf das Geschäftsmodell „perfektes Einzelprodukt“ auswirken. Negativ auswirken könnten sich die aktuell wenig ausgeprägte Innovationsfähigkeit und die Kunden-/Lieferantenbeziehungen. Neutral zu bewerten sind die Fähigkeiten bezüglich Prozessbeherrschung und das Qualitätsbewusstsein.
- Hervorzuheben bei der Analyse der strategischen Ausgangslage aus IT-Perspektive ist die inkonsistente Landschaft, welche sich aus Eigenentwicklungen ergeben hat. Ein Projekt zur Einführung eines ERP-Systems ist geplant, es sind jedoch die Ergebnisse des Projekts Strategie E abzuwarten. Auf dieser Basis ist ein Vorprojekt „Blueprint/Prototype“ geplant und budgetiert.

5.4.2 Segmentierung

Die Analyse der Aufträge/Kunden anhand der für das Geschäft von E wesentlichen Differenzierungskriterien führt zu einem Würfel mit drei Achsen, welcher acht unterscheidbare Segmente umfasst. Die verwendeten Kriterien waren (vgl. Bild 5-4):

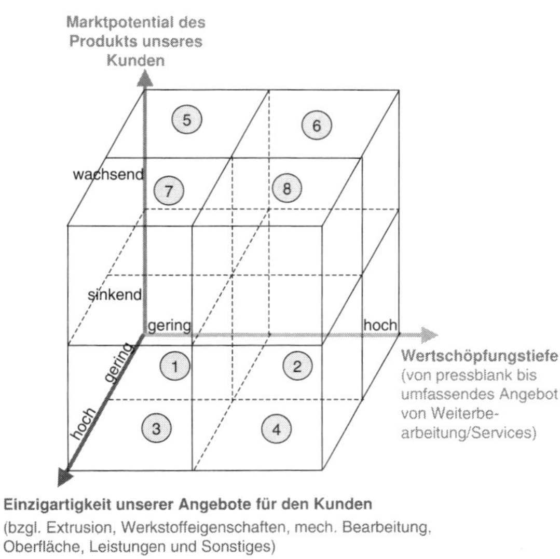

Benennung der Segmente:

1 Standardprodukte in preissensitiven Märkten (Commodities)
2 weiterverarbeitete Standardprodukte in preissensitiven Märkten
3 anspruchsvolle Produkte in preissensitiven Märkten
4 anspruchsvolle und weiterbearbeitete Produkte in preissensitiven Märkten
5 Standardprodukt mit Wachstumspotential
6 weiterbearbeitete Standardprodukte mit Wachstumspotential
7 anspruchsvolle Produkte mit Wachstumspotential
8 weiterbearbeitete, anspruchsvolle Produkte mit Wachstumspotential

Bild 5-4: Segmentierung

- Einzigartigkeit der Angebote für den Kunden bezüglich Extrusion, Werkstoffeigenschaften, mechanischer Bearbeitung, Oberfläche, Leistungen und Sonstiges (z. B. Lieferzeit, Zeugnisse u. a.),
- Wertschöpfungstiefe (vom pressblanken Profil bis zum Angebot von umfangreichen Weiterbearbeitungen/Services),
- Marktpotential des Produktes unseres Kunden (steigender Absatz des Kundenproduktes mit den Indikatoren hoher Beratungsbedarf des Kunden, geringe Preissensibilität des Kunden, wenig Wettbewerb, beginnender Eintritt von Wettbewerbern, kleine bis mittlere, aber stark wachsende Volumina vs. sinkender Absatz des Kundenproduktes mit den Indikatoren geringer Beratungsbedarf des Kunden, hohe Preissensibilität des Kunden, hohe Wettbewerbsintensität, harter Kampf um Marktanteile, nachlassende Umsatzzuwächse bis Stagnation und Rückgängen).

5.4.3 Identifikation der relevanten Betrachtungsobjekte

Im folgenden Schritt werden die Segmente konkretisiert, indem die für E relevanten Betrachtungsobjekte ausgewählt und beschrieben werden.

Die Analyse der Ausgangslage sowie das Zugrundelegen des vorne skizzierten produktorientierten Geschäftsmodells zeigen eine strategische Stoßrichtung auf, welche auf der Basis einer technischen Differenzierung erfolgen muss. Vor diesem Hintergrund werden die für E zu priorisierenden Betrachtungsobjekte bestimmt. Es handelte sich im oben dargestellten Würfel um die Segmente 4, 6, 7 und 8.

Die Auswahl der Segmente 7 und 8 erfolgt aus den Überlegungen, dass sowohl ein steigendes Marktpotential des Kundenproduktes vorhanden ist als auch technisch anspruchsvolle Leistungen nachgefragt werden. Bei diesen Segmenten kann sich E aufgrund einer technologischen Überlegenheit differenzieren.

Das Segment 4 wird trotz der Preissensitivität des Kunden zur weiteren Bearbeitung ausgewählt, weil in diesem Segment sowohl Differenzierungspotential bezüglich der Einzigartigkeit des Angebots als auch bezüglich der umfangreichen Weiterbearbeitungsschritte/Services vorhanden ist.

Das Segment 6 umfasst jene Kunden, welche umfassende Weiterbearbeitung/Services benötigen und somit Leistungen nachfragen, mit welchen E sich am Markt differenzieren könnte.

Die ausgewählten Segmente 4, 6, 7 und 8 werden in einem weiteren Schritt konkretisiert.

Betrachtungsobjekt 4

Der Kunde des Segments 4 ist preissensibel, betreibt Multiple Sourcing und ein hartes Benchmarking. Seitens E benötigt er ein technisch anspruchsvolles und weiterbearbeitetes Aluminiumhalbzeug.

Aus dem technischen Anspruch ergeben sich unterschiedliche Anforderungen am Machbarkeitslimit bezüglich Extrusionstoleranzen und -geometrien, Werkstoffeigenschaften, mech. Bearbeitung, Oberfläche, Leistungen und Sonstiges (dies trifft zu für die Betrachtungsobjekte 3, 4, 7 und 8).

Zur Gewährleistung der Funktionalität ist die Wertschöpfungskette funktionsspezifisch durch Alu Menziken Extrusion festzulegen:

- Reinigen (Waschen, Entfetten, Polieren etc.),
- Formen und spanabhebende Formgebung (Biegen, Sägen, Drehen, Bohren, Fräsen, Schleifen, Hobeln, Trowalisieren [Entgraten], Stanzen etc.),
- Verbinden (Nieten, Schweißen, Kleben etc.),
- Oberflächenbehandlung/-veredlung (Anodisieren, „Mebros“ Bürsten, Pulverbeschichten etc.),
- Verpacken/Liefern (kundenspezifische Losgröße, Verpackung, Anlieferung etc. auf Logistik, Lager, Verarbeitung, Recycling etc. des Kunden abgestimmt).

Die Betrachtungsobjekte 4, 6 und 8 weisen eine hohe Wertschöpfungsintensität auf (6 benötigt dabei allerdings Weiterbearbeitung und Services weniger hohem technologischem Anspruch).

Der Kunde des Betrachtungsobjekts 4 kann sich zudem darauf verlassen, dass E:

- Serienprodukte liefert, die uneingeschränkt die Funktion der Erstmuster gewährleisten,
- Qualitäts- und Terminstandards einhält,
- hohe Produktivität, stabile Prozesse und repetitive Genauigkeit sicherstellt und über eine hohe Lieferbereitschaft verfügt (Verfügbarkeit).

Betrachtungsobjekt 6

Der Kunde mit einer kreativen, klaren Produktvermarktungsidee (mit Weiterbearbeitungsbedarf und Serviceanspruch) erwartet von Alu Menziken Extrusion auf Grundlage eines technisch weniger anspruchsvollen Aluminiumhalbzeugs die Lieferung umfangreicher Weiterbearbeitung und anderer Dienstleistungen.

Die Anforderungen an die Festlegung der Wertschöpfungskette sind identisch mit denen des Betrachtungsobjekts 4.

Der Kunde des Betrachtungsobjekts 6 kann sich darauf verlassen, dass E:

- die Kommunikation und Organisation zwischen den Entwicklungspartnern (Kunde – Alu Menziken Extrusion) sicherstellt,
- die gewünschte Funktion und Vermarktungskonzeption genau hinterfragt und versteht (den Markt des Kunden versteht),
- einen schnellen Serienanlauf gewährleistet (Geschwindigkeit bei der Umsetzung von kundenspezifischen Fertigungslinien),
- Serienprodukte liefert, die uneingeschränkt die Funktion der Erstmuster gewährleisten,
- realisierbare Lösungsalternativen zur Funktionserfüllung entwickelt (Verfahrensentwicklung in der Weiterbearbeitung),
- innovativ ist,
- Qualitäts- und Terminstandards einhält,
- stabile Prozesse und repetitive Genauigkeit sicherstellt,
- über eine hohe Lieferbereitschaft verfügt (Verfügbarkeit),
- in Kundenprojektteams mitarbeitet,
- über logistische Kompetenz bzw. Kompetenz im Auftragsmanagement verfügt,
- Flexibilität im Kapazitätsausbau (auch über Zulieferanten) zeigt.

Betrachtungsobjekt 7

Der Kunde des Betrachtungsobjekts 7 erwartet von Alu Menziken Extrusion ein anspruchsvolles pressblankes Aluminiumhalbzeug.

Die technologischen Anforderungen bezüglich des pressblanken Aluminiumhalbzeugs entsprechen den Ausführungen zum Betrachtungsobjekt 4.

Der Kunde des Betrachtungsobjekts 7 kann sich darauf verlassen, dass die Alu Menziken:

- die Kommunikation zwischen den Entwicklungspartnern (Kunde – Alu Menziken Extrusion) sicherstellt,
- die gewünschte Funktion genau hinterfragt und versteht (Spezifikationserfüllung),
- realisierbare Lösungsalternativen zur Funktionserfüllung entwickelt (Verfahrensentwicklung),
- verlässliche Umsetzungsmeilensteine von Entwicklung bis Auslieferung setzt und einhält,
- Erstmuster erstellt,
- einen schnellen Serienanlauf gewährleistet,
- Serienprodukte liefert, die uneingeschränkt die Funktion der Erstmuster gewährleisten,

- Qualitäts- und Terminstandards einhält,
- stabile Prozesse und repetitive Genauigkeit sicherstellt,
- über eine hohe Lieferbereitschaft (Verfügbarkeit) verfügt.

Betrachtungsobjekt 8

Der Kunde (Entwicklungspartner bzw. Produktideenprofi) erwartet von Alu Menziken Extrusion (Entwicklungspartner bzw. Verfahrensprofi) auf Grundlage eines anspruchsvollen Aluminiumhalbzeugs (Kerngeschäft) die Lieferung von Funktionalitäten in Bezug auf die Weiterbearbeitung.

Die Anforderungen bezüglich des pressblanken Aluminiumhalbzeugs und der Wertschöpfungskette sind identisch mit den Ausführungen zum Betrachtungsobjekt 4.

Der Kunde des Betrachtungsobjekts 8 kann sich darauf verlassen, dass die Alu Menziken:

- die Kommunikation zwischen den Entwicklungspartnern (Kunde – Alu Menziken Extrusion) sicherstellt,
- die gewünschte Funktion genau hinterfragt und versteht,
- realisierbare Lösungsalternativen zur Funktionserfüllung entwickelt (Produkt- und Verfahrensentwicklung),
- innovativ ist,
- verlässliche Umsetzungsmeilensteine von der Entwicklung bis zur Auslieferung setzt und einhält,
- Prototypen zum Funktionstest liefert,
- einen schnellen Serienanlauf gewährleistet,
- Serienprodukte liefert, die uneingeschränkt die Funktion des oder der Prototypen gewährleisten,
- in Kundenprojektteams mitarbeitet.

Anhand der Betrachtungsobjekte werden die Segmente konkretisiert und wird ein gemeinsames Bild aufgebaut. Im folgenden Schritt wird nun das Umfeld der einzelnen Betrachtungsobjekte genauer untersucht.

5.4.4 Umfeldanalyse (PARTS) pro Betrachtungsobjekt

Anhand der Umfeldanalysen sind einige Gemeinsamkeiten zwischen den Betrachtungsobjekten zu erkennen. Bei allen Umfeldanalysen bieten die relevanten Konkurrenten von Alu Menziken dem Kunden aufgrund einer höheren Prozessbeherrschung eine teilweise höhere Zuverlässigkeit. Im Weiteren zeigt die Analyse auf, dass die Zusammenarbeit mit Lieferanten und Komplementoren (Anbieter, welche gegenüber dem Kunden meinem Produkt einen zusätzlichen Nutzen verschaffen) ein unterentwickeltes Thema ist, da vielfach keine strukturierte Zusammenarbeit stattfindet und sich auch kein bestimmtes Verhalten abzeichnet. Eine weitere durchgängige Thematik bilden die Grenzen des Spielfelds (Scope). E steht finanziellen Restriktionen gegenüber, was sich bei den Investitionsmöglichkeiten zeigt, und steht in einem harten Wettbewerb bezüglich qualifizierter Mitarbeiter. Eine weitere Rahmenbedingung bildet die Unternehmenskultur, welche sich einem strategiekonformen Wandel unterziehen muss.

Die Umfeldanalysen zeigen in den restlichen Ergebnissen unterschiedliche Ausprägungen auf. So sind in den Analysen verschiedene Gründe zu finden, warum die Kunden der einzelnen Segmente bedient werden sollen. Dazu gehören wachsende Märkte und somit die Ermöglichung eines gemeinsamen Wachsens (Betrachtungsobjekte 5, 6, 7 und 8) und die Möglichkeit, mit dem Kunden ein neues Produkt bzw. Verfahren zu entwickeln (7 und 8).

E kann grundsätzlich in jedem Segment unterschiedlichen Mehrwert anbieten. Bei den Betrachtungsobjekten 4, 6 und 8 steht vor allem die hohe Wertschöpfungstiefe bzw. die Möglichkeit des Kunden zum One-Stop-Shopping im Vordergrund. Allerdings weist E in seiner „Serviceorientierung“ heute gewisse Defizite auf.

Beim technisch anspruchsvollen Betrachtungsobjekt 7 bietet E dem Kunden den Mehrwert, eine hohe Kernkompetenz in Bezug auf Strangpressen, spezielle Legierungen und Richten/Rundrichten für spezielle Maße etc. anbieten zu können. Beim Betrachtungsobjekt 8 ist derselbe Mehrwert bezüglich der technischen Fähigkeiten zu identifizieren, zusätzlich ergänzt durch das Entwickeln und Anbieten von anspruchsvollen Funktionslösungen.

Die verschiedenen Ausprägungen der Betrachtungsobjekte lassen sich auch beim Verhalten erkennen. So stellen die Kunden beim Betrachtungsobjekt 4 harte Preisanforderungen und versuchen, ihre Standards durchzusetzen. Zusätzlich ist die Fehlertoleranz klein, d.h., der Kunde zieht einen Wechsel zu Konkurrenten schnell in Betracht. E verhält sich aufgrund dieser Situation so, dass tendenziell zu Marktpreisen angeboten wird bzw. so weit wie möglich auf die Standards der Kunden eingegangen wird.

Die Kunden der Betrachtungsobjekte 6, 7 und 8 wiederum suchen eher eine partnerschaftliche Zusammenarbeit und Diskussionsbereitschaft bezüglich der Funktionalitäten. Diese Kunden verlangen zudem vielfach Vorleistungen (Vorentwicklung/Prototypen), ohne dass Zahlungen erbracht werden. Bei der Untersuchung des Verhaltens seitens E wird aufgezeigt, dass E versucht, eine partnerschaftliche Zusammenarbeit aufzubauen, eine nachhaltige Positionierung als Entwicklungspartner jedoch noch fehlt.

Die oben beschriebenen Analysen bilden die Grundlage für die Ableitung der strategischen Erfolgspositionen, welche im folgenden Abschnitt erarbeitet werden.

5.4.5 Strategische Erfolgspositionen (SEPs) pro Betrachtungsobjekt

Anhand der Informationen aus der Umfeldanalyse gilt es nun, die strategischen Erfolgspositionen der Betrachtungsobjekte 4, 6, 7 und 8 zu definieren.

SEPs des Betrachtungsobjekts 4

Das Betrachtungsobjekt 4 zeichnet sich durch den Bedarf an anspruchsvollen Produkten (bis zur Komponente) inklusive Weiterbearbeitung und Services aus. Der (bereits entwickelte) Markt des Kundenproduktes ist jedoch stagnierend/sinkend, was zu erhöhter Preissensibilität des Kunden führt. Typischer Kunde ist die Automobilzulieferindustrie.

Die folgenden SEPs bilden die Voraussetzungen, um im Segment 4 längerfristig überdurchschnittlich Erfolg zu haben:

- *SEP 1: Prozessbeherrschung (beherrschte Prozesse auf allen Ebenen)*

  Beim Betrachtungsobjekt 4 wird die Prozessbeherrschung als wichtigste Voraussetzung erachtet, um längerfristig überdurchschnittliche Ergebnisse zu erzielen. Die Prozessbeherrschung (durch Standardisierung/Automatisierung) führt dazu, dass der Kunde einem zuverlässigen Anbieter mit konstanter Qualität und Liefertreue gegenübersteht.

- *SEP 2: Kosten*

  Der preissensible Kunde des Segmentes 4 erwartet während der Lebensdauer des Kundenproduktes sowohl tiefe Einstiegspreise als auch permanente Preisreduktionen. Dies verlangt vom Anbieter, dass er über konkurrenzfähige Kosten und die Fähigkeit zur kontinuierlichen Verbesserung entlang der Wertschöpfungskette verfügt.

- *SEP 3: Technische Kompetenz*

  Die Umfeldanalyse des Betrachtungsobjekts 4 hat ergeben, dass dieser Kunde Mehrwert bezüglich der funktionalen Kompetenz (Extrusion und Weiterbearbeitung) erwartet. Dies bedeutet, dass der Erfolg im Segment 4 vom Anbieten technischer Kompetenz abhängt und insbesondere Stärke in der Verfahrensentwicklung aufgebaut werden muss.

- *SEP 4: Alles aus einer Hand*

  Der Kunde des Betrachtungsobjekts 4 erwartet einen echten Partner bezüglich Extrusion und Weiterbearbeitung. Um folglich in diesem Markt erfolgreich zu wirken, wird das Anbieten eines „One-Stop-Shoppings" zentral. Der Produzent verfügt über die Möglichkeit, alles aus einer Hand anzubieten, also vom Angebot der Gießerei bis zum fertig bearbeiteten Produkt, inklusive der benötigten Entwicklungs- und Verfahrenskompetenz.

SEPs des Betrachtungsobjekts 6

Beim Betrachtungsobjekt 6 wird ein eher einfaches Produkt angeboten, welches den Mehrwert durch Weiterbearbeitung und Zusatzservices erlangt. Typische Kunden sind Organisationen vom Marketing- und Generalunternehmertypus. Die folgenden vier strategischen Erfolgspositionen sollten im Segment 6 eingenommen werden, um langfristige überdurchschnittliche Ergebnisse zu erreichen.

- *SEP 1: Time to Market*

  Der Kunde des Betrachtungsobjekts 6 hat das Ziel, seinen Wettbewerbsvorsprung zu sichern. Da die Markteintrittsbarrieren im Markt des Kunden niedriger sind als beispielsweise in den Segmenten 7 und 8, spielt hier die Geschwindigkeit eine entscheidende Rolle. Um die Erwartungen der Kunden zu erfüllen, ist eine schnelle Umsetzung der Kundenwünsche notwendig. Gefordert ist eine möglichst kurze Zeitspanne zwischen der Beschreibung der Funktionsanforderungen durch den Kunden bis zur Lieferung von Serienteilen.

- *SEP 2: Beratungs- und Entwicklungskompetenz*

  Das umfassende Angebot bezüglich Weiterbearbeitung benötigt weitgehende Kompetenzen in der Beratung und Produktentwicklung, welche den Kunden gezielt angeboten werden.

- *SEP 3: Flexible Leistungsbreite*

  Um die Bedürfnisse des Kunden im Segment 6 zu befriedigen, bedarf es sowohl eines umfassenden Angebots an Weiterbearbeitung wie auch dessen flexiblen Anbietens bzw. des Aufbaus von modularen Plattformen.

- *SEP 4: Zuverlässigkeit*

  Um mit den Kunden eine langfristige Bindung einzugehen bzw. Single Source des Kunden zu sein, erwartet der Kunde Zuverlässigkeit. Um diese zu erreichen, bedarf es weitgehender Prozesssicherheit.

SEPs des Betrachtungsobjekts 7

Der Kunde des Betrachtungsobjekts 7 erwartet ein anspruchsvolles pressblankes Aluminiumhalbzeug (Extrusion) am Machbarkeitslimit bezüglich Form, Maßtoleranzen, Oberflächenanforderung und Werkstoffeigenschaften. Um in diesem Segment erfolgreich zu sein, sind die folgenden SEPs zu erreichen.

- *SEP 1:Technische Kompetenz*

  Der Kunde, welcher ein technisch anspruchsvolles Produkt am Machbarkeitslimit benötigt, erwartet technische Kompetenz bezüglich Sicherstellung der Machbarkeit sowie Beherrschung der Produktherstellung in Bezug auf das Gießen und Extrudieren. Technische Kompetenz als SEP zeichnet sich dadurch aus, dass die Unternehmung als führender Know-how-Träger im Markt angesehen wird.

- *SEP 2: Entwicklungs- und Beratungskompetenz*

  Um die anspruchsvollen Produkteigenschaften der Kunden erfüllen zu können, muss sich der Produzent als kompetenter Gesprächspartner für Aluminium positionieren. Die Entwicklungs- und Beratungskompetenz zählt im Segment 7 zu jenen Voraussetzungen, welche ein Unternehmen erfüllen muss, um langfristig überdurchschnittliche Ergebnisse zu erzielen.

- *SEP 3: Schnelligkeit, Time to Market*

  Time to Market ist, wie im Betrachtungsobjekt 6, ein Baustein zum Erfolg. Während im Betrachtungsobjekt 6 die Geschwindigkeit (kurze Zeitspanne zwischen der Beschreibung der Funktionsanforderungen durch den Kunden bis zur Lieferung von Serienteilen) erste Priorität hat, erhält die SEP „Time to Market“ im Betrachtungsobjekt 7 dritte Priorität. Diese Annahme wird dadurch begründet, dass die anspruchsvollen Produkte dem Kunden Markteintrittsbarrieren ermöglichen und folglich die erstgenannten Kompetenzen aus der Kundenperspektive höhere Bedeutung erlangen.

SEPs des Betrachtungsobjekts 8

Der Kunde des Betrachtungsobjekts 8 erwartet ein anspruchsvolles Produkt am Machbarkeitslimit bezüglich Extrusion und Weiterbearbeitung und sucht einen Partner für die Produkt- und Verfahrensentwicklung. Die SEPs des Betrachtungsobjekts 7 stimmen mit jenen des Betrachtungsobjekts 8 überein, wobei bei letzterem die SEPs zusätzlich in Bezug auf die Weiterbearbeitung und Services erfüllt werden müssen.

- *SEP 1: Technische Kompetenz*

  Der Kunde, welcher ein anspruchsvolles Produkt am Machbarkeitslimit der Extrusions- und Weiterbearbeitungskompetenzen benötigt, erwartet sowohl technologische als auch Verfahrenskompetenz. Die strategische Erfolgsposition „technische Kompetenz“ umfasst neben der Technologie- und Verfahrenskompetenz auch das gesamtheitliche analytische Denken.

- *SEP 2: Entwicklungs- und Beratungskompetenz*

  Um die anspruchsvollen Produkteigenschaften der Kunden erfüllen zu können, muss sich der Produzent als kompetenter Gesprächspartner für Extrusion und Weiterbearbeitung positionieren. Der Kunde im Segment 8 benötigt einen Entwicklungspartner mit Erfindergeist.

- *SEP 3: Schnelligkeit, Time to Market*

  Anlehnend an die Begründungen der SEP 3 (Time to Market) des Betrachtungsobjekts 7 gehört auch hier die Geschwindigkeit zu den strategischen Erfolgspositionen.

5.4.6 Bestehende und notwendige Fähigkeiten (Gap)

Der Fähigkeiten-Gap, welcher sich zur Erreichung der strategischen Erfolgspositionen abzeichnet, lässt sich zusammenfassend in drei Hauptdefizite einteilen: Einerseits betrifft es die Mitarbeiterqualifikation, andererseits die Prozessbeherrschung und drittens systembedingte Anpassungen.

Beim Fähigkeiten-Gap der Mitarbeiter ist beispielsweise zur Erreichung der SEP „technische Kompetenz“ die Fähigkeit, „technische Problemstellungen des Kunden zu verstehen“, auszubauen, andererseits die Fähigkeit, „Arbeitsabläufe gemäß den Problemstellungen des Kunden festzulegen“ (inklusive prozessorientiertes Projektmanagement), zu verbessern. Die SEP „Beratungs- und Produktentwicklungskompetenz“ verlangt seitens E den Ausbau der Weiterbearbeitungs- und Werkstoffkenntnisse sowie den Ausbau der Beratungskompetenz bezüglich Weiterbearbeitung und Werkstoffe.

Die Erreichung der SEP „Time to Market“ verlangt die Beherrschung der Produktionsprozesse sowie das zuverlässige Einhalten der Arbeitsschritte. Aufgrund einer relativ hohen Anzahl von Abbrüchen der Operationen sind bei E die Zuverlässigkeit der Arbeitsschritte und der Organisationsabläufe zu verbessern sowie Schnittstellen zu verringern.

Systembezogen ist beispielsweise bei der SEP „Time to Market“ ein durchgängiges Produktions- und Auftragsverfolgungssystem auszubauen bzw. eine Verbesserung der Planungsprozesse anzustreben.

5.4.7 Ableitung und Bewertung der Strategievarianten

Die Strategievarianten beziehen sich einerseits auf einzelne Betrachtungsobjekte und andererseits auf Kombinationen davon (Bild 5-5). Eine Kombination von Betrachtungsobjekten wird vor allem dann angestrebt, wenn diese ähnliche Fähigkeiten benötigen. Zusätzlich kann mit einer geeigneten Kom-

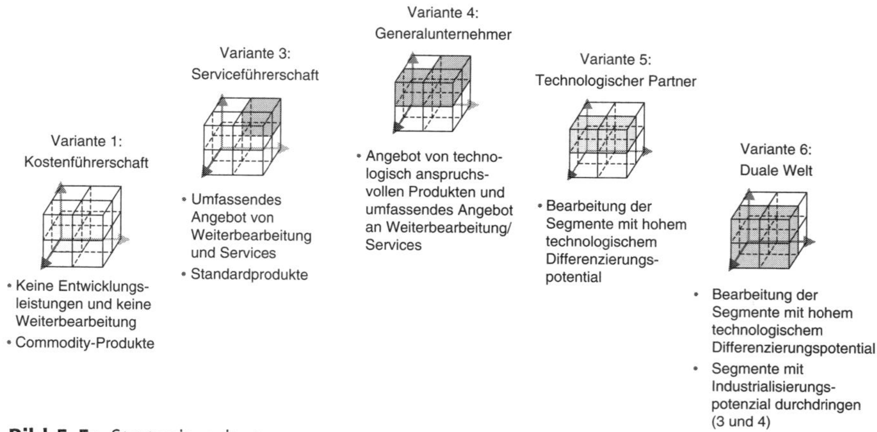

Bild 5-5: Strategievarianten

bination ein größeres Absatzvolumen erreicht werden als bei einer ausschließlichen Fokussierung auf ein Betrachtungsobjekt. Dabei ist zu beachten, wie die Ressourcenverfügbarkeit sich mit der Bearbeitung verschiedener Segmente verträgt, ohne den Umsetzungserfolg zu gefährden.

- *Strategievariante 1: Kostenführerschaft*

  Die Strategie Kostenführerschaft mit der Zielgruppe Segment 1 dient vor allem als Benchmark für die anschließende Bewertung. Zielkunden dieses Segmentes würden weder anspruchsvolle Produkte noch eine Weiterbearbeitung beanspruchen. Zudem ist dieser Markt geprägt durch einen harten Preiskampf (austauschbare Produkte und Leistungen). Die Strategievariante 1 wird u. a. bewertet, um die Bewertungstabelle auf ihre Tauglichkeit zu überprüfen.

- *Strategievariante 2: Technologieführerschaft*

  Mit der Strategievariante 2 werden die Kunden des Segments 7 angesprochen, welche ein anspruchsvolles Produkt (Halbzeug) benötigen und sich in einem wachsenden Markt (Produktinnovationen) befinden. Für E würde dieses Segment bedeuten, dass neben dem Strangpressen kaum zusätzliche Leistungen angeboten würden bzw. sich entlang der Wertschöpfungskette eher reduziert aufzustellen.

- *Strategievariante 3: Serviceführerschaft*

  Serviceführerschaft im Sinne der Strategievariante 3 bezieht sich auf die Kunden des Segments 6 und umfasst das Angebot von einfachen Strangpressprodukten (Halbzeug) verbunden mit zusätzlichen Wertschöpfungsschritten oder Zusatzleistungen (z. B. Sonderverpackung, Verwendung beigestellter Materialien/Dokumente/Etiketten etc., Übernahme zusätzlicher Leistungen in der Dokumentation, Beschaffung, Lagerung, Distribution etc. für den Kunden).

Bei dieser Strategie stellen sich vor allem Herausforderungen bezüglich Logistik und Projektorganisation wie auch des Aufbaus von Netzwerken. E würde sich in Bezug auf die Wertschöpfungskette flexibel positionieren.

- *Strategievariante 4: Generalunternehmer*

  Die Variante Generalunternehmer umfasst die Segmente 6, 7 und 8 und würde sich somit sowohl auf die Variante Technologieführerschaft als auch die der Serviceführerschaft einlassen. Diese Variante stellt bei der Strategieumsetzung eine besondere Herausforderung dar, da für die Erfüllung der technologischen Ansprüche andere Fähigkeiten benötigt werden als bei den Aufgaben der Serviceführerschaft.

- *Strategievariante 5: Technologischer Partner*

  Der technologische Partner bedient die Segmente 7 und 8 und zeichnet sich sowohl durch das Angebot von anspruchsvollen Strangpressprodukten als auch durch zusätzliche technologisch anspruchsvolle Bearbeitungsschritte aus. Eine Herausforderung dieser Strategie bildet zudem das Erkennen des Lebenszyklus des Produktes des Kunden und das damit verbundene Ausstiegsszenario (Lizenzierung oder Kooperation etc.) bei der Erreichung des stagnierenden/gesättigten Marktes.

  Die Wertschöpfungsketten zur Bearbeitung der Segmente 6 und 8 sind ähnlich, jedoch mit verschiedenen Ausprägungen. Segment 6 benötigt eine flexible, elastische Wertschöpfungskette mit Make-or-Buy-Entscheidungen (typischer Outsourcer). Der Kunde in diesem Segment kauft vor allem wegen der „Lösung aus einer Hand“. Die anspruchsvolle Wertschöpfungskette zur Bearbeitung von Segment 8 hingegen wäre auf stabileren Zusammenarbeitsformen aufgebaut und der Kunde kauft primär wegen der technologischen Anforderungen, die das Produkt stellt. Die Bearbeitung des Segments 6 und jene von Segment 8 beruhen auf verschiedenen Geschäftsmodellen.

- *Strategievariante 6: Duale Welt*

  Die Ausprägungen zur Bearbeitung der Segmente 7 und 8 sind zunächst identisch mit der Strategievariante 5 (technologischer Partner). Zusätzlich umfasst die Strategievariante „duale Welt“ die Segmente 3 und 4, was bedeutet, dass zusätzlich Industrialisierungskompetenz aufgebaut werden müsste. Der Aufbau von Industrialisierungskompetenz verlangt vor allem die Fähigkeiten, Prozesssicherheit und Kostensenkungsfähigkeiten zu erlangen. Ziel dieser Strategie ist, die in den Segmenten 7 und 8 erarbeiteten Fähigkeiten in den Segmenten 3 und 4 fortzuführen und im anspruchsvollen Volumengeschäft umzusetzen.

Für die Bewertung wird Variante 2 ausgeschlossen, da ein ausschließlicher Fokus auf das Segment 7 die notwendige Minimalauslastung der Produktion nicht gewährleisten würde.

Bewertung der Strategievarianten und Auswahl

Grundlage für die Bewertung der Strategievarianten bildet die im Bild 5-6 gezeigte Bewertungstabelle.

Die Bewertungstabelle ist zweigeteilt in externe und interne Kriterien und umfasst jene Kriterien, welche für die längerfristige Überlebensfähigkeit von E entscheidend sind. Die externe Sicht umfasst die Kriterien bezogen auf den Absatzmarkt und die Kunden. Die internen Kriterien beziehen sich auf die Entwicklung, Fertigung und den Fit zu zentralen strategischen Festlegungen.

Die Strategievarianten wurden anhand der Kriterien bewertet und die Unterschiede zwischen den Strategievarianten diskutiert. Die einzelnen Kriterien sind nach ihrer Bedeutung gewichtet, wobei für die Bewertung der E-Strategie die internen und externen Kriterien gleich gewichtet werden (je 100%). Innerhalb der externen Kriterien ist der Absatzmarktbezug mit 60% und der Kundenbezug mit 40% gewichtet. Die Gewichtung der internen Kriterien erfolgt mit 30% beim Entwicklungsbezug, 40% beim Fertigungsbezug und 30% beim Strategiebezug. Unter Einbezug der Gewichtung ergibt sich das im Bild 5-7 gezeigte Resultat.

Die Strategievariante 5 (technologischer Partner) hat mit 533 Punkten die größte Summe erreicht, wobei auch die Diskussion während der Bewertung dieses Resultat unterstützt. Im Folgenden wird kurz auf die wichtigsten Punkte der Bewertung der Strategievarianten 5 und 6 eingegangen.

- *Bewertung der Strategievariante 5 (technologischer Partner)*

  Bei der Umsetzung der Strategievariante „technologischer Partner“ wird beispielsweise die Nachfrageerwartung im Vergleich zum Status quo niedriger eingestuft, was in der neuen Wettbewerbssituation jedoch als Wettbewerbsvorteil gesehen wird. Auch bezüglich des Kundenbezugs wird die gewählte Variante als sehr unterstützend eingestuft.

  Die Einstufung der Kriterien im Hinblick auf den Entwicklungsbezug zeigt auf, dass bei der Umsetzung der Strategievariante „technologischer Partner“ die Entwicklungskompetenz, das Innovationspartnernetz sowie das Technologiepotential teilweise vorhanden sind und die Strategie in Bezug

				interne Sicht	externe Sicht	Gew.	Bewertung			
							1	2	3	4
60 Absatzmarktbezug	1	Nachfrageerwartung (im Vergleich zum Status quo)			x	15	niedriger 5	gleich 3,6	höher 4	viel höher 1
	2	Wettbewerbssituation	KMU-Situation		x	15	Wettbewerbsnachteil 1, 4	intensiver Wettbewerb 3,6	Wettbewerbsvorteil 5	nachhaltige Differenzierung
	3	Eignung bestehender Vertriebswege	Technikkompetenz; Sprachen; Schnelligkeit		x	12	gering 1	mittel 3,4	hoch 5, 6	sehr hoch
	4	Beratungskompetenz	Mitarbeiterqualifikat.; techn. Know-how		x	12	muss aufgebaut werden	teilweise vorhanden 3, 4, 5, 6	weitgehend vorhanden 1	vollständig vorhanden
	5	Einfluss von Trends			x	6	starke negative Beeinflussung	negative Beeinflussung 1	positive Beeinflussung 3, 4, 5, 6	stark positive Beeinflussung
40 Kunden-bezug	6	Kundennutzen (added value)	stärkt USP des Kunden		x	10	gering 1	mittel 3	hoch 6, 4	sehr hoch 5
	7	subjektive Wertschätzung	Akzeptanz Sympathie für Strategie		x	6	negativer Einfluss 1	vernachlässigbarer Einfluss	positiver Einfluss 3, 4	stark positiver Einfluss 5, 6
	8	Kommunikationsaufwand	Darstellung der zukünftigen Positionierung		x	6	sehr hoch 4	hoch 6	mittel 3, 5	gering 1
	9	Neuprodukte	Umsetzung bei Entwicklung & Fertigungsanlauf (Time to Market)		x	10	negativer Einfluss	vernachlässigbarer Einfluss 1	positiver Einfluss 4, 5, 6	stark positiver Einfluss 3
	10	Markenstärke	Chancen zur eindeutigen Positionierung		x	8	gering 1	mittel 3, 4	hoch 5, 6	sehr hoch
30 Entwicklungsbezug	11	Entwicklungskompetenz	Fachkader & Innovationsprozess	x		6	muss aufgebaut werden	teilweise vorhanden 3, 4, 5, 6	weitgehend vorhanden	vollständig vorhanden 1
	12	Innovationspartnernetz	regional und überregioal	x		6	muss aufgebaut werden	teilweise vorhanden 5, 6	weitgehend vorhanden 3, 4	vollständig vorhanden 1
	13	geschützte Technologien aufbauen	Eintrittsbarrieren/ Patente	x		6	negativer Einfluss	vernachlässigbarer Einfluss 1, 3	positiver Einfluss 4	stark positiver Einfluss 5, 6
	14	Technologiepotential	Status Spitzen-Know-how	x		6	muss aufgebaut werden	teilweise vorhanden 3, 4, 5, 6	weitgehend vorhanden	vollständig vorhanden 1
	15	Synergien in der Entwicklung	Anwendung Produktkompetenz auf andere Bedürfniskonstellation	x		6	nicht nutzbar 1	teilweise nutzbar 3, 4	weitgehend nutzbar 5,6	vollständig nutzbar

40 Fertigungsbezug	16	Fertigungskompetenz I	Mitarbeiterqualifikation	x		5	muss aufgebaut werden 5, 6	1, 3, 4 teilweise vorhanden	weitgehend vorhanden	vollständig vorhanden
	17	Fertigungskompetenz II	State-of-the-Art-Maschinen	x		5	muss aufgebaut werden 1	3, 4, 6 teilweise vorhanden	weitgehend vorhanden 5	vollständig vorhanden
	18	Fertigungskapazität I	Kapazität	x		5	keine Kapazität	Kapazität knapp 1	ausreichend Kapazität 3,4,5,6	Kapazitäts-überschuss
	19	Fertigungskapazität II	Layoutsituation als Limit	x		5	wirkt entgegen 1, 6	neutral 3, 4, 5	unterstützt	unterstützt stark
	20	Synergien in der Fertigung	Plattformfähigkeit; One Piece Flow; Einzelprodukte zu Systemen verbinden	x		5	1 nicht nutzbar	6 teilweise nutzbar	3, 4, 5 weitgehend nutzbar	vollständig nutzbar
	21	Beschaffungsmarkt/ Weiterbearbeitungs-angebot	Zusammenarbeit mit Lieferanten & Subcontracting	x		5	muss aufgebaut werden	3, 4, 6 teilweise vorhanden	weitgehend vorhanden 1,5	vollständig vorhanden
	31	Fertigungskapazität III	Raumsituation als Limit	x		5	wirkt entgegen 5	neutral 1	unterstützt 3,4,6	unterstützt stark
	23	Produktionsplanungs- und Steuerungssystem (PPS)	(inkl. Subcontracting)	x		5	muss aufgebaut werden 6	3,4,5 teilweise vorhanden	weitgehend vorhanden 1	vollständig vorhanden
30 Strategiebezug	24	Fit zum Produktprogramm	heutiger Produktmix	x		4	wirkt entgegen 1, 5	neutral 3	unterstützt 4, 6	unterstützt stark
	25	Fit zur Marktstrategie	heutiges Image (E + CH)	x		4	wirkt entgegen 1, 3	neutral 4	unterstützt 6	unterstützt stark 5
	26	Fit zur Timingstrategie	Status Leistungsniveau & Finanzen; Unternehmenskultur	x		5	wirkt entgegen 1, 3	neutral 4, 6	unterstützt 5	unterstützt stark
	27	Fit zur Strategie: Spezialitätengießerei	Restriktion der Gießerei: Volumen/Kosten/Lage	x		5	wirkt entgegen 1, 3	neutral	unterstützt 4, 6	unterstützt stark 5
	28	Fit zur Finanzplanung	Finanzierbarkeit Strategie (Anlaufverluste)	x		4	wirkt entgegen 1, 3	neutral 4, 6	unterstützt 5	unterstützt stark
	29	Standortfrage ME/RE		x		4	wirkt entgegen 1	neutral 3, 6	unterstützt 4	unterstützt stark 5
Orga	30	Organisation/Prozess-orientierung	Orga. lebt KVP in allen Abläufen	x		4	muss aufgebaut werden 1, 3	4, 5, 6 teilweise vorhanden	weitgehend vorhanden	vollständig vorhanden

Bild 5-6: Bewertungstabelle

Summe	V1	V3	V4	V5	V6
Extern[1]	203	238	226	274	258
Intern[2]	193	204	240	259	226
Total	396	442	466	533	484
Rang	5	4	3	1	2

Bild 5-7: Ergebnis der quantitativen Strategiebewertung

auf den Aufbau von geschützten Technologien einen stark positiven Einfluss ausübt.

Die Untersuchung des Fertigungsbezugs ergibt, dass Mitarbeiterqualifikationen in der Fertigung ausgebaut werden müssen. Die gewählte Strategie wird nicht beeinträchtigt durch die Raumsituation von E und das ERP-System ist teilweise vorhanden (Ausnahme PPS-Modul).

Die Diskussion der Kriterien über den bestehenden Strategiebezug hat ergeben, dass bei Umsetzung der Strategievariante 5 der heutige Produktmix am stärksten unterstützt wird und das heutige Image, die Spezialitätengießerei und die Standortsituation stark unterstützt werden. Zusätzlich wirkt die Strategie bezüglich des Fits zur Timingstrategie (Status Leistungsniveau und Unternehmenskultur) und des Fits zur Finanzplanung (Finanzierbarkeit, Anlaufverluste) unterstützend.

- *Bewertung der Strategievariante 6 (duale Welt)*

  Im Folgenden wird auf die Unterschiede zwischen der Strategievariante „technologischer Partner“ und der Strategievariante „duale Welt“ eingegangen. Bei den externen Kriterien wird die Wettbewerbssituation der Strategievariante 6 als intensiver Wettbewerb eingestuft.

  Bei den Kriterien des Entwicklungsbezugs wird die Strategievariante „duale Welt“ entsprechend der Strategie „technologischer Partner“ eingeteilt. Auch beim Fertigungsbezug ergeben sich nur wenige Unterschiede. Zum einen sind die Maschinen nur teilweise vorhanden und die Layoutsituation wirkt entgegen. Die Synergien in der Fertigung sind teilweise nutzbar und das Weiterbearbeitungsangebot ist teilweise vorhanden. Die Raumsituation wird unterstützt, das ERP-System muss jedoch aufgebaut werden.

  Die Kriterien zur Beurteilung des Fits zur bestehenden strategischen Situation haben ergeben, dass der heutige Produktmix und das Image unterstützt werden. Der Fit zum Timing, der Finanzsituation und der Standortfrage ist neutral.

  Die Diskussion hat aufgezeigt, dass die Strategievariante „duale Welt“ eine sehr attraktive Strategie ist. Die fehlenden Fähigkeiten sind jedoch gravierender einzuschätzen als bei der Strategievariante „technologischer Partner“. Als Fazit der Bewertungsdiskussion kann festgehalten werden, dass in einem ersten Schritt die Strategievariante 5 umzusetzen ist, dass jedoch als Fernziel die Strategievariante 6 angestrebt werden sollte. Die Strategievariante 6 gilt als strategisch sinnvolle Variante, welche jedoch zurzeit vor allem wegen Finanz- und Fähigkeiten-Gaps operativ noch nicht umsetzbar ist.

5.4.8 Strategiekonkretisierung

Im Folgenden wird die Strategie „technologischer Partner“ anhand der strategischen Dimensionen genauer betrachtet.

Strategie „technologischer Partner“

Die Strategie „technologischer Partner“ umfasst die Betrachtungsobjekte 7 und 8, wobei das Angebot sowohl anspruchsvolles Aluminiumhalbzeug als auch das umfassende Angebot an anspruchsvoller Weiterbearbeitung/Services umfasst. E positioniert sich mit dieser Strategie als technisch kompetenter Beratungs- und Entwicklungspartner von Kunden, welche aufgrund ihrer Produktidee über ein steigendes Marktpotential verfügen. Die strategische Positionierung erfolgt somit über die technische Produktkompetenz. Bild 5-8 zeigt die entsprechende Strategie, Bild 5-9 gibt Auskunft über die Zielsetzung.

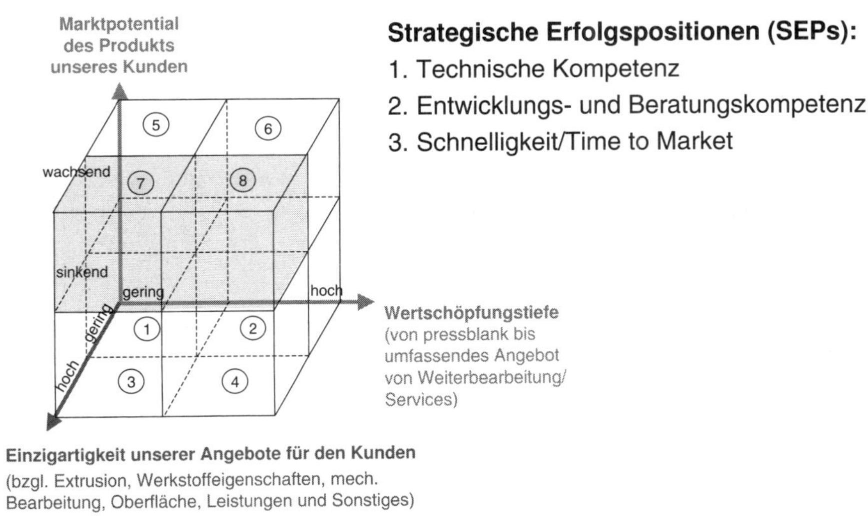

Bild 5-8: Strategie „technologischer Partner"

Perspektive	Ziel	Messgröße
Finanzen	• Steigerung Unternehmenswert • Eigenfinanzierungsfähigkeit	operatives Ergebnis (EBT) Free Cash Flow (06-09)
Kunde	• perfektes Einzelprodukt • Entwicklungspartnerschaft	Segmentmarktanteil Kundenzufriedenheit
Prozess	• bestmögliche Wirtschaftlichkeit • beste Qualität • Innovationsfähigkeit • Schnelligkeit • sicheres Unternehmen	KVP-Nutzen/MA Qualitätskennzahl Innovationsrate Time-to-Market-Prototyp Unfallquote (SUVA)
Mitarbeiter	• selbständige, qualifizierte Mitarbeiter	Rollenerfüllungsgrad

Bild 5-9: Strategische Ziele des technologischen Partners

Die strategischen Dimensionen der Strategie sehen folgendermaßen aus:

- *Grundverhalten*: Differenzierung über innovatives einzigartiges Produkt. Technische Kernkompetenzen sowie Entwicklungs- und Beratungskompetenz ausbauen, um am Markt als Entwicklungspartner aufzutreten. Mittelfristig Industrialisierungskompetenz aufbauen, um zusätzlich Segment 4 und 3 zu bedienen.

- *Produkt-Markt-Matrix*: Innovative Produkt- und Marktentwicklung. Konzentration auf Produktportfolio und Produktlebenszyklus. Marktdurchdringung in den bei E bestehenden Märkten/Kunden der Segmente 7 und 8; innovative Entwicklung neuer Produkte/Märkte durch neue Anwendungen der Technologien. Das geografische Einzugsgebiet verlagert sich auf den europäischen Raum.

- *Produktprogramm*: Inkaufnahme hoher Produkt-/Markenkomplexität mit dem Ziel, verschiedene, einzigartige Produkte/Leistungen anzubieten (siehe Parameter der „technologischen Einzigartigkeit"). Gezielte Investitionen in Produkt- und Verfahrenstechnologie bauen auf bestehenden Kernkompetenzen beim Gießen und Pressen auf.

- *Wachstumsorientierung*: Wachstum durch neue Produktentwicklungen bzw. durch Ausbreitung der Produktkompetenzen auf zusätzliche Bedürfniskonstellationen. Ausbau und Absicherung der Technologiekompetenz hat Priorität vor Ausbau der Kapazität. Segmentbereinigung erfolgt schrittweise entsprechend realisierter Neuaufträge in den Zielsegmenten.

- *Synergieausnutzung*: Produktorientiert zur Sicherstellung eines konstanten Stromes marktfähiger Innovationen. Nutzung von „Plattformdenken"

(Economies of Scope) in Technologieentwicklung, Produktion, Marketing und Vertrieb. Weitgehende Prozessbeherrschung (Kosten, Qualität, Zeit) ist Voraussetzung. Anzustreben ist eine kostendeckende Auslastung der Kapazitäten.

- *Integrationsorientierung*: Komplexe, flexible Wertschöpfungskette, Kernkompetenz bleiben Formatguss und Extrusion; anspruchsvolle Oberflächen- und mechanische Weiterbearbeitung bis zur Komponente werden intern und mit externen Partnern ausgebaut (produkt- und kapazitätsabhängig).
- *Kooperationsformen*: Unabhängig als KMU. Aufbau von Partnerschaften bei Technologieentwicklung, Oberfläche, Weiterbearbeitung und beim Werkzeug.
- *Konkurrenzverhalten*: Aggressiv in den Leistungsprozessen (Zielsetzung = unter den Top-3-Lieferanten sein in den relevanten Anwendungen); kooperativ bei Supportprozessen. Konkurrenzeintrittsbarrieren: Firmen-/Markenname, geschützte Technologien, Entwicklungsressourcen und -partnerschaften, Produktstandards.

Strategische Absatzplanung

Um das Potential der Strategie „technologischer Partner" abschätzen zu können, werden in einem ersten Schritt die bestehenden Kunden den Segmenten zugeordnet. Anhand dieser Zuteilung kann anschließend die Absatzprognose pro Segment erarbeitet werden.

Anhand der von den Mitarbeitern des Verkaufs erarbeiteten Absatzplanung können die im Folgenden dargestellten Aussagen festgehalten werden. Die Strategie „technologischer Partner" bedeutet, dass gegen 35 % der aktuellen Auslastung (Absatzmenge) strategiekonform sind. Die Zuteilung der Kunden ist dabei auf der Ebene der Kunden durchgeführt worden, was einige Ungenauigkeiten nach sich zieht, da ein Kunde mehreren Segmenten zugeteilt werden kann. In Zukunft wird die Zuteilung auf der Auftragsebene erfolgen.

Die Expansion in den strategiekonformen Segmenten umfasst eine Absatzsteigerung von 189 % auf 7.184 Tonnen (bis 2009). Die restlichen Segmente werden konsolidiert und bereinigt, wobei die Umsetzung der Strategie so geplant wird, dass die notwendige Auslastung dauernd gewährleistet ist. Die geplante Gesamtabsatzmenge im Jahr 2009 umfasst 15.940 Tonnen, was in etwa einem Umsatz von ca. 71,3 Mio. Euro (112 Mio. CHF) entspricht. Anhand der Absatzplanung kann zudem eine Steigerung des Umsatzes der Weiterbearbeitung und der Oberflächentechnik abgeleitet werden (Bild 5-10).

		Absatz [t]				
		2004	Summe		2009	Summe
S 7&8	Total 7&8	3.794	3.794	189 %	7.184	7.184
S 3&4	Total 3&4	4.122	7.916	124 %	5.092	12.275
S 6	Total 6	752	8.668	97 %	726	13.001
S 1, 2, 5	Total 1, 2, 5	3.012	11.680	98 %	2.939	15.940
S 1-8	Total 1-8	11.680			15.940	

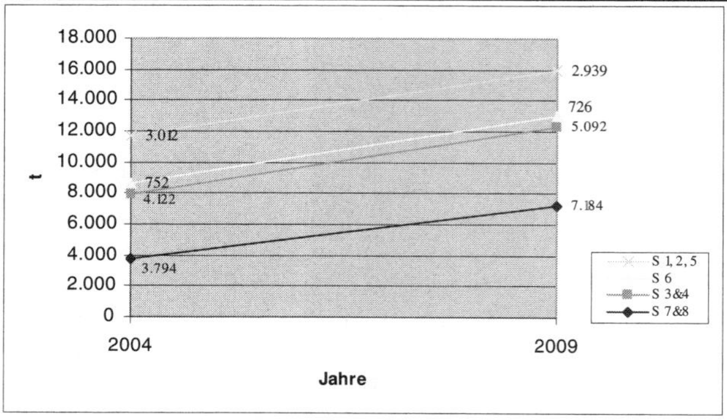

Hinweis:
Diese grafische Auswertung unterdrückt die Detailentwicklung zwischen 2006 und 2009. Details siehe Planrechnung.

Bild 5-10: Strategische Absatzplanung (Volumenentwicklung)

Die Erkenntnisse aus der strategischen Absatzplanung bilden die Grundlage für die Entscheidungen bezüglich der funktionalen Strategien und der strategischen Maßnahmen.

5.4.9 Prozessarchitektur

Eine erfolgreiche Strategieumsetzung erfordert eine darauf ausgerichtete Prozessarchitektur, die diese maximal unterstützt und sicherstellt, dass die strategischen Prioritäten konsequent durchgesetzt und die definierten SEPs systematisch unterstützt werden können.

Um einen Überblick über die Ist-Situation der Prozessarchitektur zu erhalten, werden in einem ersten Schritt die bestehenden Prozesse analysiert.

Ist-Prozesse – Ebene 0

Die Prozessarchitektur bei E umfasst 17 Prozesse. Drei Prozesse werden als Führungsprozesse, fünf als Leistungserbringungsprozesse und neun als Ressourcen-Support-Prozesse bezeichnet (Bild 5-11). Die Prozesse der Ebene 0 bestehen aus weiteren Teilprozessen, welche im Folgenden genauer analysiert werden.

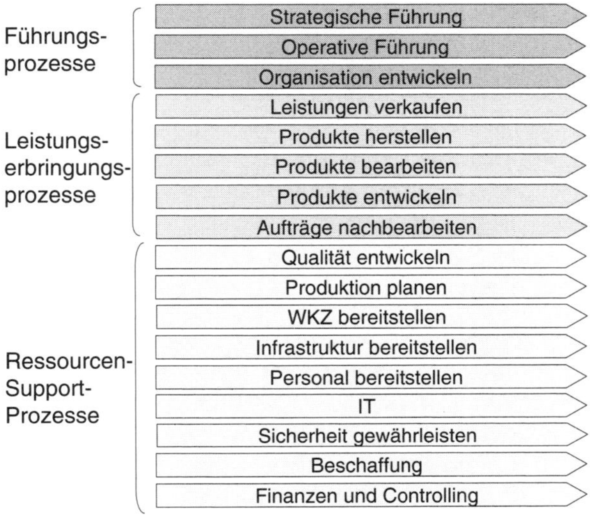

Bild 5-11: Prozessarchitektur Ebene 0

Ist-Teilprozesse – Ebene 1

Die Teilprozesse auf der Ebene 1 werden bezüglich ihrer Effizienz und Effektivität analysiert und im Vergleich zum besten Wettbewerber eingeteilt. Der Grundgedanke dabei ist, dass zur Sicherstellung des langfristigen Erfolgs E bei jenen Prozessen, welche für die Einnahme der strategischen Erfolgspositionen entscheidend sind, besser aufgestellt ist als der beste Wettbewerber.

Dabei wird sowohl die eigene Position beschrieben als auch jene des besten Wettbewerbers, um einen Anhaltspunkt zu erhalten, wie der Prozess verändert werden muss. Die Analyse beinhaltet zudem die Erarbeitung der für die Prozesse zentralen Messgrößen, welche für das Controlling der Strategieumsetzung benötigt werden.

Die Analyse bezüglich Effizienz und Effektivität wurde auf der Teilprozessebene durchgeführt. Dieser Detaillierungsgrad erfolgte aus zwei Gründen. Zum einen konnte so eine detaillierte Analyse der bestehenden Situation durchgeführt werden. Andererseits ermöglicht die Analyse auf der Teilprozessebene 1 den Projektteilnehmern, ein gemeinsames Bild der Prozesslandschaft aufzubauen. Somit konnte verhindert werden, dass die Aufgaben den Prozessen doppelt zugeteilt sind. Die überschneidungsarme Zuteilung ist vor allem für die anschließende Ableitung des Einflusses des Prozesses auf die Erreichung der SEP entscheidend, da eine doppelte Zuteilung der Aufgaben zu irreführenden Ergebnissen führen könnte. In der grafischen Darstellung wurden die Prozesse jedoch zusammenfassend auf der Ebene 1 dargestellt, um die Übersichtlichkeit der Darstellung zu erhöhen.

Die Beurteilung der Prozesseffizienz und -effektivität zeigt auf, dass die Prozesse im Vergleich zum besten Wettbewerber erhebliches Verbesserungspotential aufweisen. Die Positionierung ist vor allem bei jenen Prozessen entscheidend, welche die Erreichung der SEPs maßgeblich beeinflussen (Bild 5-12).

Ableitung der Schlüsselprozesse

Im Folgenden wird untersucht, wie die Prozesse der Ebene 0 die Erreichung der SEP beeinflussen. Als Grundlage dienen die Beschreibungen der SEP sowie die Analyse der bestehenden und notwendigen Fähigkeiten. Die SEP der Strategie „technologischer Partner" (Segment 7 und 8) sind „technische Kompetenz", „Beratungs- und Entwicklungskompetenz" und „Time to Market". Die zusätzlichen SEP der langfristigen Strategie „duale Welt" sind „Prozessbeherrschung", „wettbewerbsfähige Kosten" und „alles aus einer Hand".

- *Organisation entwickeln*

  Der Prozess „Organisation entwickeln" wirkt sich positiv auf die SEP „technische Kompetenz" aus, da diese mittels KVP und anhand eines ge-

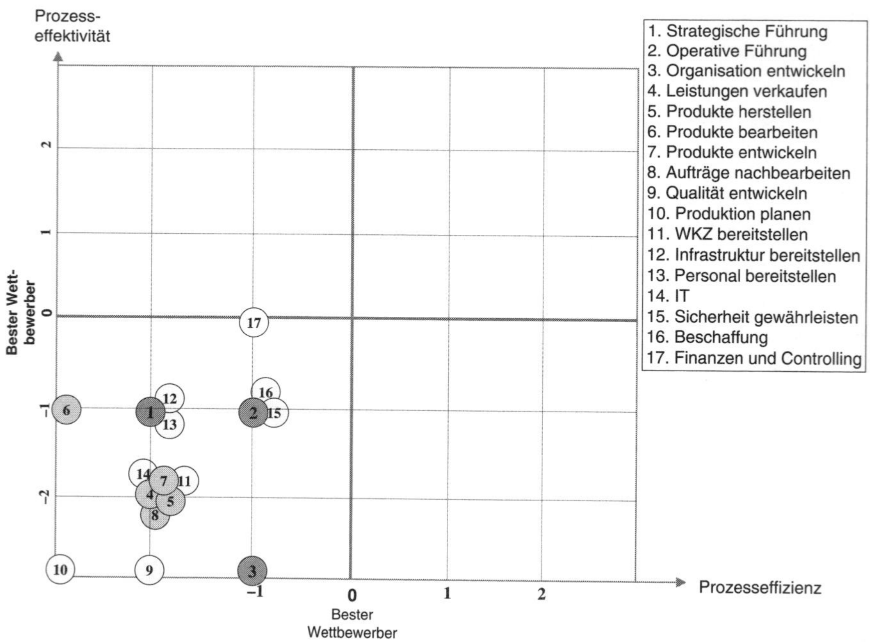

Bild 5-12: Beurteilung der Ist-Prozesse (Ebene 0)

eigneten Projektmanagements gezielt entwickelt und gefördert werden kann. Zudem werden die SEPs „Prozessbeherrschung“ und „wettbewerbsfähige Kosten“ von der Strategie „duale Welt“ beeinflusst, da ein kontinuierliches KVP sowohl für die Prozessbeherrschung wie auch für die Erreichung von wettbewerbsfähigen Kosten zentral ist.

- *Leistungen verkaufen*

  Der Leistungserbringungsprozess „Leistungen verkaufen“ ist ein wichtiger Prozess für die Umsetzung der Unternehmensstrategie. Dies ist daraus ersichtlich, dass der Prozess auf alle drei SEPs der Strategie „technologischer Partner“ wirkt. Die SEP „technische Fähigkeiten“ benötigt die Fähigkeiten wie „Funktionsanforderungen klar und verbindlich spezifizieren“ und „Fähigkeit, die technische Problemstellung des Kunden zu verstehen und in die interne Sprache zu übersetzen“, welche im Prozess „Leistungen verkaufen“ angesiedelt sind. Die SEP „Beratungs- und Entwicklungskompetenz“ benötigt mit der Fähigkeit „Beratungskompetenz im technischen Bereich“ Fähigkeiten des Prozesses „Leistungen verkaufen“. Zudem beeinflusst der Prozess die SEP „Time to Market“, da hier die Spezifizierung des Auftrages stattfindet. Ebenfalls findet eine direkte Beeinflussung der SEPs „Prozessbeherrschung“ und „alles aus einer Hand“ statt.

- *Produkte herstellen*

  Die Erreichung der strategischen Erfolgsposition „technische Kompetenz“ benötigt zu einem großen Teil Fähigkeiten, welche aus dem Prozess „Produkte herstellen“ stammen. Die Beeinflussung dieser SEP ist somit gegeben. Zusätzlich beeinflusst der Prozess die SEPs „Prozessbeherrschung“ und „wettbewerbsfähige Kosten“, da die Erreichung dieser SEPs auf einwandfrei funktionierende Arbeitsschritte im Prozess „Produkte herstellen“ angewiesen ist.

- *Produkte bearbeiten*

  Die Prozesse „Produkte herstellen“ und „Produkte bearbeiten“ bilden zusammen den Produktionsprozess. Dadurch ist ersichtlich, dass der Prozess „Produkte bearbeiten“ wie der Prozess „Produkte herstellen“ die SEPs „technische Kompetenz“, „Prozessbeherrschung“ und „wettbewerbsfähige Kosten“ beeinflusst. Zusätzlich beeinflusst der Prozess die SEP „alles aus einer Hand“, da in diesem Prozess die Fähigkeiten aufgebaut werden, welche für ein umfassendes Angebot an Dienstleistungen benötigt werden.

- *Produkte/Verfahren entwickeln und realisieren*

  Die Strategie „technologischer Partner“ benötigt für eine erfolgreiche Strategieimplementierung einen wirksamen Entwicklungsprozess. Dies ist auch daran ersichtlich, dass der Prozess alle SEPs beeinflusst. In diesem Prozess werden Fähigkeiten zur Verfügung gestellt, welche für die Erreichung der technischen Kompetenz, der Beratungs- und Entwicklungskompetenz, der Time to Market sowie für die Prozessbeherrschung, für wettbewerbsfähige Kosten und für das Angebot aus einer Hand benötigt werden.

- *Aufträge nachbearbeiten*

  Die SEPs „technische Kompetenz", „Beratungs- und Entwicklungskompetenz" und „Prozessbeherrschung" werden vom Prozess „Aufträge nachbearbeiten" dadurch beeinflusst, dass die zur Erreichung dieser SEPs benötigten Fähigkeiten anhand des Kundenfeedbacks gezielt weiterentwickelt werden können.

- *Qualität sichern*

  Zur Erreichung der technischen Kompetenz wird die Fähigkeit der Beherrschung der Normen-, Mess- und Prüfverfahren benötigt. Diese Fähigkeiten werden vom Prozess „Qualität sichern" beeinflusst. Im Weiteren werden die Fähigkeiten dieses Prozesses für die Erreichung der SEPs „Prozessbeherrschung" und „wettbewerbsfähige Kosten" benötigt, da bei beiden eine konstante Qualität benötigt wird.

- *Produktion planen*

  Die strategische Erfolgsposition „Time to Market" wird einerseits durch effiziente und schlanke Prozesse beeinflusst, andererseits durch eine geeignete und durchgängige Planung. Somit kann der Prozess „Produktion planen" die SEP „Time to Market" direkt und nachhaltig beeinflussen. Ebenfalls von diesem Prozess beeinflussbar sind die langfristigen SEPs „Prozessbeherrschung", „wettbewerbsfähige Kosten" und „alles aus einer Hand", da die Erreichung dieser Positionen durch eine geeignete und durchgängige Planung unterstützt wird.

- *Werkzeuge betreuen*

  Das passende Werkzeug ist für den Pressvorgang ein entscheidendes Hilfsmittel. Ein wichtiger Baustein zur Erlangung von technischer Kompetenz bildet der Prozess „Werkzeuge betreuen". Das passende Werkzeug am richtigen Ort und zum benötigten Zeitpunkt bildet eine Grundlage für die Prozessbeherrschung und beeinflusst somit zudem die Produktionskosten.

- *Infrastruktur betreuen*

  Die SEPs „Time to Market", „Prozessbeherrschung" und „wettbewerbsfähige Kosten" sind auf einen entsprechenden technischen Stand der

Anlagen angewiesen. Die Rolleninhaber des Prozesses „Infrastruktur betreuen" können somit die SEPs direkt beeinflussen.

- *Personal bereitstellen*

  Sowohl für die SEP „technische Kompetenz" als auch für die Beratungs- und Entwicklungskompetenz und die wettbewerbsfähigen Kosten wird eine hohe Mitarbeiterqualifikation benötigt. Ein systematisches Ausbildungsprogramm wirkt somit auf die Erreichung dieser SEPs.

- *IT*

  Die Prozessbeherrschung kann mit einer passenden IT-Infrastruktur direkt und nachhaltig unterstützt und beeinflusst werden.

- *Güter/Dienstleistungen beschaffen*

  Die SEP „Time to Market" wird vom Prozess „Güter/Dienstleistungen beschaffen" direkt beeinflusst, da eine zeitnahe Beschaffung der Güter und Dienstleistungen eine zwingende Voraussetzung zur Erreichung der SEP ist. Auch die SEP „Prozessbeherrschung" ist beeinflussbar, da diese davon abhängig ist, dass die Güter und Dienstleistungen in der richtigen Menge, am richtigen Ort und zum definierten Zeitpunkt vorhanden sind. Zusätzlich können durch eine kostengünstige Beschaffung die Kosten gesenkt werden und kann durch ein umfangreiches Angebot an Dienstleistungsverträgen die SEP „alles aus einer Hand" positiv beeinflusst werden.

- *Finanzen und Controlling*

  Das Erreichen von wettbewerbsfähigen Kosten benötigt geeignete Controllinginstrumente, welche die Grundlage für weitere Kostensenkungsmaßnahmen bieten. Somit kann der Prozess durch die Erstellung von geeigneten Kennzahlen die Erreichung der SEP beeinflussen.

  Die Prozesse „strategische Führung" und „operative Führung" sowie „Sicherheit gewährleisten" werden von den Projektteilnehmern als wichtige Prozesse beurteilt, haben jedoch keinen direkten und nachhaltig positiven Einfluss zur Erreichung der SEP.

Anhand dieser Analyse ist ersichtlich, welche Prozesse die Umsetzung der Strategie nachhaltig beeinflussen können (Bild 5-13). Da in einem ersten Schritt die Fähigkeiten für die Strategie „technologischer Partner" aufgebaut werden und erst langfristig die Strategie „duale Welt" angestrebt wird, sind jene Prozesse, welche die SEPs der Strategie des technologischen Partners beeinflussen, doppelt gewichtet worden. Die höchste Bewertung (neun Punkte) erreicht der Prozess „Produkte/Verfahren entwickeln und realisieren" gefolgt vom Prozess „Leistungen verkaufen" mit acht Punkten. Diese

Nr.	SEPs:	für Betrachtungs-objekt:	Gewichtung	1 Strategische Führung	2 Operative Führung	3 Organisation entwickeln	4 Leistungen verkaufen	5 Produkte herstellen	6 Produkte bearbeiten	7 Produkte/Verfahren entwickeln und realisieren	8 Aufträge nachbearbeiten	9 Qualität sichern	10 Produktion planen	11 Werkzeuge betreuen	12 Infrastruktur betreuen	13 Personal bereitstellen	14 IT	15 Sicherheit gewährleisten	16 Güter/Dienstleistungen beschaffen	17 Finanzen & Controlling
1	Technische Kompetenz	7, 8, 3, 4	2			2	2	2	2	2	2	2		2		2				
2	Beratungs- und Entwicklungskompetenz	7, 8	2				2			2	2					2				
3	Time to Market	7, 8	2				2			2			2		2				2	
4	Prozessbeherrschung	3, 4	1			1	1	1	1	1	1	1	1	1	1		1		1	
5	Wettbewerbsfähige Kosten	3, 4	1			1		1	1	1		1	1	1	1	1			1	1
6	Alles aus einer Hand	4	1				1		1	1			1						1	
Ergebnis Gewichtung Schlüsselprozesse				0	0	4	8	4	5	9	5	4	5	4	4	5	1	0	5	1

1, 2 = direkter, nachhaltig positiver Einfluss

Bild 5-13: Relative Bedeutung der Prozesse zur Erreichung der SEP

Bewertung fließt nun in die y-Achse des im Folgenden dargestellten Kompetenzportfolios ein.

Kompetenzportfolio

Die Ergebnisse aus der Ist-Prozessanalyse und die Beurteilung der Prozesse bezüglich ihrer Beeinflussung der SEPs bilden die Grundlage für das Kompetenzportfolio. Das Kompetenzportfolio verfolgt das Ziel, jene Prozesse zu identifizieren, welche für die Erreichung der SEPs bedeutend sind und zusätzlich einen hohen Verbesserungsbedarf aufweisen. Diese beiden Kriterien werden für die anschließende Priorisierung der Prozesse und der entsprechenden Maßnahmen benötigt.

Ist- und Soll-Kompetenzportfolio

Die Achsen „relative Bedeutung zur Erreichung der SEP" und „relative Wettbewerbsposition" können aus den vorhergehenden Analysen übernommen werden, wobei sich die relative Wettbewerbsposition aus einer Gewichtung aus Effizienz und Effektivität zusammensetzt (relative Wettbewerbsposition = (Effizienzposition · 1 + Effektivitätsposition · 2) : 3). Die Effektivität wird dabei aufgrund der bestehenden Situation doppelt gewichtet, da aus Sicht der Strategie einer Steigerung der Effektivität mehr Bedeutung zugeordnet wird (Bild 5-14).

Das Kompetenzportfolio basiert auf der Überlegung, dass jene Prozesse, welche für die Strategie bzw. für die Erreichung der strategischen Erfolgsposi-

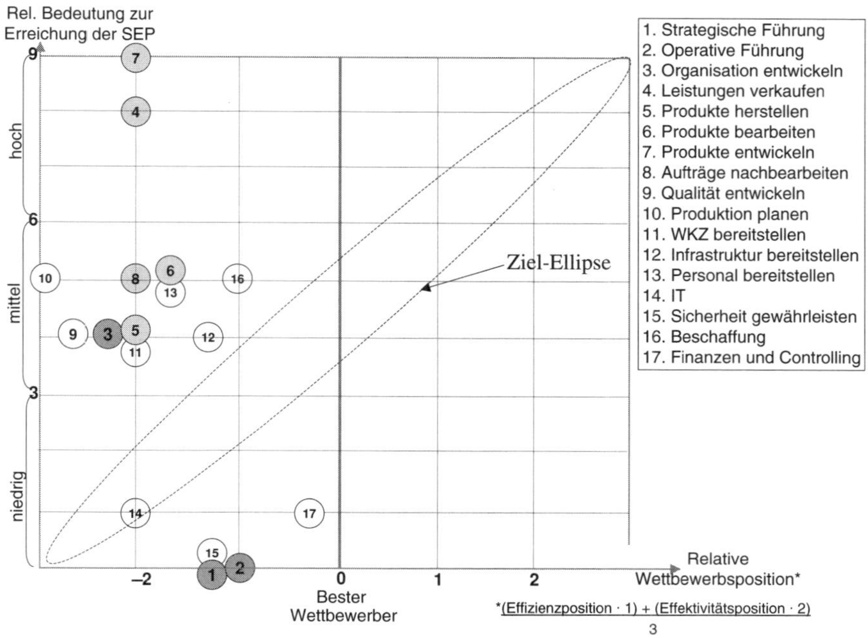

Bild 5-14: Ist-Kompetenzportfolio

tionen zentral sind, eine starke Wettbewerbsposition benötigen. Bei jenen Prozessen, wo die Erreichung der SEP direkt beeinflusst werden kann, wird das Ziel angestrebt, über eine bessere Wettbewerbsposition als der Wettbewerber zu verfügen. Diese Positionen entsprechen der Ziel-Ellipse (vgl. Bild 5-14).

Anhand des Soll-Kompetenzportfolios (Bild 5-15) kann abgeleitet werden, welche Prozesse für die Strategie zentral sind und bei welchen Prozessen Handlungsbedarf besteht. Jene Prozesse, welche bereits in der Ziel-Ellipse positioniert sind oder aber rechts davon, benötigen keine weiteren Maßnahmen.

Priorisierung der Schlüsselprozesse

Die Priorisierung der Prozesse ergibt sich nun aus der Distanz des Ist-Prozesses zum Soll-Prozess (Position in der Ziel-Ellipse). Anhand dieser Priorisierung ist ersichtlich, mit welcher Intensität die Prozesse weiterentwickelt werden müssen. Je höher die Priorisierung, desto zentraler ist es, geeignete Maßnahmen zu entwickeln und rasch umzusetzen (Bild 5-16).

Für die anhand des Kompetenzportfolios identifizierten Schlüsselprozesse werden nun in einem weiteren Schritt geeignete Maßnahmen abgeleitet. Das

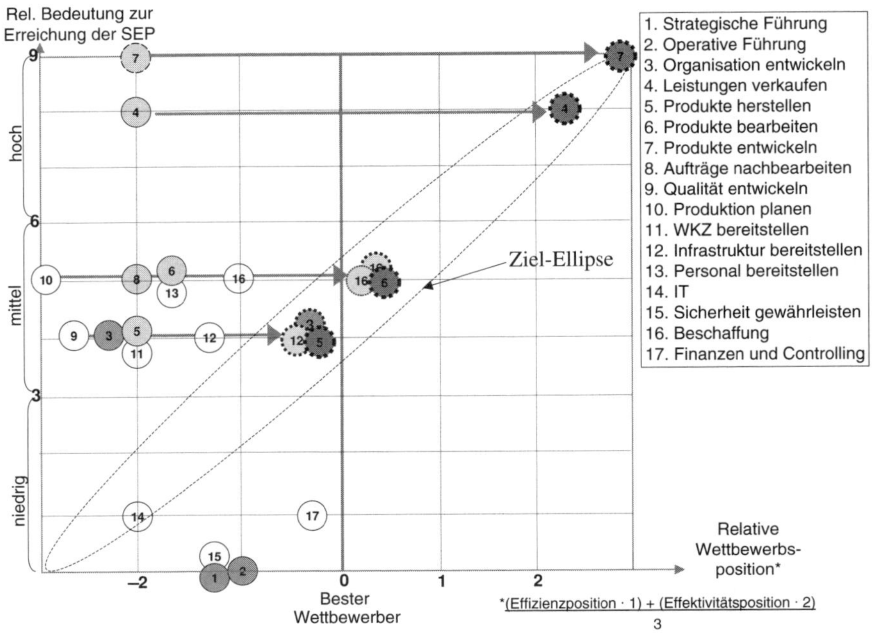

Bild 5-15: Soll-Kompetenzportfolio

Schlüsselprozesse (Nr. 7 bis 16)

Nr.	Prozess	Ist-Position	Soll-Position	Delta	Priorisierung	Verantwortlich
7	Produkte entwickeln	-2	3	5	1	SBR
4	Leistungen verkaufen	-2	2,5	4,5	2	KGU
10	Produktion planen	-3	0,5	3,5	3	SBR
8	Aufträge nachbearbeiten	-2	0,5	2,5	4	KGU
6	Produkte bearbeiten	-1,7	0,5	2,3	5	PLU
13	Personal bereitstellen	-1,7	0,5	2,3	5	PLU
9	Qualität entwickeln	-2,7	-0,5	2,2	6	SBR
3	Organisation entwickeln	-2,3	-0,5	1,8	7	PLU
12	Infrastruktur instand halten	-1,3	-0,5	1,8	7	SBR
11	WKZ bereitstellen	-2	-0,5	1,5	8	SBR
5	Produkte herstellen	-2	-0,5	1,5	8	SBR
16	Beschaffung	-1	0,5	1,5	8	EJS
1	Strategische Führung	-1,3	-3	0		
2	Operative Führung	-1	-3	0		
14	IT	-2	-2,5	0		
15	Sicherheit gewährleisten	-1,3	-3	0		
17	Finanzen & Controlling	-0,3	-2,5	0		

Bild 5-16: Priorisierung der Maßnahmen

Delta gibt einen Anhaltspunkt dafür, in welcher Intensität die Maßnahmen wirken müssen. So lässt sich anhand der Priorisierung ableiten, dass der Prozess „Produkte/Verfahren realisieren und entwickeln" mit einem Delta der Größe 5 einen hohen Handlungsbedarf aufweist, während der Prozess „Güter/Dienstleistungen beschaffen" mit einem Delta von 1,5 weniger

Maßnahmen zur Erreichung der gewünschten Wettbewerbsposition benötigt.

Für die identifizierten Schlüsselprozesse (Delta größer null) werden in einem weiteren Schritt zur Schließung des Deltas und für die Erreichung der strategischen Ziele geeignete Maßnahmen abgeleitet und in einer Maßnahmenplanung zusammengefasst.

5.4.10 Funktionale Strategien

Auf eine Darstellung der verschiedenen funktionalen Strategien, die aus den vorangehenden Analysen abgeleitet wurden, wird an dieser Stelle verzichtet. Da die Prozesse den Hauptfokus dieses Buches bilden. Es sei aber an dieser Stelle darauf hingewiesen, dass auch bei oder nach einer prozessorientierten Reorganisation Funktionen eine Rolle spielen. Es ändern sich die Betrachtungsperspektive und die Priorisierung im Unternehmen in Richtung der sachlogischen Abläufe vom Kunden zum Kunden, die Funktionen werden dadurch aber weder ersetzt noch überflüssig. Dies ist in vielen Unternehmen auch hoch konfliktträchtig und bedingt, dass die Zusammenarbeit zwischen Prozessen und Funktionen auf irgendeine Art geregelt werden muss. Meist geschieht dies durch die Erarbeitung von Spielregeln.

5.4.11 Maßnahmen

Anhand der Analyse der Ist-Prozesse bezüglich Effizienz und Effektivität sowie aufgrund der Erkenntnisse aus der Erstellung der funktionalen Strategien sind die im Folgenden zusammengefasst dargestellten Maßnahmen abgeleitet worden.

Abgeleitet aus den strategischen Zielen sind zudem Prozessziele definiert worden, um die Umsetzung der Maßnahmen kontrollieren zu können. Im Folgenden werden die Prozessziele sowie die wichtigsten Maßnahmen zusammengefasst dargestellt. Die Maßnahmen werden anhand ihrer Priorität bezüglich der Umsetzung, abgeleitet aus dem Kompetenzportfolio, dargestellt.

5.4.11.1 Produkte/Verfahren entwickeln und realisieren

Dieser Prozess, welcher im Kompetenzportfolio aus strategischer Sicht als wichtigster Prozess definiert worden ist, verfügt über einige grundlegende Schwachstellen. Zum einen ist der Prozess nicht klar definiert, andererseits werden die Prozessschritte nicht eingehalten und die Abläufe dauern zu lange. Zudem erfolgen Kundenzusagen ohne Sicherstellung der benötigten Fähigkeiten.

Anhand dieser Mängel konnten, zusammengefasst dargestellt, die folgenden zentralen Maßnahmen abgeleitet werden:

- Ausbau der Fähigkeiten, technisch anspruchsvolle Produktideen bezüglich Metallurgie, Form, Oberfläche, Toleranzen und Verfahren in Serienreife umzusetzen,
- Entwicklungsleiter bestimmen,
- Mitarbeiterqualifikation aufbauen,
- Prozess klar definieren (inklusive frühzeitiger Triage des Standardproduktes und des anspruchsvollen Neuproduktes) und mit Prozesskennzahlen hinterlegen,
- klare Kriterien für Serienfreigabe,
- enge Zusammenarbeit mit dem Kunden: klare Anforderungen an das Produkt und Potentialabschätzung,
- Projektmanagementstandard im Entwicklungsprozess umsetzen.

Die Überprüfung der Maßnahmen kann anhand der folgenden Prozesskennzahlen durchgeführt werden:

- Prozentsatz zur Serienreife geführter Entwicklungsprojekte,
- Innovationsgrad,
- Time to Market,
- Durchlaufzeit „Entwicklungsanfrage bis Entwicklungs-AB an den Kunden“,
- Durchlaufzeit „freigegebener Entwicklungsauftrag bis Abnahme Serienreife durch den Prozesskunden“,
- Anzahl Auftragsänderungen nach Versand Entwicklungs-AB,
- Delta „Serien-Recovery“ – „Abnahme-Recovery“,
- Qualitätskennzahl „Erfüllung im Projekt“.

5.4.11.2 Leistungen verkaufen

Wie anhand der Prozessanalyse ersichtlich ist, bildet der Prozess „Leistungen verkaufen“ für die Umsetzung der Strategie einen zentralen Faktor. Da die einzelnen Teilprozesse unterschiedlich stark entwickelt sind, werden die Teilprozesse getrennt dargestellt.

Markt informieren

Die Aufgaben dieses Teilprozesses sind zurzeit im Aufbau und die unten aufgeführten Maßnahmen unterstützen die Weiterentwicklung dieses Teilprozesses. Den bestehenden Schwächen, wie fehlende Marketingstrategie, Verunsicherung beim Kunden durch negative Publicity und aufgrund von

Qualitäts- und Lieferschwierigkeiten, wird mit den folgenden Maßnahmen begegnet:

- Marketingkonzept erarbeiten und rasch umsetzen,
- Marktbearbeitung der strategischen Segmente verstärken: Zielkunden definieren, Werbematerial erstellen und an Messen teilnehmen,
- Marketingcontrolling verbessern,
- Außendienstmitarbeiter über Strategie und konkrete Ziele informieren,
- Teilprozess inklusive Aufgabenketten festlegen und Kennzahlen erarbeiten.

Die Maßnahmen werden mit den folgenden Prozesskennzahlen kontrolliert:

- Relevantes, zugängliches Marktpotential besser kennen (Marktpotential in Tonnen in den relevanten Segmenten),
- Bekanntheitsgrad und Image bei den wesentlichen Zielgruppen erhöhen (Zielgruppenbefragung),
- professionelle Tools für externen und internen Gebrauch zur Verfügung haben/bereitstellen (Anzahl Zugriffe/Feedbacks),
- die richtigen Kunden finden (Anzahl potentielle Neukunden für den Teilprozess „Anfragen gewinnen").

Anfragen gewinnen

Die Schwächen dieses Teilprozesses sind vor allem in der ungenügenden Definition des Prozesses, in der Überlastung der Rolleninhaber und im Know-how-Verlust aufgrund des Weggangs von Schlüsselpersonen zu suchen. Die folgenden Maßnahmen sollen helfen, diese Lücken zu schließen und die strategischen Ziele umzusetzen:

- Zielkunden ansprechen,
- Verkaufsmitarbeiter schulen,
- Produktmanager aufbauen,
- neue Kunden suchen: geografische und technologische Duplizierung der Kernfähigkeiten.

Die dazugehörigen Prozesskennzahlen:

- bestehende strategische Kunden ausbauen (Segment 7 und 8),
- bei bestehenden Kunden (Segmente 1 bis 6) Anfragen für Produkte aus den Segmenten 7 und 8 generieren,
- neue strategische Kunden gewinnen (Segment 7 und 8),
- möglichst viele Produkt-Leistungs-Katalog-konforme Anfragen generieren.

Auftrag gewinnen

Im Teilprozess „Auftrag gewinnen“ werden die Qualität der Offerten, die Nachvollziehbarkeit der Preisfindung, die fehlende Hinterfragung der Kundenspezifikationen, die zu langen Durchlaufzeiten aufgrund der unsauberen Dokumentation, die Nichteinhaltung von Spezifikationen und die Überlastung der Rolleninhaber als Schwächen festgehalten. Diesen wird mit den folgenden Maßnahmen begegnet:

- Rasche Reaktion auf Anfragen: Machbarkeit, Kalkulation, Offerte (eventuell Entwicklungsangebot),
- Volllaststrategie und aktuelle Auslastungsstrategie in Preisgestaltung und Akquisition berücksichtigen,
- Qualifikationen der Mitarbeiter aus- und aufbauen.

Die Prozesskennzahlen wurden folgendermaßen definiert:

- Bestellungseingang in den einzelnen Segmenten,
- Hit-Rate der Offerten (Trefferquote der erstellten Offerten in Prozent).

Auftrag erstellen

Beim vierten Teilprozess des Prozesses „Leistungen verkaufen“ sind die komplizierte Terminabstimmung (mehrere Abstimmungsrunden), die ungenügende Regelung der Verantwortlichkeiten, die zum Teil ungenügende Definition der technischen Details, die Überlastung der Rolleninhaber und teilweise mangelhafte EDV-Unterstützung als Schwachstellen identifiziert worden. Die folgenden Maßnahmen können festgehalten werden:

- Qualifikation des Innendienstes ausbauen,
- Datenbank WISA stabil halten.

Die dazugehörigen Prozesskennzahlen:

- Durchlaufzeit DLZ Auftragsbestätigung,
- Lieferflexibilität (Wie viel Prozent der Aufträge können gemäß Kundenwunschtermin bestätigt werden?),
- Anzahl Rückfragen aus der Produktion.

5.4.11.3 Produktion planen

Beim Prozess „Produktion planen“ sind nicht definierte Schnittstellen zu anderen Prozessen, die Nicht-Beherrschung des Prozesses und hohe Lagerbestände ein Problem. Die Erreichung der strategischen Ziele und die Lösung der bestehenden Probleme führten zu den folgenden Maßnahmen:

- Klare Regelung der Kompetenzen und Verantwortlichkeiten, Schnittstellen klären,
- Bereinigung und Vereinfachung der Operationspläne,

- IT-Systeme stabil halten und verbessern,
- griffiges Terminverfolgungsinstrument definieren und einsetzen.

Die Umsetzung der oben dargestellten Maßnahmen kann nach einer weiteren Konkretisierung anhand der folgenden Prozessziele kontrolliert werden:

- Liefertreue,
- Lieferflexibilität,
- Lagerbestand,
- Differenz Vorgabezeiten zu Ist-Zeiten.

5.4.11.4 Aufträge nachbearbeiten

Die Schwächen im Prozess „Aufträge nachbearbeiten“ sind keine konsistente Qualität der gesammelten Infos, Nichteinhaltung der 24-Stunden-Reaktionszeit, Behandlung von Symptomen und nicht von Ursachen, Fehlerbilder werden nicht konstant erfasst und konsequent in Prozessverbesserungen eingebracht, Wirksamkeit von Maßnahmen wird kaum überprüft. Zudem existiert eine lange Debitorenliste, keine konsequente Nachfassung, Rechnungsstellung erfolgt nicht „on time“ und keine klare Regelung der Verantwortlichkeiten. Die Maßnahmen lassen sich wie folgt zusammenfassen:

- Kundenfeedbacks sofort aufnehmen und erledigen,
- im Reklamationsmanagement den 8D-Report konsequent bearbeiten, erledigen und allgemeine Verbesserungspotentiale realisieren,
- Standardisierung von Besuchsrapporten einführen.

Die Prozessziele sind folgendermaßen definiert:

- Durchlaufzeit Reklamationserfassung,
- Wiederholreklamationen,
- Qualitätskosten (Euro/Umsatz),
- Kundenzufriedenheit.

5.4.11.5 Produkte bearbeiten

Die Strategie bzw. vor allem die strategische Erfolgsposition „alles aus einer Hand“ verlangt die technische Fähigkeit für Bearbeitungsoperationen verschiedenster Art. Dies führt neben den Investitionen zu den folgenden Maßnahmen (zusammenfassend dargestellt):

- Mechanische Bearbeitung: gezielter Einsatz von Komplementoren und Investitionen in eigene Anlagen, insofern Potential und Wirtschaftlichkeit langfristig sichergestellt sind.
- Anodisation: Kapazitätsausgleich mit Komplementoren.

Die Umsetzung der strategischen Ziele lässt sich anhand der folgenden Prozessziele überprüfen:

- Durchlaufzeiten der Teilprozesse in Tagen,
- Qualitätskennzahl der Teilprozesse in Prozent,
- Herstellkosten der Teilprozesse in Euro (bzw. in CHF),
- Verpackungskosten in Euro/kg (CHF/kg),
- Transport und Administrationskosten in Euro (CHF).

5.4.11.6 Personal bereitstellen

Die Hauptschwächen des Prozesses „Personal bereitstellen" liegt zurzeit im Besetzungsdefizit, bei den vielen Abgängen und dem hohen Aufwand der Personaladministration. Die Strategie, welche entscheidend von guten Führungskräften und motivierten und gut ausgebildeten Mitarbeitern abhängt, sowie die genannten Defizite bedingen die folgenden Maßnahmen:

- Definition einer Ausbildungsstrategie: gezielte Ausbildungsprogramme zur qualitativen Weiterentwicklung und Förderung entwickeln,
- Nachwuchsförderung und -planung,
- Formalisierungsgrad reduzieren,
- Pflegen einer qualitativ hoch stehenden Lehrlingsausbildung.

Die Umsetzung der Maßnahmen kann durch die folgenden Prozesskennzahlen kontrolliert werden:

- Rollenerfüllungsgrad in Prozent,
- prozentuale Neubesetzung innerhalb der Kündigungsfrist,
- Fluktuationsrate in Prozent,
- Betriebszugehörigkeit in Jahren,
- gedeckter Schulungsbedarf in Prozent der Anforderung,
- Wert offener Verpflichtungen nach Ausscheiden,
- Vermittlungskosten extern und intern/Personalkosten pro Jahr,
- Gerichts- und Anwaltskosten,
- Auszahlung Jahresarbeitszeit/Urlaub.

5.4.11.7 Qualität entwickeln

Beim Prozess „Qualität entwickeln" sind unvollständige und nicht geeignete Messmittel, unklare Abläufe, unzureichende Einhaltung der Prüfpläne sowie unzureichende Ausbildung und Verantwortlichkeiten als Schwachstellen identifiziert worden. Zusammengefasst lassen sich die folgenden Maßnahmen festhalten:

- ISO 9001:2000 stabil halten, mittelfristig ISO 14000 (Umwelt) und ISO TS 16949 (Automobil) anstreben,

- Prüfpläne für Produktgruppen aufstellen und umsetzen,
- Mitarbeiter befähigen: Qualitätsbewusstsein und Fähigkeiten der Mitarbeiter ausbauen bei Normen-, Prüf- und Messverfahren,
- Qualitätsaudits festlegen, planen und durchführen.

Die zur Überprüfung der Umsetzung benötigten Prozessziele sind folgendermaßen festgelegt:

- Reklamationsquote,
- Kosten für veredelten Schrott,
- Verfügbarkeit der Messmittel beim Prozesskunden,
- Prüfaufwand und Prüfkosten.

5.4.11.8 Organisation entwickeln

Im Prozess „Organisation entwickeln" sind die Probleme u.a. in den Prozessschnittstellen, in der Nicht-Reproduzierbarkeit der Prozesse, in der informellen Regelung der Aufgaben, Befugnisse und Kompetenzen und im Defizit zwischen Verantwortung und Befugnissen zu finden. Zudem fehlt teilweise die Erkenntnis des Nutzens für die Unternehmung. Zusammengefasst sehen die identifizierten Maßnahmen wie folgt aus (Bild 5-17):

- Prozessverbindungsstellen klären und vereinbaren,
- Dokumentation der Schlüsselprozesse erstellen,
- Know-how-Multiplikatoren der Schlüsselprozesse auswählen und schulen,
- Prozessaudits institutionalisieren,

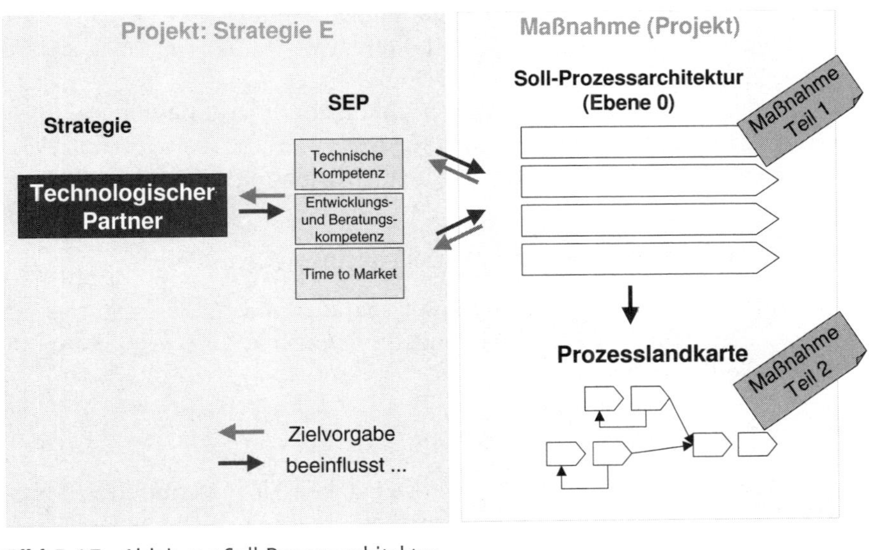

Bild 5-17: Ableitung Soll-Prozessarchitektur

- Einführung von ISO 14 000 (Umwelt) und ISO/TS 16 949 (Automobil),
- Erarbeitung der Soll-Prozessarchitektur,
- Überprüfung der Organisationsstruktur.

Festzuhalten sind die folgenden Prozessziele:

- Reifegrad von Prozessen (1 bis 5: 1 = intuitiv; 2 = wiederholbar; 3 = definiert; 4 = geführt; 5 = optimiert),
- Fortschrittsspinne Managementbewertung,
- Projektmanagement: Punktbewertung Qualitätskennzahl (Punkte 1 bis 30),
- Nettonutzen/Mitarbeiter (Euro/Mitarbeiter).

5.4.11.9 Infrastruktur instand halten

Die Schwachstellen des Prozesses Infrastruktur „instand halten" werden darin gesehen, dass viele Anlagen am Ende des Lebenszyklus sind, dass die eingeleiteten Maßnahmen nicht konsequent abgeschlossen und oft keine nachhaltigen Reparaturen durchgeführt werden. Die aus strategischer und operativer Sicht erarbeiteten Maßnahmen lassen sich folgendermaßen zusammenfassen:

- Know-how für Kernanlagen gezielt im Hause aufbauen, handwerkliche Unterstützung bei Bedarf einkaufen,
- konkreten Maßnahmenplan bezüglich Qualifikation der Instandhaltungsmitarbeiter definieren,
- Erstellung einer geeigneten Anlagendokumentation,
- konkreter Maßnahmenplan (drei Jahre) über Status der Anlagen und deren Instandhaltungsmaßnahmen definieren,
- sukzessiver Abbau des Investitionsnachholbedarfs in Immobilien-, Energie- und interner Logistikinfrastruktur nach Priorität (Arbeits- und Ausfallsicherheit, gesetzliche Vorschriften, Betriebsnutzen, Substanzerhaltung).

Zusätzlich sind die folgenden Prozessziele identifiziert worden:

- Optimum zwischen Vorbeugung und Reparatur finden.
- Budget einhalten, senken. P7: Summe (Störstunden jeder Presse) : Gesamtproduktionszeit aller Pressen.

5.4.11.10 Werkzeuge betreuen

Die Schwachstellen des Prozesses „Werkzeuge betreuen" betreffen den prozentual zu geringen Anteil an Null-Proben, die zu oft vorkommenden Unterbrüche, die Nichtbeherrschung des Nitrierprozesses, den Ausbildungsstand des Mitarbeiters und die zu lange Entscheidungsdauer bei Werkzeugproblemen. Die folgenden Maßnahmen sind festzuhalten:

- Erhöhung der Mitarbeiterqualifikation durch Mitarbeiterschulungen,
- Verbesserung der technischen Ausrüstung.

Die Prozessziele werden folgendermaßen definiert:

- Null-Proben-Prozent erhöhen,
- Durchschnitt Probepressungen senken,
- Nitrierfehler senken.

5.4.11.11 Produkte pressen

Beim Prozess „Produkte pressen“ sind im Teilprozess „Stangen gießen“ die folgenden Schwachstellen zu verbessern: zu große Schrotterzeugung, Personalqualifikation, niedrige Produktivität sowie die Disziplin und Beherrschung der Abläufe. Im Teilprozess „Halbzeuge pressen“ sind die Schwächen vor allem in der Nichtbeherrschung des Pressvorgangs, in der Personalqualifikation und in der Werkzeugauslegung zu finden. Zur Erreichung der SEP und zur Schließung der oben genannten Schwachstellen sind die folgenden Maßnahmen definiert worden:

Stangen gießen:

- Vollauslastung der technischen Kapazität,
- Ausrüstung als Spezialitätengießerei (zusätzlicher Gießtisch, Entgasung),
- Personal einstellen,
- Weiterbildung der Mitarbeiter,
- Einführung einer Profitcenter-Organisation,
- Vertriebskonzept definieren und umsetzen.

Halbzeuge pressen:

- Vollauslastung der technischen Kapazität:
  - P8, P16, P35 mindestens dreischichtig, P25 wieder hochfahren,
  - P16 ersetzen,
  - P8 und P25 stabil halten und modernisieren,
- Schulung der Mitarbeiter an der Presse bezüglich Pressprozess und Qualitätsprozess,
- Konzept für den zukünftigen Einsatz der P25.

Zur Kontrolle der Umsetzung sind die folgenden Prozesskennzahlen definiert worden:

Stangen gießen:

- Erzeugte Gutmenge erhöhen (T),
- Verringerung der Reklamationsquote (%),

- Personalproduktivität (kg/Mannstunden),
- Produktionskosten pro Kilogramm (Euro),
- Energieeffizienz.

Halbzeuge pressen:

- Stillstandszeiten (%),
- Gutmenge (%),
- Pressenproduktivität (kg/h).

5.4.11.12 Güter und Dienstleistungen beschaffen

Die Schwächen im Prozess „Güter und Dienstleistungen beschaffen" beziehen sich auf die fehlenden flächendeckenden Messungen, die verschiedenen Arten von Tools und Systemen, keine einheitlichen Schnittstellen und die nicht durchgängige Einhaltung von Standards. Die Maßnahmen sind folgendermaßen definiert worden:

- Klare Festlegung der Waren- und Lieferantengruppen,
- strategische Lieferanten sauber evaluieren und bewerten,
- Beschaffungsprozess sauber beschreiben und Subprozesse definieren,
- Hedgingziele sauber definieren,
- Nachfolge Einkaufsleiter regeln.

Die Prozesskennzahlen lassen sich wie folgt beschreiben:

- Einsparung in Prozent (nach Kategorie),
- Hedge-Anteile in Prozent,
- Beschaffungspreisniveau in Prozent.

5.4.11.13 Weitere Maßnahmen

Die oben aufgeführten Maßnahmen verfolgen das Ziel, die Strategie des technologischen Partners umzusetzen. Dabei wurden die Prozessziele an den strategischen Zielen ausgerichtet und für die Schlüsselprozesse geeignete Maßnahmen definiert. Im Weiteren sind aus der Erarbeitung der funktionalen Strategien Maßnahmen abgeleitet und in die oben dargestellte Maßnahmenplanung eingefügt worden.

Zusätzlich festzuhalten sind die aus der Sicht der funktionalen IT- und Finanzen-und-Controlling-Strategie entstandenen Erkenntnisse und Maßnahmen, welche anschließend dargestellt werden.

IT:

- Die bestehende heterogene IT-Landschaft ist abzusichern, da Ressourcen für ein großes Erneuerungsprojekt kurzfristig nicht vorhanden sind;

- Sicherung Datenbank WISA: kleine Anpassungen aufgrund der Prozessentwicklungen, notfalls Freezing;
- Ersatz der gefährdeten dezentralen Anwendungen 2006/2007: CAD, HP-3000-Applikationen (Zugprüfmaschinen, Atteste, Kundenvorschriften, Materialprüfung etc.), Informationssystem-Lohn, Packplatz und Abfallwaage.
- Initialisierung und Blueprint ERP ab ca. Mitte 2007, Realisierung 2008, Go Life 2009.

Finanzen und Controlling:

- Prozesse grundsätzlich stabil und mit modernem SAP geführt,
- strenge Beachtung der Liquiditätseinhaltung,
- Kreditoren-, Debitorenbewirtschaftung weiter optimieren,
- zusammen mit CFO-Holding nach Vereinfachungen im Papier suchen,
- Dienstleistungen für Standortfirmen weiter pflegen – zusätzlichen Ertrag erwirtschaften.

5.5 Erste Erfahrungen mit der definierten Strategie

Die bisherigen Erfahrungen mit der definierten Strategie zeigen, dass der strategische Ansatz richtig ist. Die Schwachstellenanalyse der strategischen Prozesse weist den Weg zur Ziel- und Maßnahmenplanung sowie deren erfolgsnotwendige Priorisierung.

Als Schwerpunkte in der Umsetzung wurden die folgenden Aufgaben festgelegt und bearbeitet:

- Klare und offene interne Kommunikation der Strategie mit der Erklärung, warum (nur) diese Strategie für E erfolgversprechend ist.
- Bereinigung der mangelhaften Prozessbeschreibungen und die Verpflichtung der Beteiligten, die beschriebenen Abläufe konsequent einzuhalten.
- Anpassung der Aufbauorganisation an die Prozesslogik.
- Die Ziel- und Maßnahmenplanung im Rahmen des nächsten Jahresbudgets wurde konsequent auf die aus der Strategie vorgegebenen Bedürfnisse und Prioritäten ausgerichtet, d. h., das Budgetjahr eins stellt die erste Jahresetappe in der Strategieumsetzung dar und ist weitgehend deckungsgleich mit dem strategischen Businessplan.

Heute, ungefähr ein Jahr nach Strategieabschluss, können deutliche Fortschritte auf dem strategischen Weg festgestellt werden. Die meisten Kennzahlen weisen gegenüber den Zielvorgaben sogar einen kleinen Vorsprung auf. Entscheidend dürfte dies darauf zurückzuführen sein, dass:

- durch die Prozess- und Organisationsbereinigung die Verantwortungen klar geregelt sind,
- nur messbare Ziele festgelegt und diese in realistische Etappen unterteilt wurden und
- die Messgrößen laufend kontrolliert und bei Abweichungen sofort Gegenmaßnahmen ergriffen werden.

Zusammenfassend lässt sich die Erfahrung folgendermaßen ausdrücken: „Die Strategie wurde festgelegt und gilt als klare Leitidee. Alle Investitionen, Maßnahmen und Entscheidungen werden auf die Erreichung der strategischen Ziele ausgerichtet. Die Umsetzung der Strategie im Tagesgeschäft wird so portioniert, dass das große Fernziel in realistische kleine Etappenziele (täglich – monatlich – quartalsweise) umgewandelt wird. Diese ‚Greifbarkeit' hat den Ehrgeiz der Mitarbeiter geweckt, weil man so praktisch täglich den Fortschritt sehen kann."

5.6 Zusammenfassung

In den letzten Monaten wurde im Rahmen des Projekts „Strategie E" eine langfristig erfolgversprechende Strategie für E definiert. Basierend auf einer Analyse der Umfeldbedingungen und den aktuellen Stärken und Schwächen kristallisierte sich dabei die Strategievariante „technologischer Partner" als realistische Option heraus (grundsätzliche Weiterführung der bisherigen Strategie, mit jedoch wesentlich konsequenterer Ausrichtung aller Prozesse, Ziele und Maßnahmen auf die [Wieder-]Erreichung der notwendigen Fähigkeiten und Marktstellung, vergleichsweise investitionsarm, geringe Konflikte mit bestehenden Strukturen und Layouts). Gleichzeitig wurde eine anschließende Weiterentwicklung dieser Strategieoption in die Variante „duale Welt" (Segmente 3 und 4 zusätzlich) geprüft, welche jedoch erst langfristig zu erreichen ist.

Die Strategie „technologischer Partner" beinhaltet die Fertigung von anspruchsvollem Aluminiumhalbzeug sowie ein umfassendes Angebot an mechanischen und Oberflächenbearbeitungen. E positioniert sich mit dieser Strategie als technisch kompetenter Beratungs- und Entwicklungspartner von Kunden, welche aufgrund ihrer Innovationsfähigkeit über ein steigendes Marktpotential verfügen (Segmente 7 und 8). Die strategische Positionierung erfolgt über die technische Produktkompetenz.

Die strategischen Dimensionen des technologischen Partners umfassen die folgenden Punkte:

Grundverhalten: Differenzierung über innovative und einzigartige Produkte. Technische Kernkompetenzen sowie Entwicklungs- und Beratungskompetenz ausbauen, um am Markt als Entwicklungspartner aufzutreten. Mittel- bis langfristig Industrialisierungskompetenz aufbauen, um zusätzlich die Segmente 3 und 4 zu bedienen. Dies erfordert eine überdurchschnittlich hohe Fach- und Führungsqualifikation der Kader und Mitarbeiter.

Produkt-Markt-Matrix: Innovative Produkt- und Marktentwicklung. Konzentration auf Produktportfolio und Produktlebenszyklus. Identifikation und Zusammenarbeit mit den Key Accounts der Segmente 7 und 8 sowie 3 und 4. Marktdurchdringung in den bei E bereits bestehenden Märkten/Kunden der Segmente 7 und 8; innovative Entwicklung neuer Produkte/Märkte durch neue Anwendungen der Technologien. Das geografische Einzugsgebiet verlagert sich vermehrt auf den ganzen europäischen Raum.

Produktprogramm: Hohe Produkt-/Legierungskomplexität mit dem Ziel, verschiedene, einzigartige Produkte/Leistungen anzubieten (siehe Parameter der „technologischen Einzigartigkeit"). Gezielte Investitionen in Produkt- und Verfahrenstechnologie bauen auf bestehenden Kernkompetenzen beim Gießen und Pressen auf.

Wachstumsorientierung: Wachstum durch neue Produktentwicklungen bzw. durch Ausweitung der Produktkompetenzen auf zusätzliche Bedürfniskonstellationen. Ausbau und Absicherung der Technologiekompetenz hat Priorität vor Ausbau der Kapazität. Segmentbereinigung erfolgt schrittweise entsprechend realisierter Neuaufträge in den Zielsegmenten. Das heißt, es besteht auf längere Sicht genügend Gieß- und Presskapazität zum Wachstum in den strategischen Segmenten bei schrittweisem Verzicht auf einfachere Produkte.

Synergieausnutzung: Produktorientiert zur Sicherstellung eines konstanten Stromes marktfähiger Innovationen. Nutzung von „Plattformdenken" (Economies of Scope) in Technologieentwicklung, Produktion, Marketing und Vertrieb, unterstützt durch prozessorientiertes Projektmanagement und Planungssystem. Weitgehende Prozessbeherrschung (Kosten, Qualität, Zeit) ist Voraussetzung.

Nutzung der Kapazität der Schlüsselanlagen: Parallel zur Konzentration auf das Angebot hochwertiger Produkte wird aus Gründen der Kostendeckung und des Know-how-Erhalts der Mitarbeiter eine stabile Vollauslastung (Dreischichtbetrieb) der Kernanlagen (Pressen und Gießerei) angestrebt.

Integrationsorientierung: Lange, flexible Wertschöpfungskette. Kernkompetenz bleibt Formatguss und Extrusion; anspruchsvolle Oberflächen- und mechanische Weiterbearbeitung bis zur Komponente werden intern und mit externen Partnern ausgebaut (produkt- und kapazitätsabhängig).

Kooperationsformen: Unabhängig als KMU. Aufbau von Partnerschaften bei Technologieentwicklung, Oberfläche, Weiterbearbeitung und Werkzeugtechnologie.

Konkurrenzverhalten: Aggressiv in den Leistungsprozessen (Zielsetzung = unter den Top-3-Lieferanten sein in den relevanten Anwendungen); kooperativ bei Supportprozessen. Konkurrenzeintrittsbarrieren: Firmen-/Markenname, geschützte Technologien, Entwicklungsressourcen und -partnerschaften, Produktstandards.

Strategieumsetzung:

Gegen 35% der aktuellen Auslastung (Absatzmenge) sind heute strategiekonform (Segmente 7 und 8). Die weitere Expansion in diesen Segmenten bedeutet eine Absatzsteigerung von 189% auf 7.184 Tonnen (bis 2009). Die restlichen Segmente werden konsolidiert und bereinigt, wobei die Umsetzung der Strategie so geplant wird, dass die notwendige Auslastung dauernd gewährleistet ist. Die geplante Gesamtabsatzmenge im Jahr 2009 umfasst 15.940 Tonnen, was in etwa einem Umsatz von ca. 71,3 Mio. Euro (112 Mio. CHF) entspricht. Aus der Absatzplanung ist zudem eine deutliche Steigerung des Umsatzes der Weiterbearbeitung und der Oberflächentechnik ersichtlich.

Die konsequente Umsetzung der Strategie bedingt insbesondere das Schließen der Lücken bei den Schlüsselprozessen. Der größte Klärungs-/Erneuerungsbedarf ist in den Prozessen „Produkte entwickeln", „Leistungen verkaufen" und „Produktion planen" identifiziert worden d.h., der gesamte Auftragsabwicklungsprozess von der Bestellung bis zur Auslieferung an den Kunden ist neu zu gestalten.

Bezüglich strategischer Maßnahmen können zusammenfassend die im Folgenden dargestellten zentralen Aussagen gemacht werden: Im Marketing und Verkauf sind u.a. die Schulung der Verkaufsmitarbeiter, der Aufbau der Funktion des Produktmanagers sowie die detaillierte Festlegung und Definition der Zielkunden geplant. Maßnahmen im technologischen Bereich umfassen u.a. die Definition des Entwicklungsprozesses, welcher für die Strategieumsetzung einen kritischen Pfad bildet, den Aufbau von zusätzlichen Schichten in der Gießerei und an den Pressen sowie die Überarbeitung der Zuständigkeiten und Verantwortlichkeiten des Produktionsplanungsprozesses. Im Pressbereich zielen die Maßnahmen vor allem auf die Erhöhung der Prozesssicherheit ab. Ein zentraler Handlungsbedarf für die Strategieumsetzung betrifft die Mitarbeiterqualifikation, wo große Defizite festgestellt wurden. Die Ausmerzung dieser Defizite soll anhand spezifischer Schulungen erfolgen.

Ergänzend ist festzuhalten, dass die bestehende IT-Landschaft beibehalten wird, da Ressourcen für ein großes Erneuerungsprojekt kurzfristig nicht vorhanden sind. Eine maßgebliche Behinderung der zügigen Strategieumsetzung sollte daraus nicht resultieren.

Die geplanten Investitionen belaufen sich in der Planperiode 2006 bis 2009 auf ca. 19,1 Mio. Euro (30 Mio. CHF), wobei sich die strategischen Investitionen auf lediglich ca. 1,9 Mio. Euro (3 Mio. CHF) belaufen, Investitionen in das Rationalisierungspotential auf weitere ca. 1,3 Mio. Euro (2 Mio. CHF) und jene in Erneuerungen und Umwelt auf hohe 15,9 Mio. Euro (25 Mio. CHF). Aufgrund der Volumensteigerung und der Verschiebung im Produktmix kann im Jahr 2008 erstmals ein positiver Free Cash Flow erzielt werden (ca. 2981 Euro bzw. CHF 4678).
Das Beispiel macht die Bedeutung einer strategischen Klärung als Ausgangspunkt für eine Reorganisation deutlich. Insbesondere wird der Handlungsbedarf sichtbar gemacht und die Ziele sind klar kommunizierbar.

6 Der Fall Lista – Proaktives Prozessmanagement

Von Johannes Rüegg-Stürm, Mathias Müller, Lüder Tockenbürger
unter Mitarbeit von Fredy A. Lienhard, Markus Meili

Im Gegensatz zum vorherigen Fallbeispiel, in dem eine schwierige wirtschaftliche Lage Ausgangspunkt für die prozessorientierte Reorganisation war, wird in der Folge das Beispiel eines Unternehmens beschrieben, das nicht existentiell gefährdet war, aber frühzeitig und weitsichtig Maßnahmen zur Erhaltung der Wettbewerbsfähigkeit einleitete. Dieser Beitrag konzentriert sich insbesondere auf das operative Prozessmanagement und stellt die Verwendung einer Prozessvisualisierung als Hilfsmittel zur gezielten Ableitung von in der Organisation akzeptierten Veränderungsmaßnahmen in den Vordergrund.

6.1 Angaben zur Unternehmung

6.1.1 Kurzüberblick über die Unternehmung Lista

Die Firma Lista mit Sitz in der Schweiz – ein traditioneller, unternehmergeführter Büromöbelproduzent – ist als weltweit agierendes Familienunternehmen auf Einrichtungen in gewerblichen Betrieben spezialisiert. Die Unternehmerfamilie Lienhard fokussiert sich seit der Übergabe der Betriebs- und Lagereinrichtungen an die Firma Capvis noch auf den Kernbereich „Büroeinrichtungen", wobei sich der Unternehmensbereich Lista Office auf professionelle Büromöbel konzentriert. Das Unternehmen produziert und vertreibt heute eine breite Palette unterschiedlicher Arbeitsplatzsysteme. Mit insgesamt über 275 Mitarbeitenden wird ein Umsatz von rund 95 Mio. CHF erwirtschaftet.

Kurze Geschichte des Unternehmens:

1945	Alfred Lienhard eröffnet zuerst in Herisau AR und kurz darauf in Degersheim SG als gelernter Schlosser eine Werkstatt.
Seit 1945	Produktion von Garderobenschränken und ab 1958 Büromöbeln.
Seit 1980	Spezialisierung auf moderne Büroeinrichtungssysteme.
Seit 2001	Umstrukturierung der Lista-Gruppe und Schaffung von 3 Unternehmensgruppen per 1. 1 2006.

Seit 2006:	Fokussierung auf Büromöbel-Bereich.
Leistung	Produktion von Büromöbeln (Tische, Schränke, Regale), zusätzlich Planung und Beratung im Bereich maßgeschneiderter Arbeitsplatzsysteme.
Zielgruppe	Gewerbe, Dienstleistungsunternehmen, Industrie und Verwaltungen.

Die folgenden Ausführungen beziehen sich ausschließlich auf den Büromöbelbereich.

6.1.2 Markt

Der wichtigste Markt von Lista ist der Schweizer Heimmarkt, in dem Lista die Marktführerschaft hat. Aussagen bezüglich des Marktanteils variieren zwischen 16% und 23%. Obwohl im Heimmarkt nach wie vor höhere Margen realisiert werden können, ist diese Tendenz eher abnehmend. Im Markt ist das Verhältnis von Erstgeschäft und Ersatz- bzw. Nachbestellung ca. 50 zu 50.

In ausländischen Märkten konnte bisher kaum nennenswert Fuß gefasst werden. Hinzu kommen länderspezifische Geschmacksunterschiede bezüglich des Einsatzes von Holz und Metall sowie der verwendeten Farben. Funktionelle Arbeitsplatzsysteme, wie sie Lista anbietet, werden vor allem im deutschsprachigen Raum nachgefragt. Bereits in Frankreich und Italien sind andere Designarten dominierend.

6.1.3 Distribution

Lista verkaufte zum Zeitpunkt des Projekts (Start April 2002) im schweizerischen Markt über drei verschiedene Distributionskanäle:

- zwölf eigene Vertriebsgesellschaften ca. 39% vom Umsatz,
- qualifizierter Fachhandel ca. 48%,
- Direktgeschäft mit Key-Account ca. 9%,
- andere Kanäle ca. 4%.

Für den Vertrieb über den Fachhandel wurde bereits ein Jahr zuvor ein neues Konzept eingeführt. So genannte Platin-Fachhändler werden mit den eigenen Vertriebsgesellschaften in Bezug auf Preis- und Lieferkonditionen grundsätzlich gleichgestellt.

Der Vertrieb der Lista-Produkte profitiert vor allem vom hohen Bekanntheitsgrad der Marke im angestammten Markt und von den langjährigen Kontakten zu Schlüsselkunden (z.B. Swisscom).

Was die Beschaffung betrifft, wurden Versuche unternommen, zusammen mit anderen internationalen Büromöbelproduzenten Einkaufsgemeinschaften aufzubauen, um der steigenden Marktmacht der Zulieferer besser entgegentreten zu können.

6.1.4 Produkte und Dienstleistungen

Lista positioniert sich im mittleren Preissegment für professionelle Arbeitsplatzsysteme, die sehr funktionell und ästhetisch sind.

Die Endkunden schätzen an den Produkten von Lista deren Produkt- und Servicevorteile. Hinzu kommt die hohe Funktionalität der hauptsächlich aus Metall gefertigten Arbeitsplatzsysteme.

Besonders in den Bereichen Ergonomie und in der Werkstoffauswahl ist Lista Office der führende Anbieter. Das Thema Werkstoffauswahl ist deshalb von besonderem Interesse, weil anfangs der 90er Jahre einige Benutzer von Büromöbeln über Allergien klagten, die u. a. durch die in den Büromöbeln verwendeten Werkstoffe bedingt waren.

Generell gibt es eine große Anzahl gleichwertiger Produkte von anderen Anbietern, so dass eine Differenzierung über Produktmerkmale nur sehr schwer zu erreichen ist.

6.2 Der Absatzmarkt für Büromöbel

6.2.1 Marktstrukturen in Europa

Die Büromöbelindustrie ist in Europa relativ stark konzentriert; die ersten 50 Unternehmen in Europa kontrollieren 50% der Gesamtproduktion. Die zwei größten Firmen am Markt, die Samas Group NL (Umsatz 1997: 350 Mio. DM) und die Steelcase Strafor (Umsatz > 1,12 Mrd. DM) kauften viele ihrer Mitbewerber auf. Sie verfügen über bis zu 100 Produktdesigner.

Traditionelle Wohnmöbelproduzenten wie z. B. die Welle GmbH, Wasa Massivholzmöbel, IKEA oder Rosenthal drängen zusätzlich in den Büromöbelbereich. Weitere Konkurrenz entsteht den etablierten Büromöbelherstellern durch steigende Importe aus Billiglohnländern wie Polen, China und Taiwan. Diese Importe können kostengünstiger angeboten werden. Auch hiesige Möbelhersteller verlagern vermehrt Produktionsstätten ins Ausland.

Bezüglich der Wettbewerber gilt, dass trotz Marktreife und Überkapazitäten in der Produktion eine eigentliche Marktbereinigung auf Anbieterseite kaum stattgefunden hat. Dies liegt zum Teil daran, dass viele Anbieter kleine Familienunternehmen sind, die noch über genügend Reserven verfügen.

Für Systeme der Arbeitsplatzgestaltung bestehen für Neueintretende folgende Markteintrittsbarrieren:

1. mangelnder Zugang zu den Distributionskanälen,
2. Bekanntheitsgrad der etablierten Anbieter,
3. Know-how zur Herstellung von Arbeitsplatzsystemen,
4. Distanzschutz (Transportkosten der sperrigen Schränke und Korpusse),
5. Beratungskompetenz und Dienstleistungen werden immer wichtiger.

6.2.2 Marktentwicklung in der Vergangenheit

Büromöbel sind Investitionsgüter, deren Absatz stark konjunkturabhängig ist und die von der Rezession der 90er Jahre hart getroffen wurden. Die Umsätze der Büromöbelindustrie befinden sich aktuell ungefähr auf dem Stand des Jahres 1990, wobei insbesondere die Ertragslage eher als unbefriedigend bewertet wird. Grund hierfür sind die hohen Lohnkosten sowie die anfangs der 90er Jahre entstandenen Überkapazitäten im Produktionsbereich. Zwischen 1993 und 1997 sank die Nettoproduktion um über 40%.

Der Markt wird von folgenden Faktoren bestimmt:

- Einbrechen traditioneller Märkte im Bereich Verwaltung und Behörden,
- rückläufige Bautätigkeit von Bürogebäuden,
- steigende Kundenanforderungen,
- Wandel der Industriegesellschaft hin zur Informationsgesellschaft und damit einhergehende grundlegende Veränderung der Büroarbeitsplätze.

Überkapazitäten und sinkende Absatzzahlen führten in der Branche in den letzten Jahren zu einen ruinösen Preiskampf. Von Kunden geforderte Zusatzleistungen wie z. B. Planung konnten am Markt nicht verrechnet werden. Effizienzsteigerungen in der Produktion sind in vielen Bereichen nur begrenzt möglich, beziehungsweise erfordern hohe Kapital- und Know-how-Ressourcen.

6.2.3 Aktuelle Marktentwicklung

Sowohl in der Schweiz als auch im übrigen Europa zeichnet sich das Geschäft somit durch gesättigte Märkte aus. Obwohl der Erneuerungsbedarf sehr hoch eingeschätzt wird, ist kein großes Marktwachstum zu erwarten. Auch die Umsetzung einer EU-Arbeitsplatzrichtlinie zur Arbeitsplatzgestaltung hat nicht die erhoffte Belebung des Marktes gebracht. Grundsätzlich sind die Kunden vor allem in konjunkturell schwierigen Phasen wenig bereit, in die Gestaltung neuer Arbeitsplätze zu investieren. Positive konjunkturelle Entwicklungen wirken sich erst nach einer ein- bis zweijährigen Zeitverzögerung auf das Geschäft aus. Hinzu kommt die relativ lange Nutzungsdauer für Arbeitsplatzsysteme von ca. 15 bis 20 Jahren. Die wachsende Zahl von Restrukturierungen im Dienstleistungssektor und im Industriesektor erweist sich als ambivalent, so dass der Markt zurzeit kaum wächst.

Prinzipiell ist die Nachfrage sehr preissensibel. Chancen ergeben sich am Markt durch:

- Trend zum „papierarmen Arbeitsplatz" (ermöglicht kleinere Ablagen),
- Arbeitsplatzsysteme, die mehr Bewegung fördern,
- verstärkter Flexibilitätsbedarf in Bezug auf die Erfüllung individueller Kundenwünsche,
- neue Büro- und Raumkonzepte.

Das Büro der Zukunft wird mehr und mehr ein Ort der Informations- und Wissensverarbeitung sein. Dieser Ort ist nicht mehr zwingend mit dem Büro verbunden: Auto, Bahn oder Flugzeug und andere Orte können durch die neuen Technologien zum Arbeitsplatz werden. Neue Arbeitssysteme bestimmen neue Arbeitsraumformen und Bürohaustypen. Themen wie non-territoriales Büro oder Flex-Office lösen einander ab. Allen gemeinsam sind eine hohe Flexibilität, evolutionäre Veränderungsmechanismen und Selbstorganisation, welche die Flächen- und Raumökonomie bestimmen.

Die Entwicklung von Raumlösungen für den zukünftigen Anwendermarkt im Kontext der neuen Informationstechnologien bedingt für viele Anbieter eine grundlegende strategische Neuausrichtung, insbesondere was neue Produkte, Dienstleistungen und effiziente Vertriebswege betrifft.

Angesichts dieser Entwicklungen dürfte sich der Markt für Büromöbel in Zukunft in zwei Segmente aufteilen.

- Das **erste Segment** besteht aus einfachen, preiswerten Standardmöbelsystemen mit geringen Ansprüchen an Individualität, Ergonomie und Systemeigenschaften, die in großen Mengen am Markt erhältlich sind. Vor diesem Hintergrund werden die Vertriebskosten erfolgsentscheidend sein, da bei gleichartigen Produkten in erster Linie der Preis entscheidet. Dieses Marktsegment dürfte von großen Überkapazitäten, steigenden Importen und harten Preiskämpfen gekennzeichnet sein.

- Das **zweite Segment** besteht aus hochwertigen, anspruchsvoll gestalteten Möbelsystemen, die dem Kunden große Flexibilität bei der Gestaltung der Arbeitsplätze und Büroräume lassen. Einsatzbereiche hierfür sind vor allem Unternehmen, die ihre Büros auch für Kundenkontakte nutzen, und

Unternehmen, die mit hochqualifiziertem Personal arbeiten und erkannt haben, dass ein entsprechendes Umfeld effizienzsteigernd ist.

Kostenintensive Produktionsstandorte wie Deutschland oder die Schweiz haben nur eine Zukunft, wenn sie sich durch hohe Standards in Design, Qualität und Vertrieb profilieren können, sowie sich eben durch hohe Beratungs- und Dienstleistungskompetenz auszeichnen.

6.2.4 Vertriebswege

Die Vertriebskanäle für Büromöbel werden dominiert vom Bürofachhandel (57%), gefolgt vom Möbeleinzelhandel (15%), Selbstbedienungs-Discounthandel (10%), Versandhandel (7%) und Direktvertrieb (6%); weitere 5% verteilen sich auf Bürofachmärkte und Sonstige. Rezessionsbedingt verändert sich die Vertriebslandschaft. Es findet eine Polarisierung durch Preissegmentierung statt, wobei der spezialisierte Büromöbelfachmarkt zunehmend an Bedeutung verliert. So betrug der Absatz über den Fachhandel Anfang der 90er Jahre 75% und beläuft sich derzeit auf nur noch 57%.

Die im Büromöbelsektor üblichen Händlerspannen und Preisnachlässe erfolgen zumeist zu Ungunsten der Produzenten. Diese müssen vermehrt Leistungen der Händler wie Planung und Kundendienst übernehmen, ohne diese in Rechnung stellen zu können.

Eine individuelle Beratung kann bei hochtechnisierten Produkten nur eng an den Produzenten gebunden sein. Flexibilität in der Problemlösung und Umsetzung direkt mit und beim Kunden sind entscheidende Erfolgsfaktoren.

6.2.5 Konzentration der Zulieferer

Die zunehmende Konzentration unter den Wettbewerbern wird begleitet von einer abnehmenden Zahl von Zulieferern. Dies führt auch zu verstärkter vertikaler Integration von großen Möbelherstellern und Vorlieferanten. Für Holz (Spanplatte) gibt es z.B. auf dem deutschen Markt lediglich drei große sowie 15 kleine Anbieter. Für Metall (Stahl) gibt es nur noch wenige große Lieferanten, für Schlösser und Beschläge zwei Anbieter. Für Lista ergibt sich hierbei das Problem, dass man einerseits auf Kundenseite einer zunehmenden Fragmentierung des Marktes mit individuellen Kundenwünschen gegenübersteht, auf der anderen Seite aufgrund der Oligopolisierung unter den Zulieferern nur noch fast ausschließlich standardisierte Produkte beziehen kann.

6.3 Das Reorganisationsprojekt

6.3.1 Die strategische Klärung

Die strategische Klärung wird hier nur noch in den wesentlichsten Ergebnissen dargestellt, um den Zusammenhang zum später präsentierten Prozessplan transparent zu machen. Für nähere Ausführungen zum Thema sei auf Kapitel 3 sowie die Darstellung in den Fällen Alu Menziken und Schiesser verwiesen.

Im April 2001 fiel bei Lista der Entscheid, ein Projekt zur prozessorientierten Reorganisation zu starten. Die Verschlechterung der konjunkturellen Lage hatte zu einem Umsatzeinbruch im ersten Quartal 2001 geführt. Der geplante Umsatz wurde nur zu 75% erreicht. Der Bestellungseingang für das zweite und dritte Quartal lag um ca. 30% hinter der Planung.

Im Rahmen der strategischen Klärung wurden folgende strategische Erfolgspositionen (SEPs) identifiziert (vgl. Bild 6-1).

Eine nähere Betrachtung dieser Erfolgsfaktoren zeigt einen deutlichen Handlungsbedarf zur Sicherung der zukünftigen Wettbewerbsposition. Die in Zukunft wichtig werdenden Erfolgspositionen werden nicht von Lista besetzt und die traditionellen Stärken, wie Qualität und Sortimentsbreite, verlieren relativ gesehen an Bedeutung.

SEP-Inhaber heute	Bedeutung der SEPs ab morgen:	bis heute	Schweiz
Lista	4	2^{+}	Vertriebsnetz
Wettbewerber A	5	3	Marke
Lista		1	Produkt/Qualität
Wettbewerber B	3		Sortimentsbreite
Wettbewerber A	1		Scale
Lista	2		Innovationsfähigkeit

Bild 6-1: Ranking der strategischen Differenzierungspotentiale von Lista bezüglich Bedeutung und Stellung im Vergleich zu den Wettbewerbern

6.3.2 Prozessarchitektur und Prozessportfolio

Ausgehend von einer genauen Analyse dieser strategischen Neupositionierung und der strategischen Differenzierungspotentiale hat die Geschäftsleitung von Lista Office die wichtigsten Geschäftsprozesse identifiziert und im Prozessportfolio positioniert (vgl. Bild 6-2).

Folgende Geschäftsprozesse haben sich dabei herauskristallisiert:

1. Kundengewinnung und Kundenpflege
2. Händlergewinnung und Händlerpflege
3. Erfassung von Markt- und Kundenbedürfnissen
4. Allgemeine Produktentwicklung
5. Dienstleistungen (Entwicklung und Angebot)
6. Kundenspezifische Produktentwicklung
7. Fertigung und Montage, Dispositionslogistik
8. Distributionslogistik und externe Montage
9. Beschaffungsmanagement
10. Auftragsabwicklung

Bei der darauffolgenden Entwicklung von Prozessstrategien stellte sich heraus, dass vor allem dem Auftragsabwicklungsprozess – definiert als Prozess vom Eingang der Kundenbestellung bis zur Auslieferung beim Kunden – eine kritische Bedeutung zukommt, denn er bildet gewissermaßen ein „Scharnier" zwischen Kunde und Verkauf auf der einen Seite und Beschaffung, Logistik, Produktion und Entwicklung auf der anderen Seite. Er hat einen Bezug zu den top priorisierten SEPs und ist zudem im Vergleich zum Wettbewerb in der Ist-Situation sowohl in Bezug auf die Effektivität wie auch auf

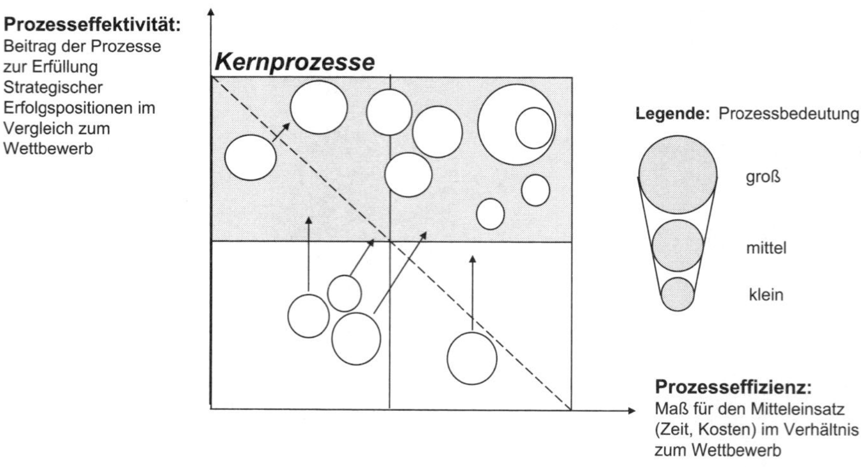

Bild 6-2: Geschäftsprozessportfolio von Lista

die Effizienz schlecht positioniert. Deshalb wurde in einem ersten Schritt die Prozessqualität dieses Geschäftsprozesses erhoben und aufgrund der entsprechenden Ergebnisse in einem zweiten Schritt in einem umfangreichen, partizipativ angelegten Analyseprozess ein sorgfältiges Process Mapping vorgenommen (vgl. Bild 6-3).

6.3.3 Prozessoptimierung

Es zeigte sich, dass die Durchlaufzeit des Auftragsabwicklungsprozesses mit 45 Arbeitstagen für Sonderaufträge und 20 Arbeitstagen für Standardaufträge viel zu hoch ist. Zudem führen die hohen Durchlaufzeiten zu hohen Gemeinkosten in der Administration des Auftragsabwicklungsprozesses.

Besonders die aufgrund des sehr breiten Produktsortiments komplex gewordene Kundenauftragsklärung (von den Vertriebstochtergesellschaften und vom Fachhandel hin zum Verkaufsinnendienst und zu den dispositiven und produzierenden Bereichen des Unternehmens) war ein Grund für die langen Lieferzeiten sowie die daraus resultierende mangelnde Liefertreue (on time delivery).

Bild 6-3: Prozessplan (Ist)

Schließlich ergab sich durch die komplexen Administrations- und Produktionsprozesse auch eine unnötige Häufung von Transportschäden (im Rahmen innerbetrieblicher Transporte), die in den letzten Monaten zu vermehrten Reklamationen der Kunden über die gelieferten Arbeitsplatzsysteme geführt hatten.

Es wurden die folgenden Ziele für die Prozessoptimierung definiert:

Im Zuge der Entwicklung einer kundenorientierten Prozessorganisation mit hoher Prozesskompetenz soll eine Reduktion der Kosten des Auftragsabwicklungsprozesses um 20% angestrebt werden. Dies soll durch eine grundlegende Verbesserung der Prozessqualität und eine Reduktion der Durchlaufzeit von 20 auf acht Tage ohne Zunahme der Lagerkosten respektive ohne Erhöhung der Einkaufspreise und der Herstellkosten für das definierte Standardsortiment erfolgen.

Erkenntnisse aus den Potential-/Schwachstellenworkshops (vgl. Bild 6-3):

Entlang des Prozessplanes ließen sich die folgenden Schwachstellen identifizieren:

- **Unterschiedliche Prozesse** der Auftragseinlastung über den Fachhandel und die Vertriebstochtergesellschaften.
  Es war auf den ersten Blick auffällig, dass bei Lista Aufträge über drei unterschiedliche Kanäle mit unterschiedlichen Prozessschritten eingesteuert wurden. Insbesondere war für einen Externen nicht nachvollziehbar, wieso der Prozess bei den Fachhändlern viel schlanker ablief als bei den eigenen Vertriebstochtergesellschaften. In der Diskussion zeigt sich, dass die eigenen Gesellschaften über ein internes Telefonbuch mit Ansprechpartnern verfügten. So waren sie in der Lage, verschiedene Vorabklärungen direkt mit den Verantwortlichen am Vertriebsinnendienst und der AVOR vorbei vorzunehmen. Im weiteren Ablauf des Projekts zeigte sich jedoch auch, dass diese Vorabklärungen nutzlos und sogar schädlich waren, weil die Aussagen keine Verbindlichkeit hatten und oft von den Ereignissen überholt wurden.

- Unvollständige Erfassung und Weitergabe der **Kundenanforderungen.** Dies zeigte sich in den häufigen Rückfragen entlang des gesamten Prozesses.

- **Dysfunktionalitäten** in Form von Unklarheiten, Informationsdefiziten und daraus resultierenden Rückschlaufen bei den Schnittstellen vom Fachhandel und von den Vertriebstochtergesellschaften zum Verkaufsinnendienst und zur Disposition. Ein weiteres Mal erwiesen sich Schnittstellen als eine der wichtigsten Quellen für Optimierungsanstrengungen. Zwischen den Vertriebstochtergesellschaften und dem Verkaufsinnendienst bestand auch eine gewisse Misstrauenskultur, was sich in vielen Doppelchecks entlang der Prozesskette bemerkbar machte.

- **Häufige Abteilungswechsel** bei der Auftragsklärung führen zu zusätzlichen Kontrollen aufgrund der entstehenden Intransparenz.
- **Fehlende Triage** am Anfang der Prozesse, um unterschiedliche Prozesstypen für die Standard- und Sonderfertigung anzustoßen. Auf dem Prozessplan sind die unterschiedlichen Prozessschritte für Sonder- und Standardaufträge zwar dargestellt, es ist aber auch ersichtlich, dass sie zu früh wieder zusammenlaufen und auch organisatorisch nicht getrennt wurden. Damit wird der Grundsatz verletzt, dass Unterschiedliches unterschiedlich behandelt werden sollte.
- **Hohe Liegezeiten** und Belastung im Verkaufsinnendienst. Der Verkaufsinnendienst ist das Nadelöhr im Gesamtablauf.
- **Medienbruch** bei der Informationsweitergabe vom Verkaufsinnendienst zur Entwicklung. Verschiedene Dokumente werden ausgedruckt und nachher wieder erfasst.
- **Pricing** wird erst in der Arbeitsvorbereitung (AVOR) durchgeführt, anstatt vorne im Verkaufsinnendienst. Damit bestand immer ein gewisses Risiko, dass man dem Kunden einen nicht erreichbaren Preis bekannt gab.
- **Fehlende technische und kaufmännische Machbarkeitsklärungen** zu Beginn des Auftragsabwicklungsprozesses.

In einem weiteren Schritt wurden daraus folgende Maßnahmen abgeleitet und in der Folge umgesetzt:

- Einführung eines Computer Aided Selling(CAS)-Systems beim Fachhandel und den Vertriebstochtergesellschaften zur Kundenauftragsklärung vor Ort. Damit war eine Vereinheitlichung in Richtung Standardisierung möglich.
- Zur Sicherstellung der richtigen Anwendung der CAS-Systeme sind sämtliche Außendienstmitarbeiter auf dem neuen EDV-Tool zu schulen. Der Punkt notwendige Qualifizierungsmaßnahmen bei der Veränderung von Abläufen wird leider oft vergessen. Mit prozessorientierter Reorganisation ist meistens verbunden, dass Einzelne mehr Verantwortung übernehmen, dafür sollten sie aber auch vorbereitet werden.
- Triage der Prozesse in Standard- und Sonderprozesse. Standardprozesse gehen nicht mehr den Umweg über den Verkaufsinnendienst, sondern werden über das CAS-System direkt in die Disposition und in die Produk-

tion geführt. Dies half auch, die angespannte Kapazitätssituation im Verkaufsinnendienst zu verbessern.

- Einführung eines Competence Centers für die Auftragsklärung der Sonderaufträge. In diesem Competence Center arbeiten Entwicklung, Materialwirtschaft und Verkaufsinnendienst zusammen. Dabei wird zur Verbesserung des Information Retrieval durchgeführter Kundenprojekte eine Datenbank für Sonderaufträge geführt und gepflegt. Das Competence Center hat Zugriff auf das Pricing-Tool der Arbeitsvorbereitung (AVOR). Bei dieser Maßnahme zeigte sich, dass Begrifflichkeiten in Unternehmen oft unterschätzt werden. Im weiteren Verlauf musste die Bezeichnung Competence Center durch eine andere ersetzt werden, da Mitarbeiter, die sich nicht darin befanden, den Eindruck hatten, nicht als kompetent zu gelten.
- Entsprechend der Standardisierung der Prozesse wurde das Produktsortiment von kostenintensiven Varianten bereinigt und es wurden die Produktgruppen, soweit möglich, standardisiert und modularisiert.

6.4 Zusammenfassung

Auch vier Jahre nach dem eigentlichen Projekt sind innerhalb von Lista Langfristauswirkungen spürbar. Die seinerzeit auf Basis des Projekts vorgenommenen organisatorischen Veränderungen erlaubten es der Lista, auch in konjunkturschwächeren Zeiten akzeptable Resultate zu erzielen. Auf der kulturellen Seite wurden außerdem das Denken in Prozessen und das Denken vom Kunden zum Kunden nachhaltig verankert.

7 Zusammenfassung und Lessons Learned

Der hier vorgestellte Reorganisationsansatz stellt einen integrierten und ganzheitlichen Rahmen zur Durchführung eines beherrschten und zielorientierten Veränderungsprozesses dar. Dabei geht es nicht um die isolierte Realisierung von Einzelmaßnahmen, sondern um die Durchgängigkeit von der Strategie bis zur Prozessgestaltung sowie die Schaffung der notwendigen Strukturen und einer Vertrauenskultur trotz Veränderung. Im Rahmen der verschiedenen methodischen Schritte wird insbesondere immer wieder ein gemeinsames Verständnis über die Situation und daraus abgeleitet über die notwendigen Veränderungen erzeugt und zwar sowohl auf der Topmanagement- wie auf der Mitarbeiterebene. Der Ansatz legt besonderen Wert auf die Mitarbeiterpartizipation, ausgehend von der Überzeugung, dass wirklicher Wandel nur mit und nie gegen die Mitarbeiter erzielt werden kann. Über das systematische Zusammenführen von strategischer Notwendigkeit mit der Umsetzung auf der Ebene der Prozesse wird gewährleistet, dass bei aller Detailarbeit der Sinn für das Ganze und die Zukunft des Unternehmens insgesamt nicht verloren geht. Zusammenfassend seien an dieser Stelle die wichtigsten Erfolgsfaktoren aus unserer Sicht nochmals kurz dargestellt:

Durchgängigkeit von der Strategie bis zur Umsetzung

Viele herkömmliche Reorganisationsansätze leiden daran, dass Sie sich entweder auf einen Grüne-Wiese-Strategieansatz konzentrieren, der in der Folge nur begrenzt in der Realität umgesetzt werden kann, oder dass operative Verbesserungen ohne Bezug zur Gesamtpositionierung des Unternehmens vorgenommen werden. Beide Ansätze bringen das Problem mit sich, dass für den Einzelnen die Einsicht in die Notwendigkeit der angestrebten Veränderung nur begrenzt sichtbar wird. Dementsprechend ist die Veränderungsbereitschaft in der Regel auch nur gering ausgeprägt. Unser Ansatz schafft über die Strategiediskussion die Grundlage, angestrebte Veränderungen in ihrer Bedeutung für die Zukunft des Unternehmens zu verstehen. Dies hilft, in der Folge auch eine hohe Veränderungsbereitschaft zu erzeugen.

Identifikation von Kernprozessen und klare Fokussierung

Das wohl wichtigste Ergebnis der Strategiediskussion sind die für das Unternehmen künftig wettbewerbsentscheidenden strategischen Erfolgspositionen (SEPs), auf die sich das Unternehmen konsequent konzentrieren muss. Hierauf aufbauend sind systematisch diejenigen Prozesse zu identifizieren bzw.

neu zu entwerfen, die entscheidenden Einfluss auf diese Erfolgspositionen haben werden. Es muss eindeutig festgelegt werden, welche dieser künftigen Kernprozesse auf welche Weise zu verändern sind und warum. Eine klare Festlegung, zu der sich alle Beteiligten bekennen, ist insofern von herausragender Bedeutung, als dass sich weitere Diskussionen und Maßnahmen hieraus begründen werden und sich das Projekt weitestgehend an den in dieser Phase gelegten Grundlagen ausrichten wird und auch auszurichten hat.

Umsetzung der strategischen Erfolgspositionen bei der Gestaltung der Soll-Prozesse

Die Prozesse, die eine starke Abweichung zwischen der Ist-Situation und der anzustrebenden Soll-Positionierung aufweisen und die entsprechend stark verändert werden müssen, sind konsequent entlang den zuvor identifizierten Erfolgspositionen zu gestalten. Gleiches gilt auch für neu zu schaffende Prozesse. In diesem Kontext ist es wichtig, die Implikationen der strategischen Ausrichtung auf die tagtäglichen Arbeitsschritte herunterzubrechen und die Erkenntnisse in die Gestaltung der Soll-Prozesse einfließen zu lassen. Hierbei ist auch die Einbindung der betroffenen Mitarbeiter entscheidend, da diese das Tagesgeschäft am besten kennen und den neu gestalteten Prozess leben müssen. Entsprechend ist im Rahmen des Projekts dafür Sorge zu tragen, dass sie ihre Erfahrungen in die Soll-Konzeption einfließen lassen können.

Ist-Prozess und Schwachstellendiskussion als Ausgangspunkt

In allen unseren Projekten hat sich immer wieder gezeigt, dass an erster Stelle eines Reorganisationsprojekts die Auseinandersetzung mit den aktuellen Ist-Abläufen stehen muss. Damit sind nicht dokumentierte ISO-Abläufe gemeint, sondern die reale betriebliche Praxis. Ohne dies wird es ebenfalls schwierig, Veränderungen herbeizuführen. Die Einsicht, dass die aktuellen Abläufe Optimierungspotential haben, ist für eine erfolgreiche Veränderung zwingend erforderlich. Die geschieht im Rahmen des beschriebenen Vorgehens bereits sehr früh im Projekt, nämlich im Rahmen der Potentialworkshops. Hierdurch ist gewährleistet, dass die Mitarbeiter den Veränderungsbedarf frühzeitig erkennen können und für entsprechende Veränderungen offen sind.

Visualisierung und Verständlichkeit beim Prozessmapping

In engem Zusammenhang mit dem zuvor erwähnten Punkt steht die Art der Visualisierung der Ist-Situation. Vom Vorgehen her ist es wichtig, dass die Mitarbeiter im Rahmen der Interviews Vertrauen fassen und dem Interviewer tatsächlich erzählen, wie die Arbeit tagtäglich abläuft und nicht, wie sie in entsprechenden QM-Handbüchern und Ähnlichem dokumentiert ist. Hinzu kommt, dass das Interview direkt online dokumentiert wird und vom Interviewten entsprechend korrigiert werden kann. Vom Ergebnis her ist es entscheidend, dass der Interviewte und später dann alle betroffenen Mitarbeiter eines Prozesses in der Lage sind, die visualisierte Ist-Situation verstehen und interpretieren zu können. Hierbei ist es nicht hilfreich, wenn ein komplexes Tool verwendet wird, das einerseits nur von Experten bedient und andererseits auch nur von Experten gelesen werden kann. Je einfacher verständlich die Darstellung, desto höher der Nutzen für das Projekt. Es muss klar sein, dass die Prozessdarstellung vor allen Dingen dem Zweck dient, die Diskussion der Ist-Situation zu strukturieren und ein gemeinsames Verständnis bei den Betroffenen zu schaffen.

Einbindung des Topmanagements und Mitarbeiterpartizipation

Es gibt wohl keine häufiger gehörte Empfehlung als die, dass Topmanagement-Commitment für den Erfolg von Projekten erforderlich sei. Leider bleibt diese Empfehlung oftmals auf einer solchen Ebene stehen, ohne dass konkret klar wäre, wie das Topmanagement nun ein solches Commitment demonstrieren kann. Im Rahmen der beschriebenen Methodik und Vorgehensweise ist die Einbindung des Topmanagements in die Strategieentwicklung und in die Ableitung der notwendigen Prozessarchitektur sowie der daraus resultierenden Prozessstrategien selbstverständlich. Die wesentlichen Inhalte kommen an dieser Stelle top-down, wobei die gezielte Einbindung von Mitarbeiter-Know-how auch während dieser Phase Berücksichtigung finden sollte. Es obliegt ferner dem Topmanagement, den Mitarbeitern die wichtigsten Resultate aus dem Top-down-Vorgehen zu präsentieren und vor allem die Konsequenzen daraus für die Prozesse aufzuzeigen. Bei der Diskussion von Prozessen, die aus strategischen Gründen einer grundsätzlichen Reorganisation bedürfen, ist es zusätzlich erforderlich, dass sich Vertreter aus dem Topmanagement im Rahmen der Potentialworkshops einbringen und die Diskussion entsprechend steuern. Genauso wichtig wie die Einbindung in diese Aktivitäten, die vor allem in den frühen Phasen prozessorientierter Reorganisationen auftreten, ist die kontinuierliche und regelmäßige Demonstration von Topmanagement-Commitment. Dies kann geschehen, indem Vertreter aus dem oberen Management immer wieder persönlich an Workshops teilnehmen, im Rahmen derer die Implikationen der Prozessstrategien und der im Potentialworkshop beschlossenen Maßnahmen auf einer operativen Ebene diskutiert werden und weitere Teilprojekte definiert werden. Allein die Zeit, die sich das Topmanagement an dieser Stelle nimmt, demonstriert die Bedeutung der durch die Mitarbeiter geleisteten Arbeit für die Zukunft des Unternehmens. Es ist aber dennoch entscheidend, dass die operative Detailarbeit durch die Mitarbeiter selbst verantwortet wird. Das

Topmanagement hat an dieser Stelle die Aufgabe, sich über den aktuellen Stand des Wandels permanent auf dem Laufenden zu halten und dadurch die Bedeutung der Aktivitäten zu unterstreichen. Dies kann sehr einfach geschehen, indem es z. B. regelmäßige Jour-fixe-Termine gibt, die durch das Management ernst genommen werden und die in zuverlässiger Regelmäßigkeit auch tatsächlich stattfinden.

Projektkommunikation und das Schaffen schneller Erfolge

Im Rahmen des Konsortialbenchmarking-Projekts „Erfolgreich produzieren in Hochlohnländern“, das wir 2005/2006 durchgeführt haben, haben wir von einem unserer Successful-Practice-Unternehmen gelernt, dass Motivation das Ergebnis geplanter und systematischer Information und Kommunikation sei. Diese Überzeugung können wir auf Basis der Erfahrungen, die wir in unseren Reorganisationsprojekten gesammelt haben, nur bestätigen. Auch die systematische Information und Kommunikation kann ein Mittel sein, um die Bedeutung laufender Aktivitäten für das Unternehmen zu unterstreichen und damit auch das Topmanagement-Commitment anschaulich zu demonstrieren. Wichtig hierbei ist es ferner, auch kleine Veränderungen und Fortschritte entsprechend hervorzuheben und somit zu würdigen und zu feiern. Erste sichtbare und entsprechend kommunizierte Erfolge werden den Widerstand gegenüber der Veränderung nach und nach verschwinden lassen und die Mitarbeiter immer wieder zu eigenem Engagement veranlassen. Wichtig in diesem Zusammenhang ist es, dass die im Rahmen der Potentialworkshops identifizierten und leicht umzusetzenden Veränderungsmaßnahmen („low hanging fruits) sofort umgesetzt werden und die dadurch erreichten Verbesserungen besonders betont werden. Ein solches Engagement direkt zu Beginn des Projekts wird sich später mehrfach auszahlen.

Konsequentes Projektmanagement

In engem Zusammenhang mit allen bis hierhin diskutierten Punkten steht natürlich ein konsequentes Projektmanagement, welches sich durch Zuverlässigkeit und Transparenz auszeichnet. Wichtig hierbei ist zu verstehen, dass es ein Projektmanagement auf verschiedenen Ebenen des Unternehmens braucht. Eines kümmert sich um die operative Abwicklung und Koordination der entwickelten Veränderungsmaßnahmen und steuert dabei alle Teil- und Unterprojekte. Diese Form des Projektmanagements wird durch die betroffenen Mitarbeiter selbst durchgeführt. Aber auch auf der Topmanagementebene braucht es ein eigenes Projektmanagement, welches darauf ausgerichtet ist, den Überblick über das Gesamtprojekt zu bewahren, Zusammenhänge zu erkennen, Meilensteine zu überwachen und den Fortschritt sicherzustellen. Nur auf Basis eines solchen Überblicks wird es auch möglich sein, die notwendige Information und Kommunikation sicher zu steuern.

Genügend Ressourcen glaubwürdig einsetzen

Eines der schwierigsten Themen, vor allem auch im KMU-Umfeld, ist die Bereitstellung ausreichender, entsprechend qualifizierter Ressourcen. Auch eine solche Bereitstellung von Ressourcen ist ein wirksames Instrument, um Topmanagement-Commitment zu demonstrieren und die Bedeutung des Projekts für die Zukunft des Unternehmens zu unterstreichen. Solange alle mit dem Projekt in Zusammenhang stehenden Aktivitäten neben dem „normalen Tagesgeschäft" von den Mitarbeitern abverlangt werden, so lange wird es schwierig sein, die Bedeutung des Projekts glaubwürdig zu kommunizieren. Dies bedeutet durchaus, manchmal Abstriche im Tagesgeschäft hinzunehmen. Das Zeichen, welches hierdurch gesetzt wird, ist wichtiger als der reibungslose Ablauf des „business as usual". Bei Schiesser z. B. gab es ein Team von insgesamt sechs Mitarbeitern, die eindeutig den einzelnen Prozessen zugeordnet waren und die entsprechend Vollzeit für das Veränderungsprojekt freigestellt waren. Nun gibt es natürlich auch kleinere Initiativen, dennoch ist die eindeutige Zuordnung von Ressourcen zu den projektbasierten Aktivitäten unserer Überzeugung nach unerlässlich für die erfolgreiche Durchführung einer prozessorientierten Reorganisation.

Prozessschulungen inklusive Schnittstellen

Prozessverständnis ist in den meisten Unternehmen, die wir in den letzten Jahren kennen gelernt haben, nicht einfach vorhanden. Es muss durch intensive Schulungen und Vorträge bewusst herbeigeführt werden. Die Mitarbeiter müssen dabei verstehen, was es konkret bedeutet, sich von einer funktionalen Organisation hin zu einer prozessorientierten zu verändern. Einen Schwerpunkt stellt hierbei die Diskussion der Schnittstellen dar. In diesem Zusammenhang ist es wichtig, bei den Mitarbeitern das Verständnis für das Gesamtsystem „Unternehmen" zu entwickeln, damit sich alle bewusst sind, was einzelne Aktivitäten und Entscheidungen im Unternehmen an anderer Stelle auslösen können. Nur aufbauend auf ein solches übergreifendes Verständnis wird es möglich sein, die Veränderungsbereitschaft in zielgerichtete Maßnahmen zu überführen.

Erhebung der Prozesskennzahlen und Controlling

Der Erfolg des Wandels muss sichtbar gemacht werden. Dies geschieht am ehesten mit entsprechend aus der Strategiediskussion heraus systematisch abgeleiteten Prozesskennzahlen, die in der Lage sind, die Veränderungen in entsprechender Transparenz aufzuzeigen. Genauso wichtig wie die Kennzahlen selbst ist dabei, dass diese zur systematischen Kommunikation verwendet werden. Hierbei weisen sie idealerweise kleine Erfolge ebenso aus wie die strategisch fundierte, generelle Veränderungsrichtung.

Abbildungen

Literatur

Ackoff R.L. (1981): On the Use of Models in Corporate Planning, in: Strategic Management Journal, Oktober/Dezember 1981, S. 353–359

Baldwin, C.Y.; Clark, K.B. (2000): Design rules – the power of modularity, MIT Press, Cambridge, MA 2000

Bourgeois, L.J. (1985): Strategic Goals, Perceived Uncertainty, and Economic Perfor-mance in volatile Environments, in: Academy of Management Journal, 1985, vol. 28, no. 3, S. 548–585

Brandenburg, F. (2002): Methodik zur Planung technologischer Produktinnovationen, Dissertation RWTH Aachen, Aachen 2002

Brandenburger, A.M.; Nalebuff, B.J. (1995): The Right Game: Use Game Theory to Shape Strategy, in: Harvard Business Review, Juli/August 1995, S. 57–71

Camuffo, A.; Romano, P.; Vinelli, A. (2001): Back to the future: Benetton transforms its global network, in: MIT Sloan Management Review, vol. 43, no. 1, 2001, S. 46–52

Cen, N. (1995): Produktionsstrategien auf Basis von Kernkompetenzprozessen, Dissertation Universität St. Gallen, St. Gallen 1995

Chazen, J.A. (1996): Notes from the apparel industry: Two decades at Liz Claiborne, in: Columbia Journal of World Business, vol. 31, no. 2, 1996, S. 40–43

Christensen, C.M.; Verlinden, M.; Westerman, G. (2002): Disruption, disintegration and the dissipation of differentiability, in: Industrial & Corporate Change, vol. 11, no. 5, 2002, S. 955–993

Credit Suisse (2006): Branchenhandbuch 2006, Strukturen und Perspektiven, gefunden am 14.07.06 unter https://entry4.credit-suisse.ch/csfs/research/p/d/de/schweiz/branchen/media/pdf/bra_handbuch_0601_de.pdf

Czinkota M.R. (2003): The Cost of Free Trade, in: Marketing Management, Juli/August 2003, S. 50–53

Deutsche Bank (2002): H&M & Inditex – focus on the figures (and not just the fashion), Deutsche Bank, Frankfurt am Main 2002

EPRO (2006): Abschlussdokumentation zum Konsortial-Benchmarkingprojekt „Erfolgreich produzieren in Hochlohnländern" des Transferzentrums für Technologiemanagement, St. Gallen 2006

Evans, M.K. (2002): U.S. headed for „Hollow" Economy, in: Evans on the economy, www.industryweek.com, August 2002

Eversheim, W. (1995): Prozessorientierte Unternehmensorganisation. Konzepte und Methoden zur Gestaltung „schlanker" Organisationen, Springer, Berlin 1995

Ferdows, K.; Lewis, M.A.; Machuca, J.A.D. (2004): Rapid-fire fulfillment, in: Harvard Business Review, vol. 82, no. 11, 2004, S. 104–110

Gabler (1997): Wirtschaftsinformatiklexikon, Gabler, Wiesbaden 1997

Gereffi, G. (1999): International trade and industrial upgrading in the apparel commodity chain, in: Journal of International Economics, vol. 48, no. 1, 1999, S. 37–71

GFK (2002): Marktstudie im Bereich des Wäschemarktes. Gesellschaft für Konsumforschung 2002

Ghemawat, P.; Nueno, J.L. (2003): Zara: Fast fashion, in: Harvard Business School Case # 9–703–497, 2003, S. 1–35

Hacket Fischer, D. (2004): Washington's Crossing, Oxford University Press, 1994

Hammer, M.; Champy, J. (1995): Business Reengineering. Die Radikalkur für das Unternehmen. So erneuern Sie Ihre Firma, 5. Aufl., Campus, Frankfurt am Main/New York 1995

Harvey, D. (1994): Re-engineering: the critical success factors, Redwood Books, Trowbridge 1994

Heeg, F.J.; Heydt, R. v. d.; Zsack, F. (1997): Eignung von Modellierungswerkzeugen zur partizipativen Unternehmensmodellierung, in: Industrie Management, 1997, Nr. 5, S. 46–50

Hörrmann, G.; Tiby, C. (1990): Projektmanagement richtig gemacht, in: Little, A.D. (Hrsg.): Management der Hochleistungsorganisation, Gabler, Wiesbaden 1990, S. 73–91

Hunter, N.A.; Valentino, P. (1995): Quick response – ten years later, in: International Journal of Clothing Science and Technology, vol. 7, no. 4, 1995, S. 30–40

Jacobides, M.G. (2005): Industry change through vertical disintegration: How and why markets emerged in mortgage banking, in: Academy of Management Journal, vol. 48, no. 3, 2005, S. 465–498

Jasinowski, J. (2003): Manufacturing is in Crisis, in: Electrical Wholesaling, Mai 2003, S. 50

Köhler, R. (1992): Absatzorganisation, in: Frese, E. (Hrsg.): Handwörterbuch der Organisation, 3., völlig neu gest. Aufl., Poeschel, Stuttgart 1992, Sp. 34 bis Sp. 56.

Kreuz, W. (1995): Transforming the Enterprise. Die nächste Generation des Business Process Engineering, in: Nippa, M.; Picot, A. (Hrsg.): Prozessmanagement und Reengineering. Die Praxis im deutschsprachigen Raum, Campus, Frankfurt am Main/New York 1995, S. 93–107

Lassen, S.; Roesgen, R.; Meyer, M.; Schmidt, C.; Gautam, D. (2005): Marktspiegel Business Software ERP/PPS 2005/2006, 3. überarb. Aufl., Hrsg.: Schuh, G.; Stich, V., FIR, Aachen 2005

Linder, J.C. (2004): Transformational Outsourcing, in: MIT Sloan Management Review, vol. 45, no. 2, 2004, S. 52–58

Lücke, T.; Roesgen, R. (2004): Risikominimierung bei der Auswahl von ERP-/PPS-Software. Das 3PhasenKonzept als Framework für eine unternehmensindividuelle Entscheidung, in: Unternehmen der Zukunft 2004, S.19f.

Lullies, V.; Pastowsky, M.; Grandke, S. (1998): Geschäftsprozesse optimieren – ohne Diktat der Technik, in: Harvard Business Manager, 1998, Nr. 2, S. 65–72

Moldaschl, M. (1998): Rationalität, Kultur und Politik in der Organisation, in: io Management, 1998, Nr. 5, S. 18–25

Müller, M. (1999): Prozessorientierte Veränderungsprojekte – Fallbeispiele des Unternehmenswandels, Dissertation Universität St. Gallen, St. Gallen 1999

Müller, S. (1992): Entwicklung einer Methode zur prozessorientierten Reorganisation der technischen Auftragsabwicklung komplexer Produkte, Dissertation RWTH Aachen, Aachen 1992

Nalebuff, B.J.; Brandenburger, A.M. (1996): Coopetition – Kooperativ konkurrieren, Frankfurt am Main/New York 1996

Nonaka, I.; Takeuchi, H. (1995): The Knowledge-Creating Company. How Japanese Companies Create the Dynamics of Innovation, Oxford University Press, New York/Oxford 1995

Peppard, J.; Rowland, P. (1995): The Essence of Business Process Reengineering, Prentice Hall, New York 1995

Pfiffner, M.; Stadelmann, P.D. (1995): Arbeit und Management in der Wissensgesellschaft. Konzeptualisierungen, Problemanalyse und Lösungsansätze für das Management von Wissensarbeit, Dissertation Universität St. Gallen, St. Gallen 1995

Pisano, G.P.; Wheelwright, S.C. (1995): The New Logic of High-Tech R&D, in: Harvard Business Review, September/Oktober 1995, S. 93–105

Porter, M.E. (1985): Competitive Advantage – Creating and Sustaining Superior Performance, New York 1985

PRO4S & Partner GmbH: gefunden unter www.pro4s.com

Proplan (1998): Geschäftsprozesse einfach optimieren, Würselen, St. Gallen, Atlanta: GPS Prof. Schuh Komplexitätsmanagement, 1998

Pümpin, C. (1992): Strategische Erfolgspositionen: Methodik der dynamischen strategischen Unternehmensführung. Haupt, Bern 1992

Pümpin, C. (1992a): Das Dynamik Prinzip – Zukunftsorientierung für Unternehmer und Manager, Düsseldorf/Wien 1992

Pümpin, C. (1992b): Strategische Erfolgspositionen: Methodik der dynamischen strategischen Unternehmensführung, Bern 1992

Pümpin, C.; Amann, W. (2005): Strategische Erfolgspositionen – Kernkompetenzen aufbauen und umsetzen, Bern 2005

Reiss, M. (1992): Arbeitsteilung, in: Frese, E. (Hrsg.): Handwörterbuch der Organisation, 3., völlig neu gest. Aufl., Poeschel, Stuttgart 1992, Sp. 167 bis Sp. 178

Richardson, J. (1996): Vertical Integration and Rapid Response in Fashion Apparel, in: Organization Science, vol. 7, no. 4, Juli/August 1996, S. 400–412

Roesgen, R.; Schmidt, C. (2006): Auswahl und Einführung von ERP-/PPS-Systemen, in: Schuh, G. (Hrsg.): Produktionsplanung und -steuerung. Grundlagen, Gestaltung und Konzepte. 3., völlig neu bearb. Aufl., Springer, Berlin/Heidelberg 2006, S. 330–376

Sanchez, R.; Mahoney, J.T. (1996): Modularity, flexibility, and knowledge management in product and organization design, in: Strategic Management Journal, vol. 17, 1996, S. 63–76

Schmid, B. (1996): IKT als Träger einer neuen Industriellen Revolution, in: Schuh, G.; Wiendahl, H.P. (Hrsg.): Komplexität und Agilität, Springer, Berlin 1996

Schmidt, C.; Roesgen, R.; Meyer, M. (2006): Drum prüfe, wer sich „ewig" bindet ... – Das 3PhasenKonzept zur Bewertung und Auswahl von Standard-ERP-/PPS-Systemen, in: Unternehmen der Zukunft 2006, S. 6ff.

Schönsleben, P. (1997): Geschäftsprozess-Engineering – Worauf kommt es an? Bloßes Auswechseln von Funktions- durch Prozessketten erfüllt nicht die Reengineering-Ziele!, in: io Management, Nr. 11, S. 28–33

Schuh, G. (2002): Collaborative Manufacturing – Die Zukunft der produzierenden Industrie (Vortrag) in: Tagungsunterlagen zur VI. Technologiemanagement-Tagung, Institut für Technologiemanagement, St. Gallen, 26.03.2002

Schuh, G. (2006): Produktionsplanung und -steuerung. Grundlagen, Gestaltung und Konzepte. 3., völlig neu bearb. Aufl., Springer, Berlin/Heidelberg 2006

Schuh, G.; Lassen, S. (2006): Funktionen, in: Schuh, G. (Hrsg.): Produktionsplanung und -steuerung. Grundlagen, Gestaltung und Konzepte. 3., völlig neu bearb. Aufl., Springer, Berlin/Heidelberg 2006, S. 195–292

Schuh, G.; Müller, M.; Tockenbürger, L. (1998): Partizipative Prozessanalyse und Geschäftsoptimierung, in: Schuh, G.: MOTION Change Management. Von der Strategie zur Umsetzung, Shaker, Aachen 1998, S. 107–127

Senge, P. (1996): Die fünfte Disziplin. Kunst und Praxis der lernenden Organisation, 3. Aufl., Klett-Cotta, Stuttgart 1996

Skinner, W. (1992): Letters to the Editor, in: Harvard Business Review, November/Dezember 1992, S. 142f.

The Economist (1998): Post-industrial manufacturing, in: The Economist, 18.06.1998

The Economist (2001): The manufacturing paradox, in: The Economist, 01.01.2001

The Economist (2005): Produktion in Prozent der Gesamtbeschäftigung, in: The Economist, 29.09.2005

Tockenbürger, L. (1999): Controlling des Unternehmenswandels. Konzept zur Planung und Steuerung von Veränderungsprojekten, Dissertation Universität St. Gallen, St. Gallen 1999

Tränckner, J. H. (1990): Entwicklung eines prozess- und elementorientierten Modells zur Analyse und Gestaltung der technischen Auftragsabwicklung von komplexen Produkten, Dissertation RWTH Aachen, Aachen 1990

Tünschel, L.; Hille, T.; Jochem, R. (1998): Geschäftsprozessmodellierung – Werkzeug für das

Management des Wandels. Erfolgreiche Modellierung erlaubt Einsatz des GPM als Grundlage für Folgeprojekte, in: io Management, 1998, Nr. 5, S. 66–74
Vahs, D. (1997): Einführung in die Organisationstheorie und -praxis, Schäffer-Poeschel, Stuttgart 1997
Wiendahl, H.P. (1996): Produktionsplanung und -steuerung, in: Eversheim, W.; Schuh, G. (Hrsg.): Hütte – Produktion und Management, Berlin 1996, S. 14–1–14–130
Wildemann, H. (1995): Schnell lernende Unternehmen: Konzepte und Fallstudien zur Erreichung von Wettbewerbsvorteilen in Kosten, Zeit, Qualität und Flexibilität, in: Wildemann, H. (Hrsg.): Schnell lernende Unternehmen – Quantensprünge in der Wettbewerbsfähigkeit, Tagungsband Münchener Management Kolloquium, TWC; München, 1995, S. 1–68
Zimmermann, H.H. (1995): Potentiale der integrierten Organisationsmodellierung in produzierenden Unternehmen, Dissertation Universität St. Gallen, St. Gallen 1995

Autoren

Prof. Dr. Thomas Friedli studierte von 1992 bis 1996 an der Universität St. Gallen Betriebswirtschaftslehre. Danach war er als Forschungsassistent, später als Projektleiter in zahlreiche nationale und internationale Industrieprojekte des Instituts für Technologiemanagement der Universität St. Gallen involviert. Die Promotion, mit höchster Auszeichnung, erfolgte im Jahr 2000 an derselben Universität. Von Oktober 2000 bis März 2002 war Thomas Friedli Lehrbeauftragter für Betriebswirtschaftslehre an der Universität St. Gallen. Seit April 2002 ist er Nachwuchsdozent für Technologiemanagement. Seit Anfang 2004 ist er Geschäftsführer des Transferzentrums für Technologiemanagement (TECTEM). Im Juli 2004 wurde er zum Privatdozenten für Betriebswirtschaftslehre und gleichzeitig zum Assistenzprofessor ernannt.

Prof. Dr.-Ing. Dipl.-Wirt.-Ing. Günther Schuh studierte von 1978 bis 1985 Maschinenbau und Betriebswirtschaftslehre an der RWTH Aachen. Er promovierte 1988 nach einer Assistentenzeit am WZL bei Prof. Eversheim, wo er bis 1990 als Oberingenieur tätig war. Von 1990 an war er vollamtlicher Dozent für Fertigungswirtschaft und Industriebetriebslehre an der Universität St. Gallen (HSG). 1993 wurde er dort Professor für betriebswirtschaftliches Produktionsmanagement und zugleich Mitglied des Direktoriums am Institut für Technologiemanagement. Er ist Gründer der GPS-Firmengruppe in Würselen, St. Gallen und Atlanta. Prof. Schuh folgte im September 2002 Prof. Eversheim auf dem Lehrstuhl für Produktionssystematik der RWTH Aachen und im Direktorium des WZL und des Fraunhofer IPT in Aachen nach. Prof. Schuh wurde 1991 die Otto-Kienzle-Gedenkmünze der Wissenschaftlichen Gesellschaft für Produktionstechnik verliehen. Seine wissenschaftlichen Arbeiten wurden mehrfach im Rahmen des Technologiewettbewerbs Schweiz prämiert. Maßgebliche Methoden und Instrumente zum Komplexitätsmanagement, zur ressourcenorientierten Prozesskostenrechnung und zum partizipativen Change Management sowie das Konzept der Virtuellen Fabrik gehören zu seinen wichtigsten Forschungsergebnissen. Prof. Schuh ist in mehreren Aufsichts- und Verwaltungsräten tätig.

Dr. Michael A. Kurr studierte von 1992 bis 1999 Maschinenbau an der RWTH Aachen. Er promovierte Ende 2003 nach einer Assistentenzeit am ITEM bei Prof. Schuh zum Thema „Kooperationsmanagement in der Zulieferindustrie“, zu dem 2005 zusätzlich ein Buch im Carl Hanser Verlag erschien. Heute ist er stellvertretender Geschäftsführer am Transferzentrum für Technologiemanagement der Universität St. Gallen (TECTEM) und leitet dort den Bereich Management Support. Sein Tätigkeitsgebiet umfasst die

Beratung produzierender Unternehmen mit den Schwerpunkten Strategieentwicklung und -umsetzung, Prozessmanagement und Reorganisation, Operative Exzellenz und Produktionssysteme sowie Industrielle Dienstleistungen und Benchmarking.

Prof. Dr. oec. Johannes Rüegg-Stürm ist Professor am Institut für Betriebswirtschaft (IfB) der Universität St. Gallen.

Dr. Lüder Tockenbürger ist Geschäftsführender Partner bei PRO4S & Partner GmbH in Gossau, Schweiz.

Dr. Mathias Müller ist Geschäftsführender Partner bei PRO4S & Partner GmbH in Gossau, Schweiz.

Dr.-Ing. Volker Stich ist Geschäftsführer des Forschungsinstituts für Rationalisierung (FIR) an der RWTH Aachen.

Dipl.-Ing. Carsten Schmidt ist Projektleiter am Forschungsinstitut für Rationalisierung (FIR) an der RWTH Aachen.

Dipl.-Ing. Robert Roesgen ist Projektleiter am Forschungsinstitut für Rationalisierung (FIR) an der RWTH Aachen.

Maike Rathje ist Forschungsassistentin am Institut für Technologiemanagement (TECTEM) der Universität St. Gallen.

Winfried Daltrop ist Vorstandsvorsitzender der Schiesser Gruppe.

Dr. David Frink ist CIO der Schiesser AG in Radolfzell.

Patricia Deflorin ist Forschungsassistentin am Institut für Technologiemanagement (TECTEM) der Universität St. Gallen.

Josef Eugster war CEO der Alu Menziken Extrusion AG von 2005 bis 2006.

Markus P. Stainer war CEO der Alu-Menziken-Gruppe von 2004 bis 2005.

Fredy A. Lienhard ist Verwaltungsratspräsident der Lista Office Holding AG in Degersheim und der ALID Finanz AG in Teufen, Schweiz.

Markus Meili ist CEO der Lista Office in Degersheim, Schweiz.